Panorama of Mathematics

数学概览 22

KONGJIAN DE SIXIANG

空间的思想：欧氏几何、非欧几何与相对论（第二版）

— Jeremy Gray 著
— 刘建新 郭婵婵 译

中国教育出版传媒集团
高等教育出版社·北京

图字：01-2021-1332 号

图书在版编目（CIP）数据

空间的思想：欧氏几何、非欧几何与相对论：第二版 /（美）杰里米·格雷（Jeremy Gray）著；刘建新，郭婵婵译 . -- 北京：高等教育出版社，2022.7

书名原文：Ideas of Space: Euclidean, Non-Euclidean, and Relativistic（Second Edition）

ISBN 978-7-04-058403-5

Ⅰ. ①空… Ⅱ. ①杰… ②刘… ③郭… Ⅲ. ①欧氏几何②非欧几何③相对论 Ⅳ. ① O181 ② O184 ③ O412.1

中国版本图书馆 CIP 数据核字（2022）第 046683 号

KONGJIAN DE SIXIANG: OUSHI JIHE、FEIOU JIHE YU XIANGDUILUN

策划编辑 和 静　责任编辑 和 静　封面设计 姜 磊　版式设计 张 杰
责任校对 吕红颖　责任印制 朱 琦

出版发行	高等教育出版社	网　址	http://www.hep.edu.cn
社　址	北京市西城区德外大街4号		http://www.hep.com.cn
邮政编码	100120	网上订购	http://www.hepmall.com.cn
印　刷	涿州市京南印刷厂		http://www.hepmall.com
开　本	787mm × 1092mm　1/16		http://www.hepmall.cn
印　张	17.75		
字　数	270 千字	版　次	2022 年 7 月第 1 版
购书热线	010-58581118	印　次	2022 年 7 月第 1 次印刷
咨询电话	400-810-0598	定　价	69.00 元

物 料 号　58403-00

译者序

本书主题是从欧氏几何、非欧几何到相对论的空间观念的数学思想史. 作者 Jeremy Gray 是英国当代著名数学史家, 在数学史的研究上积淀深厚. 本书不仅是一本论述清晰生动的普及性读物, 也是深刻严谨的数学史专著, 作者在书中提出了许多新颖而有价值的数学史观点. 全书分为欧氏几何、非欧几何、相对论三部分:

第一部分从古希腊演绎数学起源的角度, 审视为什么古希腊人会关注欧氏几何中的平行公设问题. 特别地, 系统论述了伊斯兰数学家证明平行公设的尝试, 这有助于我们理解古人研究平行公设问题的方式.

第二部分阐述从 Saccheri 到 Beltrami 的非欧几何学史, 其中蕴含 Gray 教授对非欧几何史很多独到的观点, 例如: (1) 在数学家 Gauss 没有公开发表非欧几何工作的情况下, Gray 基于原始材料, 试图比前人更审慎地评价 Gauss 对非欧几何的贡献. (2) 前人认为 Beltrami 给出了欧氏几何与非欧几何的相对相容性的证明, 而 Gray 提出, Beltrami 只是相当于证明了欧氏几何的相容性蕴含了非欧几何的相容性. (3) 在第十四章中, Gray 使用非欧几何的 Klein 模型与 Poincaré 模型, 解释非欧几何学的先驱者 Wallis、Saccheri 等人的逻辑漏洞, 使得读者对非欧几何早期发展中的数学推理有更清晰的认识, 这是一个有趣的新视角. (4) 之前关于非欧几何学历史的专著, 大多关注公理化的逻辑线索. 然而 Gray 认为, 公理化方法在 Hilbert 的工作之后才对非欧几何的发展有较大的影响, 用公理化的思路论述非欧几何的历史是现代主义的偏颇. 因此, 他注重采用历史人物的视角看待数学的历史发展. (5)Gray 提倡关注非欧几何学历史上分析学与微分几何学的方法和工具的引入, 对之前非欧几何学的历史论述给出有价值的补充.

第三部分介绍相对论中的时空观念以及相关的非欧几何学基础, 涉及现代物理学对引力、空间本质以及黑洞等主题的观点. Gray 还通过综合 Kuhn、Lakatos 等人的科学史观, 讨论科学的本质以及理论与实验的关系. Gray 将这些深刻的主题用精炼且清晰的语言论述, 具有很好的可读性.

阅读本书以及其他各主题的数学史是一种不同于数学教材学习的学习途径, 可以和数学教材的学习互为补充. 在欧氏几何、非欧几何到相对论的空间观念的历史中, 有许多非常有趣的主题, 蕴含着大量的数学故事以及数学问题. 历史上数学家面对数学中的困难并将研究向前推进是一个曲折的过程, 有时会走弯路, 甚至会遇上死胡同. 阅读数学史的同时, 我们可以追随数学家, 分析历史上遇到的数学问题, 并尝试理解数学家的解决方式, 这也是一种学习数学的有效方式.

本书第一章至第三章、第十二章至第二十二章由刘建新译, 第四章至第十一章由郭婵婵译. 感谢国家自然科学基金项目 ‘非欧几何学早期历史的研究与普及” (11926501) 与 ‘非欧几何学的若干历史问题研究” (12161086) 的资助! 由于译者水平有限, 缺点错误在所难免, 欢迎广大读者批评指正.

刘建新　郭婵婵

2022 年 4 月

第二版序言

我为第二版所做的一些修改使得本书的历史味道更加浓厚. 最大的修改是增加了关于伊斯兰文明对平行公设研究的一个新章节, 替代了第一版中关于古希腊人处理不可公度问题的素材. 这不仅使得历史叙述更为合理, 同时也有助于从根本上理解能够以何种方式对平行公设进行研究. 我向读者特别推荐两本关于该主题的新书: K. Jaouiche, *La théorie des parallèles en pays d'Islam* (1986), 其中包含很多原始文献的法文翻译, 以及 B. A. Rosenfeld, *A history of non-Euclidean geometry* (1989). 非常感谢 Abe Shenitzer 为我提供他对 Rosenfeld 的书英文翻译的校样, 其中含有伊斯兰非欧几何的详细论述. Rosenfeld 与 Jaouiche 的著作首次提供了对伊斯兰非欧几何原始文献的翻译, 以及基于原始文献对伊斯兰非欧几何的全面论述, 我很高兴能够借鉴这两个工作.

在第二版中, 我修改了一些小错误, 并引用了更多的原始文献. J. Fauvel 与我编写的 *The history of mathematics— a reader* (Macmillan, 1987) 提供了一些原始文献的英文翻译. 最后, 感谢那些对本书第一版提出批评和建议的人们, 欢迎继续提出宝贵的意见.

Jeremy Gray

1988 年写于 Milton Keynes

第一版序言

我希望在本书中讨论一些数学主题, 关于数学是什么以及数学是如何被做出来的. 我将探讨希腊与现代的几何学, 特别是所谓的平行公设问题, 1621年该问题曾被 Saville[1] 称为"几何学的污点". 该问题是指: 如果某直线与一条给定的竖直直线倾斜地相交, 那么这条直线是否与任意水平直线都相交? 陈述起来简单使其看似平凡, 该问题的魅力在于, 尽管可以使用经典术语描述, 但是如果没有根本的几何学观念的转变, 该问题是无法解决的. 它的解答晦涩、困难而又出人意料. 我将进一步深究该问题, 并探讨 Einstein 的狭义和广义相对论, 以及现代关于宇宙形状的观念.

本书主要采用了历史和编年的写作方式. 我并没有回避一些困难的数学问题, 实际上假若回避数学则会牺牲我的目标, 但阅读本书并不需要非常专门的数学知识. 阅读本书仅仅需要熟悉简单的方程和三角函数知识, 理科或工科的学生所具备的知识就已经足够了. 我希望, 历史上对于数学问题的洞见能够提供如同直接给出数学问题的解答一样有效的数学学习途径, 而后者现在往往被认为是最好的数学学习方式. 通过历史, 我们可以分析问题, 揭示和探讨数学问题刚出现时所带来的困难与困惑, 进而可以学习数学本身, 于是某种程度上本书试图将数学理解为一个动态的知识过程. 本书中, 我们将会经常遇到数学、哲学、真理之间的联系, 实际上这也是贯穿本书的附带主题. 但本书并非一本严格意义上的历史书, 在数学线索变得薄弱或者主题即将离开数学时, 我毫不犹豫地将数学放在主要位置. 读者不必认为需要逐字逐句地阅读本书, 追随自己的兴趣进行选择和跳跃即可.

---

[1] Saville, H. (1621). *Thirteen lectures on the elements of Euclid.* Oxford University Press, Oxford.

本书开头论述希腊数学、东方的遗产, 以及早期数学向演绎思维和几何思维的过渡转变. 接着探讨平行公设. 在 Euclid 时代, 人们已经获得了平行线的性质并形成了平行公设问题, 于是我们从考察古希腊人与稍后的阿拉伯人对该主题的研究开始. 本书第二部分考察 Wallis、Saccheri、Lambert 的故事, 到 Gauss、Lobachevskii、Bolyai、Riemann 和 Beltrami 解决平行公设问题的过程. 与多数研究者不同, 前人往往把从欧氏几何学到非欧几何学的发展描述为几何学基础的转变, 而我认为这段历史更主要地在于几何学概念与方法的发展, 于是我也将简要描绘 19 世纪曲面理论与分析学的相关背景. 第 14 章从非欧几何学的后续体系审视其早期历史. 第 15 章总结本部分内容, 并将本部分与其他非欧几何学史的论著进行比较. 第三部分, 通过描述从 'Newton 与欧氏几何" 到 'Einstein 与非欧几何" 的历史转变, 论述 Einstein 的相对论. 以往的文献经常提及该历史转变, 却又很少展开论述. 本书最后还将简要论述引力理论、空间的本质以及黑洞.

我相信, 在保持真正韵味且不陷入琐碎的情况下, 能够而且应该清晰明了地阐述每一个主题, 这便是我的目标. 我希望, 本书将会使一些因为技术细节而惧怕数学的人可以亲近数学, 同时希望本书的历史学方式可以为数学家们提供有价值的参考.

我非常愉快地感谢那些曾经帮助我和这本书的人们, 朋友们和同事们通过他们的关心和建议使得本书变得更好. 其中, Julia Annas, John Bell, David Charles, David Fowler, Luke Hodgkin, Clive Kilmister, Bill Parry, Benita Parry, Colin Rourke, Graeme Segal, 以及 Ian Stewart 部分或全部地阅读了本书, 并提供了有价值的意见. 我还要感谢 Dana Scott 和一些匿名的审稿人, 他们的意见显著地提高了本书的质量, 感谢英国数学史学会曾邀请我就本书中的一些内容进行报告并在报告后进行讨论, 感谢 Jennie Connell 与英国公开大学的打字员, 他们优秀的录入工作使我对本书充满信心. 最重要的是, 我要向我的父母表示最深的谢意, 感谢他们的鼓励、意见和建议.

欢迎任何对本书有益的批评和意见. 本书的错误由作者负责.

Jeremy Gray

1978 年写于 Milton Keynes

目录

第一部分

第一章 早期的几何学

很久以前, 地中海东部文明和中东文明就对数学产生了兴趣. 在约公元前 1700 年的埃及和巴比伦的涂鸦中, 不仅有与商业有关的数学问题, 而且还有抽象的数学计算. 其中除了有面积、体积的估计, 还有相当复杂的数值问题的求解, 尽管面积、体积的测算方法经常是错误的, 但是求解数值问题的技巧显示出巴比伦人对初等数学有很好的掌握. 巴比伦人总体上超过了埃及人, 而且他们还发展出一套优秀的方位天文学, 应当指出, 在这套天文学之前巴比伦人已经有超过一千年的数学史. 而公元前 300 年左右, 希腊的数学与巴比伦、埃及的数学已经有了显著的差异. 希腊人研究几何学, 他们通过演绎的方法进行证明, 有证据表明, 他们对严谨而逻辑可靠的问题很感兴趣. 而巴比伦人只有解决问题的步骤, 没有证明. 如同希腊人一样, 巴比伦人拥有着令人赞叹的方位天文学, 但它并非建立在几何学理论基础之上. 众所周知, 在希腊人的哲学研究中, 数学被置于至高无上的地位. Plato 曾多次将人们的注意力引向数学. Aristotle 的工作也给出了上述观点的很多例证, 相关工作收录于 Heath 的 *Mathematics in Aristotle* (1949) 中. 至少说来, 反证法的论证方法最早出现在数学中, 然后才被应用于其他领域. 自然地, 我们将寻求这种数学态度的来源, 进而可以知道通往演绎数学的转变是如何发生的. 3

不幸的是, 关于这段时期的原始资料匮乏, 因为 Eudemus 的著作 *History* (约公元前 325 年) 失传了. 实际上, 现存与早期希腊数学几乎同时代的相关文献只有 Plato 和 Aristotle 的著作. 三百年至八百年之后的作者们给出这段数学史更为详细的论述, 但是由于他们对数学的认识同数百年前的前辈们相比肯定会有不同, 他们很可能将一些更清晰、更精确的思想归功于早期数学家, 而事实并非如此. 在一些案例中, 这种书写数学史的方式不利于理解最原始的数学问题. 此外, 一些文献记录在流传的过程中也可能出现了错误.

幸运的是, 关于早期的数学史, 我们现在有了一批优秀的历史著作. 在

关于该主题的现代文献中，首先应当提到的是 Heath 的大量工作，主要是他
4 三卷本的 *Elements* (1956)，两卷本的 *History of Greek mathematics* (1921)，以及一卷本的 *Greek mathematics* (1930). 还有 van der Waerden 的 *Science awakening* (1961) 和 O. Neugebauer 的 *The exact sciences in antiquity* (1969). 本书参考文献中的 Fowler (1987), Knorr (1975, 1986), Lloyd (1970, 1973), Mueller (1981), 以及 Szabo (1978) 见证了关于希腊数学史现代研究的繁荣发展. *Oxford classical dictionary* 以及 *Dictionary of scientific biography* 讨论了一些单独的相关主题. 以上这些研究在很大程度上能够回答我们所提出的关于演绎数学的起源和发展的问题.

1.1 知识的传播

在数学的跨地域与跨文化传播中，有一个特殊问题，该问题在其他的思想或技术的传播过程中并未出现. 数学不仅仅是事实与结论的集合，它也是提炼问题和解决问题的一系列步骤，是假设与可容许的推理的集合，是一种思考问题的方式. 若脱离了具体问题所处的思维习惯，则这些单独的结论不但显得平凡，而且失去了本身的数学特点，仅仅成为观测结果或者归纳结果. 相反，如果处理问题的步骤随着问题的结论一起传播，人们则可通过检查步骤进而重新推导这些结论，或者若无法证明结论则不再接受它. 数学引人注目的特征是，即使不同文明之间不能相互理解对方的活动，但在相似的情况下也会产生类似的问题，所以即使两个文明所做的事情相似，我们仍然无法判定两个文明之间有信息的传递. 事实上，关于希腊与美索不达米亚之间的直接文化交流，证据并不太多，有些人认为确有文化交流，例如 Herodotus[1] 认为日晷和一天被划分为十二小时起源于巴比伦. 但是我们应当知道的是，他关于十二小时制起源的观点是错的，因为 Neugebauer[2] 在其著作中成功论证了它起源

[1] Herodotus, Book II, 336 109. Loeb edition, transl. A. D. Godley. Heinemann, London.

[2] Neugebauer (1969, p. 81).

于埃及.

巴比伦数学的特点是良好的数字系统以及对数学问题的修辞表达, 其特有的数学表达方式被称为 "修辞代数", 但是修辞代数的局限性使之难以传播. 本质上, 修辞代数是通过文字和带有数字的例子表达的解决具体问题的一系列步骤, 例如解方程、计算面积和体积. 巴比伦泥板书 BM 13901[1] 中含有 24 个类似的问题, 第一个如下:

一个正方形的面积和边长相加得到的结果是 $\frac{45}{60}$. 将 1 分成两个 $\frac{30}{60}$, 做乘 5
法 $\frac{30}{60}\times\frac{30}{60}=\frac{15}{60}$. 将 $\frac{15}{60}$ 与 $\frac{45}{60}$ 加起来, 得到 1 的平方. 从 1 中减去数 $\frac{30}{60}$ (刚才做平方的数), 你得到 $\frac{30}{60}$, 这就是正方形的边长.

巴比伦人使用的是六十进制, 原方程可以表达为 $x^2+x=\frac{3}{4}$. 一次项 x 的系数是 1, 取其一半 $\frac{1}{2}$ 并平方得到 $(\frac{1}{2})^2=\frac{1}{4}$. 将 $\frac{1}{4}$ 和 $\frac{3}{4}$ 加起来 (相当于 $x^2+x+\frac{1}{4}=\frac{3}{4}+\frac{1}{4}$ 的形式). 两边都是平方, 于是可以开平方 (由 $(x+\frac{1}{2})^2=1^2$, 得到 $x+\frac{1}{2}=1$, 两边各减去 $\frac{1}{2}$ 得到 $x=\frac{1}{2}$).

在泥板书中, 通过文字表达的是解题步骤而非公式, 它不能够被转换成等价形式, 也不能与该问题的另一个答案对照来判断哪个是正确的. 因此, 修辞代数没有提供证明, 而且可能带来不同的和不正确的答案. 修辞代数是通过文字表达的关于数字的操作, 可以从数的初等性质中将它们直接推导出来.

巴比伦教师在传授泥板书中的步骤时, 有可能会口头地介绍其背后的原理, 但更可能的是, 他们教授的修辞代数技巧仅仅是一种计算方法. 如果是这样的话, 修辞代数对于人们来说会成为枯燥的事实罗列, 显得缺乏逻辑而难以理解. 即使在这种情况下, 由于修辞代数有商业用途, 它们可能确实向西传播了. 我们会追溯希腊数学中一些修辞技巧的出现, 若它们不是来源于巴比伦的话.[2]

只有一种方式可以避免修辞代数中的大量错误和无法解释的结果, 那就

[1] 英国公开大学教材 *The history of mathematics* (Open University, Milton Keynes) 第四单元, 第 30 页有这个泥板书的图片, 该单元包含了对巴比伦数学的讨论. Fauvel 与 Gray 的著作 (1987) 中含有该泥板书的另一个翻译.

[2] 见本章附录.

是搞清其结果背后的道理——至少对于那些正确的结果. 我相信, 正是这种努力将希腊人导向了几何学, 不是为了几何学本身而是将其作为一种证明的方法. 两者共同提供了处理数学问题的演绎方法. 这种观点可以使我们更好地理解关于希腊早期几何学家 Thales 和 Pythagoras 学派的一些故事, 若不然关于他们的一些传说是难以解释清楚的.

1.2 Thales

根据 Proclus[1] (410—485) 的描述, Thales (约公元前 624—前 548 年) "他本人发现了很多命题, 并教给他的学生那些可以推导出其他命题的基本原理, 他以一般的方式解决了很多问题, 并通过实证的方法解决了另外一些". 通常认为, Thales 最早证明了以下结论: 圆被一条直径二等分; 等腰三角形的两个底角相等; 半圆所对的圆周角是直角; 如果两个三角形有两个角分别对应相等, 且两个角之间的边相等, 那么两个三角形全等[2]. Proclus 在关于第一个命题的评论 (Proclus, 1970, Morrow 版, p. 124) 中没有给出 Thales 的证明, 但他指出了一种可能的原始证明方式. 假设直径没有平分圆周, 沿着直径折叠圆周, 将直径一侧的圆周折向另一侧. 如果圆周的两部分没有重合, 那么圆周的一部分上必定有某一点落于圆周另一部分的内部或者外部, 但是这样一来所有的半径就不可能都相等, 这是荒谬的, 于是命题成立.

6

一些作者认为, 数学被发现的顺序与其逻辑顺序一致, 于是证明上依赖于其他命题的命题应当更晚才被发现. 因此, 为了证明半圆所对的圆周角是直角[3], 我们现在通常借助于三角形内角和是两个直角之和的命题. Thales 可能也是用这个命题来证明的, 但我们不能确定历史上是这样. 不过可以推测,

---

[1] Proclus, *A commentary on the first book of Euclid's elements*, transl. G. R. Morrow, 1970, p. 52. 后面引用这本书时标记为 Proclus (Morrow 版) 以区别于 Taylor 更早翻译的英文版本.

[2] 两个三角形全等是指它们可以完全重合.

[3] 公元 3 世纪, Pamphile 在 *Diogenes Laertius* (I, 24-25, p. 6, ed. Cobet) 中将该命题的证明归功于 Thales.

Thales 作为数学家一定会试图证明他所使用的任何命题的正确性. 19 世纪晚期是数学基础研究的第二个全盛时期, 其中很多工作通过建立理论解释结论, 而其结论往往是其他人数学工作的基本假设. 如果将我们置身于演绎数学的开端时期, 可以想象, 在一个人看来是显然而不需提供证明的结论, 很可能是另一个人认为有趣而又费解的问题. 随着演绎方法应用于越来越多的数学, 从而获得一些 '已知' 结论的证明, 提取基本的假设肯定是一个逐渐的过程. 所以, 我们并不惊奇, 归功于 Thales 的某些结论, 可能依赖于一些他不知道证明方式但又认为是基本常识的命题. 我们甚至不能肯定, 他是否真的知道什么是证明. 希腊人关于纯逻辑问题的研究甚至晚于他们的数学研究.

1.3 朴素的几何学

我们可以合理地想象, 在最初始的数学表达中可以用几何图形表示数, 例如线段、正方形、矩形或立体等. 为了用线段表示数[1], 我们可以任意固定一个长度作为单位长度, 然后在需要时反复使用该单位长度; 通过一个单位正方形来表示平方数的方法与此类似. 这是巴比伦数学与埃及数学的常用方法, 根据 Plato[2] 的描述, 这也是希腊数学中的常用方法. 这种方法塑造了 Pythagoras 学派的早期工作.

我们现在所知的关于 Pythagoras 的知识比关于 Thales 的要稍多一点, 7
Kurt von Fritz 在他的文章[3] 中给出一个很好的总结. 尚未有可靠的证据表明某个定理归于 Pythagoras 本人, 而这些定理往往归于 Pythagoras 学派. 该学派在其领袖去世 (约公元前 480 年) 之后分裂成多个派别. 在 Pythagoras 的时代, 他的学派主要是一个宗教和哲学团体, 他们将 '万物皆数' 作为信仰. 在数学中他们感兴趣的首要领域是算术, 通过几何图形表示数从而进行数的研

[1]在这个时期, 数的含义是正整数.

[2]Knorr (1975, p. 172) 引用的 *Theaetetus*, 148A.

[3]*Dictionary of scientific biography* (1975), Vol. XI, pp. 219-225.

究. 在数学史的书中[1]关于这些内容的描述几乎是相同的, 在此我们仅仅简略介绍 Pythagoras 学派对数的研究, 并介绍 Bretschneider[2]关于 Pythagoras 学派证明 Pythagoras 定理可能方式的一种观点. Pythagoras 定理是说, $\angle C$ 为直角的直角三角形 ABC 中, 一定有 $AB^2 = AC^2 + CB^2$, 巴比伦人早在公元前 1700 年前就知道这个结论. 巴比伦人在解决问题时反复使用这个定理, 而且普林顿 322 泥板书中包含很多三元数组, 显示出他们对构造满足 $c^2 = a^2 + b^2$ 的三元数组 a, b, c 有着很好的掌握 (见本章结尾的习题).

前面已经说过, 该时期数学的显著特征是从解题步骤向演绎证明的过渡. 如果一个结论是通过证明得到的, 我们就可以称之为一个定理. 在这种意义上, Heath (1921, p. 145) 指出, 尽管没有原始资料可以将其直接地归功于 Pythagoras, 而且 Pythagoras 学派的证明也没有留存下来, 但 Pythagoras 定理应当来源于 Pythagoras 学派. 而 Proclus 等人则认为该结论不应被归功于 Pythagoras.

我将假设著名的 Pythagoras 定理来源于 Pythagoras 学派, 还将给出以下两个声明:

1. 该定理是指结论对于**任意**直角三角形都成立, 而不是仅仅在特例中成立: 3, 4, 5; 5, 12, 13……
2. Pythagoras 学派也获得了该定理的**证明**, 而且基本上是我们现在所理解的 "证明".

我相信这种观点的原因是, 作为一个定理而非猜想, 该结果是不平凡的. 反之, 如果假设 Pythagoras 学派没有得到该定理的证明, 那么, 它的直接推论——无理数的存在性就不会让他们如此焦虑, 而实际上我们有证据表明无理数的发现曾沉重地打击了他们. 如果他们没有得到证明, 他们更可能做的

---

[1]除了 Knorr (1975) 以外, 还有 Sambursky 的 *The physical world of the Greeks*, 后者更详细地描述了 Pythagoras 学派对数的认知.

[2]Knorr (1975, Chap. VI) 专门强调了这种观点. 关于 Bretschneider 的介绍, 可以参见 Heath (1956), p. 47 命题 I 后面的注释.

是否定该猜想, 并否定这个致命的推论.

1.4 形数以及 Pythagoras 定理的证明

每个数都可以被表示成一排均匀排列的点阵, 由于所有的数都是通过复 8~9
制单位 1 得到的, 所以古希腊的作者们通常否认 1 是一个数, 他们认为数是从 2 开始的. 而单位 1, 被认为是数的来源. 如果表示某个数的一排点阵可以分割成两个相同的点阵, 那么这个数被称为偶数; 而如果分割线将中间的点分成两半, 那么这个数称为奇数. 只要点阵以某种形状或图形排列, 其表示的数就叫作形数 (见图 1.2 和 1.3), 但并非每个数都可以用指定的图形表示出来. 可以表示成三角形的数为: 1, 3, 6, 10⋯⋯; 所有的正方形数为 1, 4, 9, 16⋯⋯ 两个形数的差, 或者更严谨地说, 两个相邻的同类形数所对应的图形的差被称为磬折形. 三角形数所对应的连续的磬折形数分别是 1, 2, 3, 4⋯⋯; 正方形数所对应的连续的磬折形数分别是 3, 5, 7⋯⋯

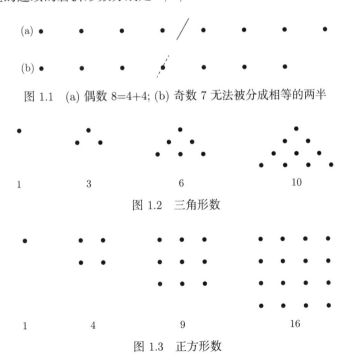

图 1.1 (a) 偶数 8=4+4; (b) 奇数 7 无法被分成相等的两半

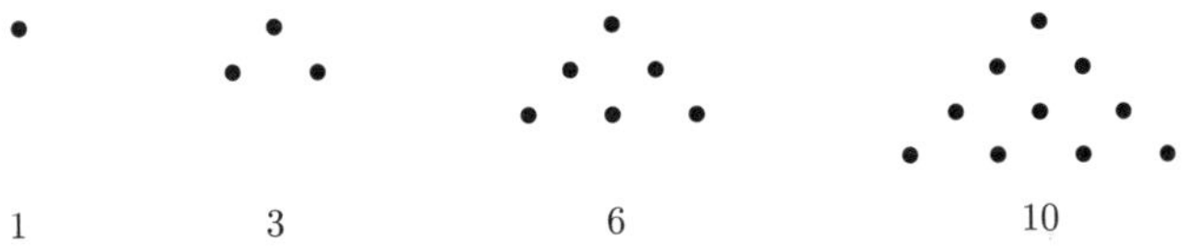

图 1.2 三角形数

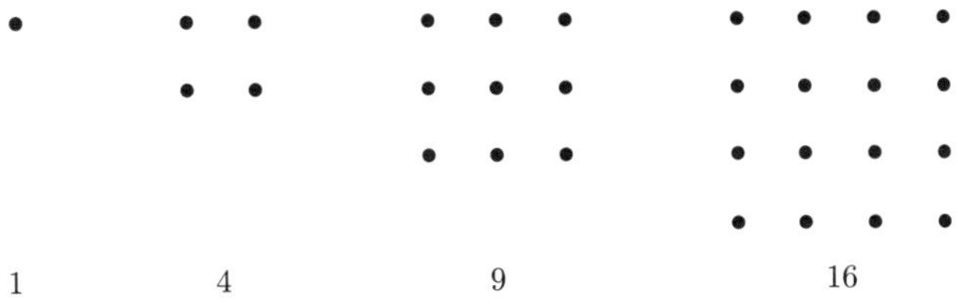

图 1.3 正方形数

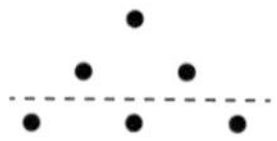

图 1.4　两个相邻三角形数之间的磬折形

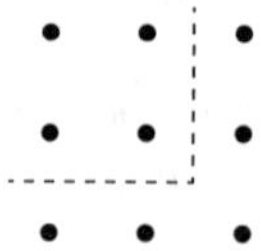

图 1.5　两个相邻正方形数之间的磬折形

将某些形状的点阵重新组合, 可以获得关于整数分解的一些定理. 例如, 任何一个平方数可以表示成两个相邻三角形数之和. 值得注意的是, 这种方法可以带来 Pythagoras 定理的一个证明.

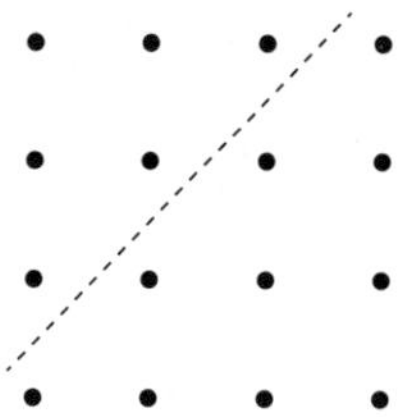

图 1.6　平方数可以表示成两个相邻的三角数之和

如图 1.7 所示, 任意正方形可以表示成一个较小的正方形加上四个全等的矩形: 假设 $d+2b$ 是大正方形的边长, 那么有 $(d+2b)^2=d^2+4b(d+b)$. 在图中可以理解为, 大正方形由小正方形和外侧的两个磬折形组成. 如图 1.8, 将组成两个磬折形的四个矩形分割成 8 个全等的直角三角形. 在其中一个直角三角形中, 两条直角边的长度分别是 b 和 $b+d=a$, 所以它的直角边可以是任意长度. 以该直角三角形的斜边为边长的正方形加上 4 个全等的直角三角形等于一个较大的正方形, 进而由图 1.9 可知, 以斜边为边长的正方形的面积, 等于以直角边为边长的两个正方形面积之和. 总之, 斜边的平方等于两个
10 直角边的平方.

这个分割式的证明一半是算术的, 一半是几何的, 因为它使用了数的点表示和线表示. 如果直角三角形的三边是可公度的 (指存在一个单位长度, 使得每条边都可以表示为它的正整数倍), 那么三边的长度被称为 Pythagoras 三

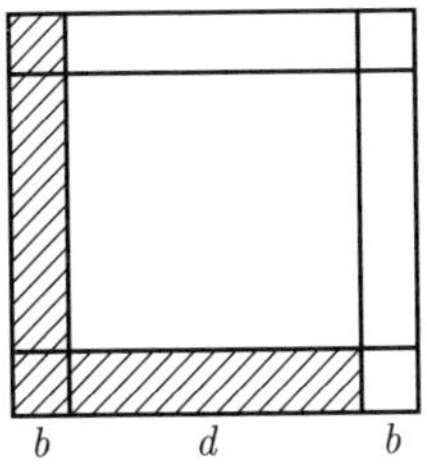

图 1.7 $(d+2b)^2 = d^2 + 4b(d+b)$

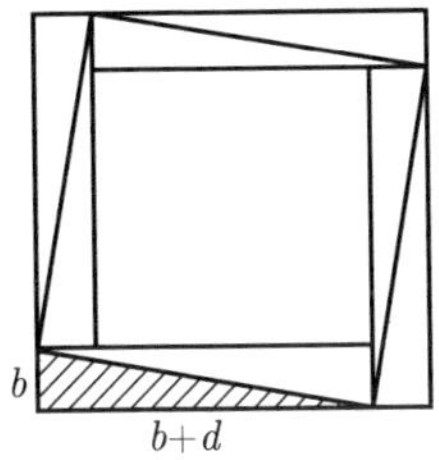

图 1.8 斜边的平方等于 d^2 加上两个矩形的面积 $2b(b+d)$.

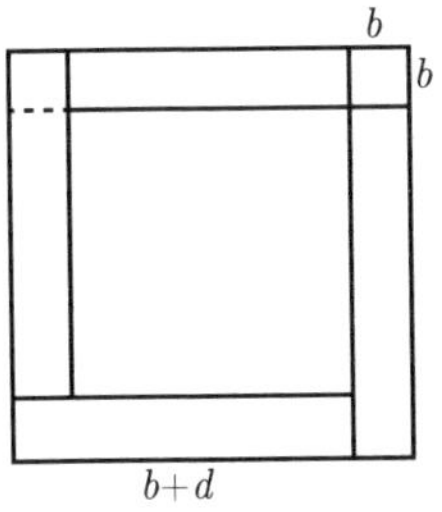

图 1.9 经过重新排列图形可知, 以 $b+d$ 为边长的正方形加上以 b 为边长的正方形面积, 等于以 d 为边长的正方形的面积加上两个矩形.

元数组: 即数组 (a, b, c) 满足 $a^2 + b^2 = c^2$. 我们熟知的例子有 (3, 4, 5), (5, 12, 13), (6, 8, 10) 等. 在古代人们已经解决了将所有的 Pythagoras 三元数组用一般的公式表达出来的问题, 本章末尾的习题也给出一个解答. 前面提到过巴比伦人对 Pythagoras 三元数组的兴趣, 而不论美索不达米亚与希腊数学学派之间是否曾有过交流, 希腊人也研究这个主题 (见本章习题), 这应当不会让我们感到惊奇.

最简单的直角三角形不能给出一个三元组, 等腰直角三角形可以由正方形的两边和对角线组成, 这三条边不可能同时为整数. 由 Pythagoras 定理,如果直角边都是单位 1, 那么斜边一定是 $\sqrt{1^2+1^2} = \sqrt{2}$——我们将会看到 $\sqrt{2}$ 是无理数.

巴比伦泥板书 YBC 7289 给出了 $\sqrt{2}$ 的一个估计, 表示成现代十进制小数为 1.414 213 (见 Neugebauer 1969, plate 6a; 或者 Fauvel and Gray, 1987,
11 p. 32). 现代对 $\sqrt{2}$ 的估计为 $1.414\ 214\cdots$, 而巴比伦的估计是小数点后面取两位的六十进制小数中最近似的. 通过平方计算, 很容易知道这个估计值并非真实值, 但是巴比伦人是否能够认识到将 $\frac{1}{7}$ 近似为六十进制小数与将 $\sqrt{2}$ 近似为六十进制小数的区别? 分数 $\frac{1}{7}$ 不能表示为有限小数的原因是 7 不能整除 60, 而 $\sqrt{2}$ 则与任何有理数都不可公度. 现存记录已经无法考证巴比伦人是否认识到这个问题, 但是我们能够确定的是, 希腊人不仅认识到 $\frac{1}{7}$ 和 $\sqrt{2}$ 的区别而且还将该事实和它的推论作为主要研究对象. 由于公元前 4 世纪的数学家们对不可公度性的反应, 与现代数学家对非欧几何的反应相似, 不可公度问题值得我们近距离考察.

1.5 根号 2

关于 $\sqrt{2}$ 无理性的两个著名证明分别是代数的和几何的. 这里给出的代数方法, 与 Aristotle 的方法一致.[1] 用反证法, 假设 $\sqrt{2}$ 是有理数. 于是, 可以写成 $\sqrt{2} = \frac{p}{q}$, 通过通分可确保 p 和 q 不同时是偶数. 两边平方得

$$2 = \frac{p^2}{q^2},$$

即 $2q^2 = p^2$. 由于 2 整除 $2q^2$ 所以也必须整除 p^2, 由于奇数的平方是奇数、偶数的平方是偶数, 所以 2 整除 p, 于是可以设 $p = 2r$. 因此

$$2q^2 = p^2 = 4r^2,$$

进而有

$$q^2 = 2r^2.$$

[1] Aristotle, *Prior analytics*, I 23 , 41a, p. 23-27.

但是, 与刚才类似地可知 2 整除 q, 所以可以设 $q = 2s$, 于是 $\sqrt{2} = \frac{p}{q} = \frac{2r}{2s}$, 这与我们刚才假设的 p 和 q 不同时是偶数矛盾. 因此, $\sqrt{2}$ 不是有理数, 于是我们称之为无理数. 另外, $\sqrt{2}$ 明确地对应于一个长度——等腰直角三角形的斜边或者正方形的对角线. 如果对正方形的边长和对角线进行比较, 我们会发现它们是不可公度的, 所以, 包括 Pythagoras 学派在内的理论框架, 只要假设长度都是整数就注定是失败的.

Knorr (1975, 第一章)[1] 通过 Plato 的 *Meno* 中苏格拉底教导美诺的奴隶 12
几何学以及边长与对角线不可公度所用的图形, 给出 Pythagoras 学派证明该定理的一个可能方式. 该证明使用了奇数的平方是奇数而偶数的平方是偶数的事实, 如下所述. 假设 DB 和 DH 是可公度的, 它们可以表示成两个整数, 即它们可以表示成某个共同单位长度的整数倍. 我们可以假设这两个数不同时为偶数. 那么正方形 $DBHI$ 与 $AGFE$ 分别表示这两个数的平方, 显然 $AGFE$ 是较小的正方形 $DBHI$ 的二倍, 于是 $AGFE$ 是偶数. 所以 $AGFE$ 的边长 DH 是偶数, 所以 $AGFE$ 可以被 4 整除. $ABCD$ 作为 $AGFE$ 的四分之一, 也代表了一个数, 它的二倍恰好是正方形 $DBHI$, 正方形 $DBHI$ 是偶数. 所以 $DBHI$ 和 $AGFE$ 都是偶数, 所以 DB 和 DH 都是偶数, 这与我们的假设矛盾. 所以我们的基本假设不成立, 我们通过反证法证明了不可公度性.

Knorr 指出, 将一个比例表示成既约分数的证明不可能是不可公度性最早的证明形式, 而这种几何形式的证明才是. 反证法需要首先陈述结论, 而早期 Pythagoras 学派原始的研究框架不可能承认不可公度的几何量的存在性. 所以, 这个定理的证明一定是通过为长度赋予整数数值进而表达比例, 然后推
导出来奇数是偶数这个不可能的结论. 为了避免这个矛盾, Pythagoras 学派 13
只可能在一点上改变论证: 可公度性的假设. 否则他们只能放弃数学作为一个严谨的学科了, 但如若 Pythagoras 学派愿意这样做却又将付出太大的代价

[1] Knorr (1975) 第三章指出, 该定理可能是由 Hippasus (约公元前 430 年) 做出的, 年代在 Parmenides 和 Zeno 之后, 因为他们从未提到它, 但应在 Theodorus 之前, 因为他提到了该定理, 也应在 Hippocrates 之前, 因为他对该定理有很好的掌握.

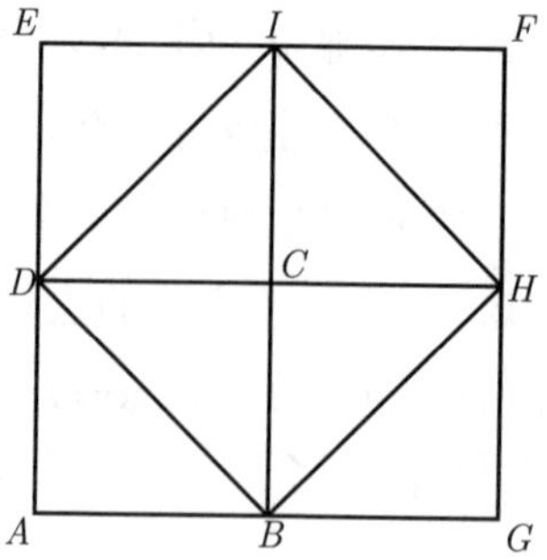

图 1.10

和精力. 我们注意到, 该时期的数学家几乎都没有放弃数学学科的倾向, 即便不可公度性的消息被传播到 Pythagoras 学派以外的公众之中.

或许是几何学中其他主题的研究结果使得人们坚守着数学. 给出一个例子就足够了, 这使我可以将平行线引入主题.

如果平面上的两条直线不相交, 则称它们平行. 我们将在后面讨论平行线的性质, 包括以下性质.

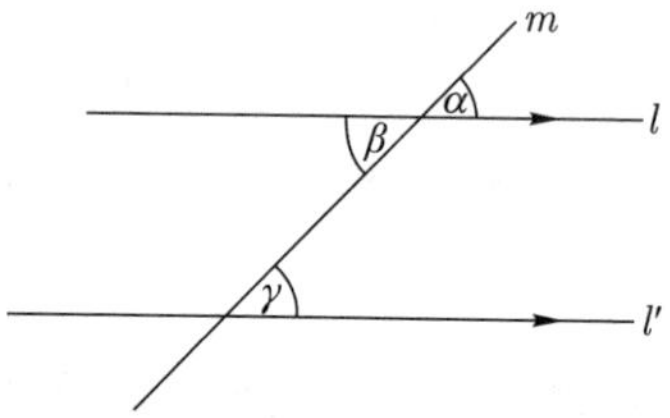

图 1.11

如果 l 和 l' 是平行线, m 与它们都相交, 那么图中的角 $\alpha=\beta=\gamma$. α 和 γ 被称为同位角, β 和 γ 被称为内错角.

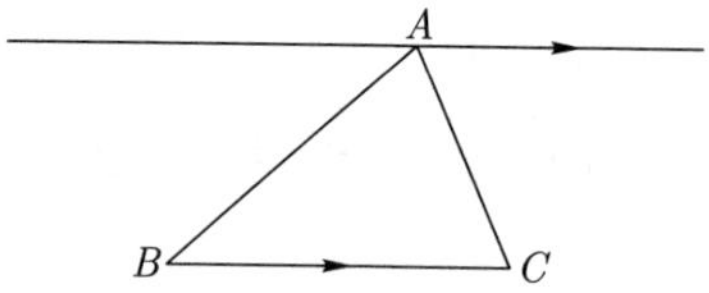

图 1.12

Proclus (Morrow 版, p. 298) 通过引用 Eudemus 指出, 三角形内角和等

于 $2R$ 的定理最早由 Pythagoras 学派给出[1]; 有趣的是, 他所指出的证明与 Euclid (I, 32) 中给出的证明不同. 任取三角形 ABC, 过顶点 A 作 BC 的平行线. 记 $\angle ABC = \angle B$ 以及 $\angle ACB = \angle C$, 由前面所述平行的性质知, $\triangle ABC$ 14
内角和为

$$\angle ABC+\angle ACB+\angle CAB=\angle B+\angle C+\angle CAB=2R,$$

其中 $2R$ 是平角.

这是一个非常了不起的定理, 因为它建立了关于任意形状三角形的一个非平凡的性质, 从而使得在数学中引入角的概念是合理的, 应该是希腊人最早在数学中引入角. 后面我们会看到, 该定理的影响非常深远.

1.6 演绎几何

修辞代数有诸多缺点, 包括: 很难长期使用它来思考问题, 它缺乏解释说明, 而且修辞代数中含有面积和体积的错误估算. 为了克服这些缺点, 希腊人发展了几何学, 并试图使用几何学来获得命题的证明. 向几何方法过渡是向演绎知识框架转变的一部分. 在这个背景下, 我们可以将 Thales 和 Pythagoras 的历史解读为演绎方法系统化的一部分. 不管 Thales 是否真的做过那些归功于他的工作, 早期的数学家肯定会使用演绎方法尝试解决那些问题, 或多或少像 Thales 那样. 如果他们确实试图逐渐梳理清楚他们所继承的大量知识的演绎结构的话, 他们肯定会寻找圆的直径的性质或者圆周角的性质, 这不足为奇. 那些需要整理的知识, 之前或者被表达得不清楚, 或者隐藏于其他命题的分析之中. 早在苏美尔时期, 半圆所对的圆周角就被认为是直角 (见 Coolidge 1963, p. 25), 当时很可能把它当成一个描述性的事实, 但总会有一天有人会思考半圆所对的圆周角是否是直角. 当寻求演绎的、理性的数学结构成为一般的研究计划时, 人们思考这样的问题是很自然的.

[1]我将根据历史背景选择用 R, 90° 或者 $\frac{\pi}{2}$ 来表示直角.

而且, 直线、圆、面积、角度的性质是简单的, 人们能够对其进行分析. 演绎的研究计划简单而具有可操作性, 同时它的适用范围又足够宽广, 可以包含所有的初等代数学, 因而它是很有价值的. 它带来了一些相当不平凡的结论, 例如 Pythagoras 定理. 因此我们可以想象, 演绎的或者几何的研究框架一旦开始, 它的进展就很迅速.

确实, 几何学如果说有什么优势的话, 就在于它处理问题的清晰性, 尤其是数学问题. 接着, 几何学成为对现实的分析, 也成为研究世界的演绎方法. 它成了哲学家探寻真理的范式, 它足够简单而可以被当成一个可靠的逻辑基础, 又足够全面可以用来阐释问题. 我无法相信希腊人对三角形和圆的兴趣
15 仅仅在于这些几何概念本身, 尽管它们确实很有趣. 如果这些定理像我所说的那样, 既是演绎框架的一部分用以解释数值问题的结论, 同时它们的方法又被寄予解释各类问题的希望, 那么这确实是令人兴奋的. 它使得我们有可能获得关于世界的演绎知识, 从无法否认的假设出发, 通过无可辩驳的过程获得关于世界的描述进而得到知识. 这样, 我们就可以真正地知道事情的本质. 这是一个激动人心而又令人敬畏的思想, 简直像是上帝的思想, 在此之后我们从未完全放弃过这个思想.[1]

如果这些是演绎方法的魅力, 那么在数学中我们必须保证假设是无可否认的, 而且推理是无可辩驳的. 任何结论都需要由更早的假设真实地推导出来, 而不能使用未经证实的假设. 接着, 我们需要检验几何学的适用范围, 看看它适用于哪些事情; 如果它的范围是有限的话, 我们还要通过扩展技巧拓宽适用范围. 在 Euclid 之前和之后的时期里, 希腊数学的发展中确实采用了这种演绎框架.

在某种意义上, 无理数的发现或许是纯数学的第一个优秀作品. 只有真正的数学家才会为此驻足停留, 因为寻求无理数的近似值是容易的, 而发现无

---

[1]在这方面, 我们与希腊人差别不大, 因为尽管通常认为古希腊科学的实验性并不充分, 而且过多地依赖于理论, 而不是观测或者实验, 但这种通常的观点并不正确. 这种通常的观点基于对现代科学的错误认识, 认为现代科学是发现 ‘事实”. 实际上, 每种科学都会从理论发展为理性的或者条件性的世界观; 而理论则一直主导着对事实的选择和解读 (见本书第三部分第 17 章).

理数的重要性在于它对整个演绎框架的影响. 尽管无理数的发现导致早期的 Pythagoras 学派的原始观点产生了矛盾, 但在数学家们致力于寻求新的数学基础[1]意义上, 该发现并没有导致基础性的危机. 相反的是, 新的数学不断细化, 尤其是有关于不可公度性的全面研究. 当时的问题不是什么样的数量与单位 1 不可公度, 而是有多少不同的不可公度数? Theodorus 指出, 我们现在写成 $\sqrt{3}, \sqrt{5}, \sqrt{7}$ 直到 $\sqrt{17}$ 的数都与 1 不可公度, 而且只要 n 不是完全平方数, $\sqrt{n}$ 就是不可公度数 (显然如果 $n = m^2$, 则 $\sqrt{n} = m$). 另外, 这些不可公度数往往相互之间也不可公度: 例如 $\sqrt{2}$ 和 $\sqrt{3}$, 不过 $\sqrt{2}$ 与 $\sqrt{8} = 2\sqrt{2}$ 显然是可公度的. 诸如 $\sqrt{5 + 2\sqrt{5}}$ 的复合数更是提供了相互之间不可公度的数的例子. 希腊数学家将第一类不可公度数与第二类区分开来, 因为, 尽管 $\sqrt{2}$ 与
1 不可公度, 但是它的平方 2 却与 1 可以公度. 这一类量被称为平方可公度 16
量. 当时没有 '有理数' 的术语, 不过我将使用现代意义的该术语, 并将其等同于 '可以与单位 1 公度'.

有些学者认为, 不可公度性的发现导致希腊人放弃代数 (实际上当时没有代数的概念), 转向几何 (在几何中讨论该问题将没有矛盾). 该观点的支持者谈到代数的几何化, 并将 Euclid《原本》(例如第 2 卷和第 7–9 卷) 当成几何代数,[2] 其主题是代数但其方法是几何的. van der Waerden (1961) 写道, 希腊人转向几何化的代数除了直观性以外还有一个原因:

> ……这并不难发现: (原因) 是无理数的发现. Pappus 告诉我们, 无理数的发现起源于 Pythagoras 学派. 几何代数对于无理长度的线段仍然有效, 于是仍然是严谨的科学. 因此, 导致 Pythagoras 学派将他们的代数转化成几何形式的是逻辑必然性, 而不仅仅是直观性.

但其实逻辑必然性并不存在. 坚持自然数的算术也可以处理解方程导致的新的数量类型. 使用几何线段并不比方程的根给我们更多的知识, 除非人

---

[1] 从 Newton 和 Leibniz 到 Weierstrass 和 Dedekind, 微积分早期的二百年发展与此是相似的.

[2] H. G. Zeuthen 在他关于圆锥曲线的研究中引入该术语: *Die Lehre von den Kegelschnitten in Altertum.* Copenhagen (1886).

们已经习惯了使用几何的方式思考. 我认为, 希腊人已经习惯了几何学, 而不是从代数转向几何. 刚开始, 他们用几何来表达代数是为了对关于数字的结论进行发现、证明、系统化. 无理数在当时的几何背景下被发现了, 使得他们倾向于更加坚持几何, 但同时侵蚀了他们关于将算术表示成形数的原始信仰. 在更一般的哲学背景下, Pythagoras 学派的观点是唯物的, 用现实世界中的事物来识别心智领域的对象. 之后该观点被发展为唯心主义的观点, 认为心智领域的对象更为真实, 经过 Plato 的有力陈述成为数学哲学的典范. Aristotle 批评了 Pythagoras 学派对其导师 Plato 的影响[1], 而且采取实在论者的立场, 将数学性质看成是从现实世界对象中抽象出来的 (见 Körner, 1971, 第一章).

1.7 相似

与无理数研究同时代的, 还有关于相似和平行的研究, 在本书的后面我们
17 将更关注这两个概念. 两个图形相似, 如果它们满足 "它们的角分别相等, 而且边对应成比例" (Euclid《原本》, 第 6 卷, 定义 1), Heath 指出该定义中应当加上, 对应边必须是相等的角的对边. 因此, 两个相似图形有相同的形状但大小可能不同.

我们前面已经提到 Pythagoras 学派引入平行线来证明任意三角形内角和等于 $2R$. 相似与平行也有着非常紧密的联系; 如果三角形 ABC 中, 直线 l 平行于底边 BC 分别交 AB 于 B', 交 AC 于 C' (见图 1.13), 则 $B'C' : BC = AB' : AB = AC' : AC$, 而且 $\angle AB'C' = \angle ABC$, $\angle AC'B' = \angle ACB$, 所以三角形 ABC 与三角形 $AB'C'$ 相似. 反之, 如果三角形 ABC 与三角形 $AB'C'$ 相似, 那么 $B'C'$ 与 BC 平行.

相似是比全等范围更广的概念, 很早就有人研究相似的概念. 希俄斯岛的 Hippocrates (约公元前 430 年) 曾在其工作中熟练使用相似的概念, 尤其是从三角形 ABC 与三角形 $AB'C'$ 相似得出它们面积之比等于对应边比例

[1] 见 D. R. Dicks 关于 Pythagoras 学派影响的论述 (Dicks 1970, p. 63).

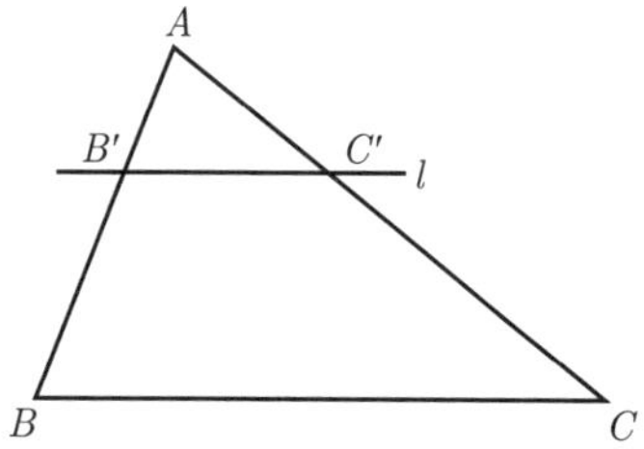

图 1.13

平方的结论, 即 $S_{ABC}:S_{AB'C'}=AB^2:AB'^2$.

从相似的性质也可以得到 Pythagoras 定理的一个简单证明, Heath (1956, 第 1 卷, p. 353) 认为该证明可能是 Pythagoras 定理的原始证明.

1.8 Pythagoras 定理

$\triangle ABC$ 是以 $\angle B$ 为直角的直角三角形, 设 $\angle A=\alpha$, $\angle C=\gamma$, 则有 $\alpha+\gamma=90^\circ$. 过点 B 作斜边 AC 的垂线, 垂足为 D. 则线段 BD 将角 $\angle ABC$ 分为 $\angle ABD$ 和 $\angle DBC$, 而且

$$\angle ABD+\angle DBC=90^\circ.$$

在 $\triangle ADB$ 中, $\angle ADB=90^\circ$, 所以有

$$\alpha+\angle ABD=90^\circ,$$

而且我们知道 $\alpha+\gamma=90^\circ$, 所以 18

$$\angle ABD=\gamma,$$

同理可知,

$$\angle DBC=\alpha.$$

直角三角形 $\triangle ABC$, $\triangle ADB$, $\triangle BDC$ 的三个内角都是 α、γ 和 90°, 所以这三个三角形相似. 由相似三角形的性质知道:

$$\frac{AD}{AB}=\frac{AC-DC}{AB}=\frac{AB}{AC},$$

即

$$AC^2 = AB^2 + AC \cdot DC,$$

而且在 $\triangle ABC$ 和 $\triangle BDC$ 中有

$$\frac{DC}{BC} = \frac{BC}{AC},$$

即

$$AC \cdot DC = BC^2 \tag{a}$$

于是, 我们得到著名的公式: $AC^2 = AB^2 + BC^2$.

其中, 步骤 (a) 用到了交叉相乘, 也就是

$$\frac{DC}{BC} = \frac{BC}{AC} \quad \text{导致} \quad AC \cdot DC = BC^2.$$

为了检验其合理性, 你可以验证对于矩形 $ABCD$ 和 $EFGH$, 有

$$\frac{AB}{EF} = \frac{EH}{AD} \quad \text{导致} \quad AB \cdot AD = EF \cdot EH.$$

Euclid 在《原本》第 6 卷命题 16 就给出了证明.

尽管我们声称不可公度性并没有导致数学产生危机, 因为数学学科远远没有瘫痪而且数学家因此被激发去做更多的数学, 但是不得不承认该学科的基础确实存在着不严格之处. 《原本》第 5 卷命题 3 将比例定义为 ‘两种同类别的量之间的大小关系”, 那么两个不可公度量之间的比例是什么呢? 如何将 $\sqrt{2}$ 与 1 相比较呢? 假如将比例仅仅理解为正整数之间的比, 显然无法比较 $\sqrt{2}$ 与 1. 另一方面, 量与量之间的比较基于两个量在某方面的相似性. 一
19 旦可以有方法比较不同的比例, 就可以理解 $a:b = c:d$ 这样的式子, 数学基础的不严格就被解决了. 注意到每个比例单独是可以被理解的, 因为量 a 和 b 可以同时是长度、面积或者角度, 它们是同类的量. 每种同类的量可以比较大小, 例如将一个量叠放在另一个量上进行比较. 问题在于如何将比例 $a:b$ 与 $c:d$ 进行比较. 如果所有的长度都是可以公度的这就不成问题, 但是由于确实存在不可公度量, 所以需要解决这个问题.

Fowler (1987) 充分讨论了希腊比例理论的前史. 希腊的 Eudoxus 成功提出了比例理论, 他的主要贡献在于成功给出比例计算的完备定义. 《原本》第 5 卷中给出的定义如下:

比例的定义 (第 5 卷, 定义 3): 一个比例是指两个同类别的几何量之间的大小关系.

比例相等的定义 (第 5 卷, 定义 5): 有四个量, 如果第一个量与第三个量乘以相同的倍数, 第二个量与第四个量乘以相同的倍数, 第一个结果与第二个结果之间的关系同第三个结果与第四个结果的关系相同, 那么称第一个量与第二个量的比等于第三个量与第四个量的比.

比例的比较 (第 5 卷, 定义 7): 如果第一个量乘以一个倍数超过第二个量, 而第三个量乘以一个相同的倍数小于第四个量, 那么我们称第一个量与第二个量的比例大于第三个量与第四个量的比例.

使用现代术语表达比例相等的定义, 设 a, b, c, d 是四个量, 如果对于任意正整数 m, n, 都有以下三种情况之一成立:

$$ma > nb \text{ 而且 } mc > nd;$$
$$\text{或 } ma = nb \text{ 而且 } mc = nd;$$
$$\text{或 } ma < nb \text{ 而且 } mc < nd,$$

则称 $a:b = c:d$.

比例的比较的定义说的是, 如果存在正整数 m, n 使得

$$ma > nb \text{ 但是 } mc < nd,$$

则称 $a:b > c:d$.

对于一个正方形的边长与对角线, 我们可以将对角线 d 与边长 s 的比例记为 $d:s$, 并考察它与其他比例的比较. $\sqrt{2}$ 的一个近似值是 $7:5$, 我们知道 20
$d:s > 7:5$, 但是使用 Eudoxus 的定义如何证明它?

首先, $d:s$ 与 $7:5$ 不相等. 因为假设 $d:s = 7:5$, 则只要 $m \cdot d > n \cdot s$ 就有 $m \cdot 7 > n \cdot 5$. 但是, 取 $m = 29, n = 41$, 我们可以得到 $29d > 41s$ 但

是 $29 \cdot 7 < 41 \cdot 5$, 矛盾. 于是, 由 Eudoxus 关于比例比较的定义能够得到 $d:s > 7:5$.

比较 $d:s$ 与 $7:5$ 的第二种方法如下. 在一条直线上从同一起点沿着相同方向截取线段 d 与 s, 并不断重复截取. 于是比例 $d:s$ 与比例 $7:5$ 带来了截点的不同的顺序, 将截点及其顺序提取出来. 用 R 表示 s 带来的截点, L 表示 d 带来的截点, B 表示重合的点, 则比例 $d:s$ 的模式为

$$\mathrm{RLRLRRLRLRRLRL}\cdots,$$

而 $7:5$ 的模式为

$$\mathrm{RLRLRRLRLRBRLR}\cdots.$$

用这种方法可以知道 $21:15$ 与 $7:5$ 相等. 由于 $d:s$ 与 $7:5$ 的模式不同, 我们可以知道 $d:s \neq 7:5$, 而且通过更细致的考察可以知道 $d:s > 7:5$. 这种方法与 Euclid 算法有相似之处, 参见 Fowler (1987).

Eudoxus 给出了比例的定义, 并给出了两个比例比较的方法. 他没能通过刻画所有的量解决比例的存在性问题, 但是 Eudoxus 的方法使得我们可以对任意线段进行比例计算, 这些比例即使不相等也可以比较大小.[1]《原本》第 5 卷与第 6 卷详细论述了比例理论, 从而给出相似比的定义与理论基础.

1.9 附录

谈论希腊 ‘代数’ 的最主要的理由是希腊人研究了**方程** (也可以将 Euclid 的全部工作统称为几何与算术, 但是这可能仅仅是一个模棱两可的术语). 希腊人关于方程的研究来源于巴比伦. 巴比伦人与埃及人不同, 巴比伦人既善于解联立的二元方程, 也善于解二次方程. 整体来说, 这些方法都是用图形语言表述的, 例如一个面积加上一个边长等于某个数.

[1] 在这种意义上, Eudoxus 的方法与 Dedekind 在 *Continuity and irrational numbers* (1872) 中关于无理数的定义不同, Dedekind 的方法是构造性的 (见 Weyl 1963, p. 39).

这一类问题最常见的形式是, 两个未知数的乘积与和 (或者差) 的联立方程. 可以看到有涉及一个数与其倒数的问题, $x \cdot x^{-1} = 1, x + x^{-1} = b$, 换句话说 $x^2 + 1 = bx$. 我们也可以找到更为一般的问题: 21

$$xy = a,$$
$$x + y = b,$$

其等价形式为 $x^2 + a = bx$, 或者

$$xy = a,$$
$$x - y = b,$$

其等价形式为 $x^2 = bx + a$. 二次方程通常以上述形式陈述, 在这种情况下为了求解方程将其转化为:

在第一个例子中, $x + y = b$ 以及 $x - y = \sqrt{b^2 - 4a^2}$;

在第二个例子中, $x - y = b$ 以及 $x + y = \sqrt{b^2 + 4a^2}$.

《原本》第 2 卷解这一类方程时, 使用了希腊数学中被称为应用面积的技巧. Proclus (Morrow 版, p. 332) 引用 Eudemus 的观点, 将这种方法归功于 Pythagoras.

Neugebauer (1969, p. 149) 认为, 应用面积的求解方法起源于巴比伦, 而该方法出现以来也发生过很多改变. 给定线段 PQ, 求作矩形 $PQRS$ 并将其分为两个矩形, 要求其中一个小矩形有给定的面积 C, 另一个小矩形有给定的形状 D. 如果可以作出上述矩形, 那么称所构造的矩形可以放置于给定线段上, 且缺口形状为 D. 相对地, 如果要求面积为 C 的大矩形超出给定线段, 那么称构造的矩形放置于给定线段上, 盈余形状为 D. 可以将它们表述为代数问题, 先考虑第一个问题.

给定的线段长度记为 a, 设给定形状的矩形两边比值记为 $\lambda : 1$, 矩形两边长分别为 x 和 λx, 考察给定面积的矩形有:

$$\lambda xy = C.$$

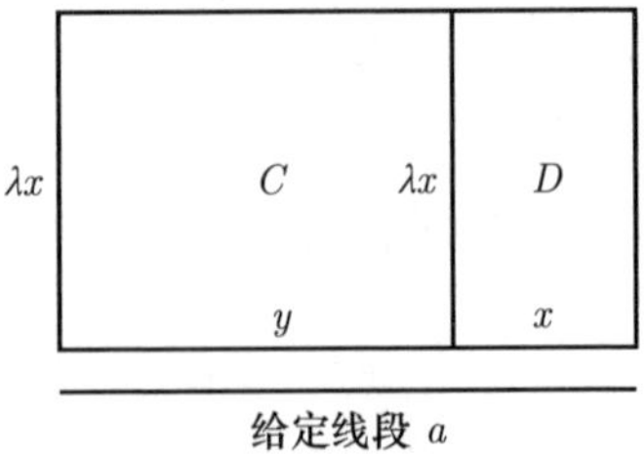

图 1.14

考察底边的长度, 有:

$$x + y = a.$$

于是问题转化为求长度 x 和 y, 使得它们的和为 a, 乘积为 C/λ.

22 在第二个问题中, 类似地转化为求长度 x 和 y, 使得它们的差为 a, 乘积为 C/λ. 也就是

$$\lambda xy = C \quad \text{而且} \quad x - y = a.$$

这两个问题显然对应于前面讨论过的巴比伦的二次方程问题. 或许, 它们从巴比伦传入后被希腊人用几何语言重新表达, 并导致了使用面积求解问题的技巧. 现在可以提到用几何解决问题的一个优势. 显然没有 x 和 y 使得它们的和与乘积分别为 10 与 40, 而巴比伦人的泥板书中似乎在避免讨论这样的问题. 使用几何, 我们可以知道为什么没有 x 和 y 存在. 在使用面积的语言中, 我们需要考虑一个面积为 40 的矩形放置于长度为 10 的线段上, 缺少一个正方形.

设大矩形的边长分别为 x 和 y, 当 $x + y$ 给定时, 矩形的面积 xy 随着 x 变化, 当矩形为正方形时其面积取最大值. 在这个例子中, $x = y = a/2$, 面积为 $a^2/4$. 因此, 当 $a^2/4 > C$ 时, 我们可以解这个问题. 在例子中, $100/4 = 25$ 比 40 小, 所以找不到 x 和 y. 如果该问题有解, 那么将会有两个解, 请读者通过图形自行验证.

Euclid 在《原本》第 6 卷命题 27 中讨论了解的存在性, 接着在第 6 卷命题 28 和 29 中给出解二次方程的方法.

习 题

1.1 如果正整数组 (a,b,c) 满足 $a^2+b^2=c^2$, 则称该数组为 Pythagoras 三元组. Proclus (Morrow, p. 340) 将寻找这种三元组的方式归功于 Pythagoras 本人. 令 n 为奇数, 则 $(n,(n^2-1)/2,(n^2+1)/2)$ 组成了一个 Pythagoras 三元组. 如何通过形数发现上述数组为 Pythagoras 三元组? (Heath (1956, 第 1 卷, p. 358) 提出, 可以考察两个相邻正方形数之间的磬折形, 考虑该磬折形也是正方形数的情况.)

1.2 Proclus 也给出过寻找 Pythagoras 三元组的方法, 并将其归功于 Plato. 取偶数 m, 并考察三元组 $(m,(m/2)^2-1,(m/2)^2+1)$, 可以验证这种数组也是 Pythagoras 三元组. 如何用形数进行证明呢? (Knorr (1975, p. 156) 与 Iamblichus 有相同的观点, 考察正方形数之间的双重磬折形, 设两个磬折形数之和为 $4K=l^2$, 见图 1.15.)

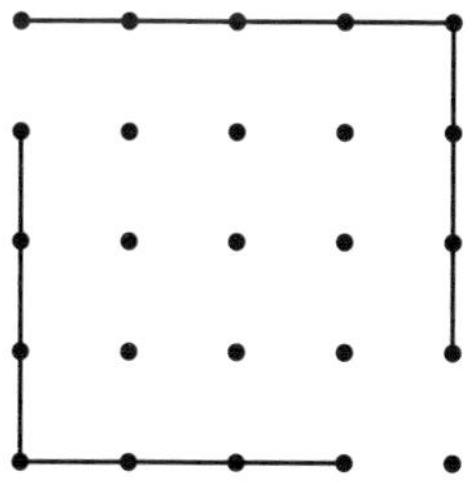

图 1.15

1.3 请找到一个 Pythagoras 三元组使之不属于上面两种.

1.4 验证对任意正整数 p,q, 三元组 $(2pq,p^2-q^2,p^2+q^2)$ 都是一个 Pythagoras 三元组.

1.5 (较难) 任何一组 Pythagoras 三元组都有习题 1.4 中的形式, 你能证明吗? 可以与《原本》第 10 卷命题 28 比较. 23

巴比伦泥板书中的数字都是用一种六十进制的记数系统书写的, Neugebauer 将其精致地转录为现代语言. 分号分隔整数部分与小数部分, 逗号分隔六十进制小数部分的数位.

1.6 验证三位的六十进制小数中最接近 $\sqrt{2}$ 的是

$$1;24,51,10=1+\frac{24}{60}+\frac{51}{60^2}+\frac{10}{60^3}.$$

1.7 2、3、5 是 60 的因子, 称 2、3、5 以及它们任意次数的乘积为 '正则数'. 证明在六十进制下只有正则的正整数的倒数为有限小数, 请试着写出一些这样的小数, 例如 $\frac{1}{2}=0;30$, $\frac{1}{3}=0;20$.

1.8 在一个现存的巴比伦泥板书中有以下几个倒数:

$$\frac{1}{18} = 0;3,20, \qquad \frac{1}{36} = 0;1,40,$$
$$\frac{1}{54} = 0;1,6,40, \qquad \frac{1}{1,21} = 0;0,44,26,40$$

(Neugebauer 1969, p. 32), 请验证它们.

1.9 哥伦比亚大学保存的普林顿 322 泥板书中有一个著名的片段, 展示出公元前 1700 年左右的巴比伦人对于 Pythagoras 三元组具有的洞见. 这块泥板书上面有断裂, 断裂处的胶显示, 是挖掘出土时产生的断裂 (其他部分丢失了). 泥板书上的数字有四列, 其中一列表示行数从 1 到 15. 另外三列可以分别记为 x, b, d, 其中两列有标题, 标题表示的是三角形的边长 (见表 1.1).

表 1.1 普林顿 322, 有改动

I	II $(= b)$	III $(= d)$	IV	h	p	q	p/q
[1, 59, 0], 15	1, 59	2, 49	1	2	12	5	12/5
[1, 56, 56], 58, 14, 50, 6, 15	56, 7	3, 12, 1	2	57, 36	64	27	64/27
[1, 55, 7], 41, 15, 33, 45	1, 16, 41	1, 50, 49	3	1, 20	75	32	75/32
[1], 5, [3, 1], 0, 29, 32, 52, 16	3, 31, 49	5, 9, 1	4	3, 45	125	54	125/54
[1], 48, 54, 1, 40	1, 5	1, 37	5	1, 12	9	4	9/4
[1], 47, 6, 41, 40	5, 19	8, 1	6	6	20	9	20/9
[1], 43, 11, 56, 28, 26, 40	38, 11	59, 1	7	45	54	25	54/25
[1], 41, 33, 59, 3, 45	13, 19	20, 49	8	16	32	15	32/15
[1], 38, 33, 36, 36	9, 1	12, 49	9	10	25	12	25/12
1, 35, 10, 2, 28, 27, 24, 26, 40	1, 22, 41	2, 16, 1	10	1, 48	81	40	81/40
1, 33, 45	45	1, 15	11	1	*	*	*
1, 29, 21, 54, 2, 15	27, 59	48, 49	12	40	48	25	48/25
[1], 27, 0, 3, 45	7, 12, 1	4, 49	13	4	15	8	15/8
1, 25, 48, 51, 35, 6, 40	29, 31	53, 49	14	45	50	27	50/27
[1], 23, 13, 46, 40	56	53	15	1, 30	9	5	9/5

Neugebauer (1969, p. 37) 转录了普林顿 322, 其中有下划线的是改动的条目. 零密码是他的猜测, 最后四列是他增加的.

* 所处的那一行, 不存在 p 和 q, 使得 b, d, h 取那些值. $p = 2, q = 1$ 可以得到一个相似的直角三角形 $b = 3, d = 5, h = 4$, 而这一行中的三角形是 $b = 3/4, d = 5/4, h = 1$.

请验证这些条目可以分别由公式 $b = p^2 - q^2, h = 2pq, d = p^2 + q^2$, 以及 $x = d/h$ 计算出来, 而且它们的排列顺序符合 x 值递减的顺序. 验证 p 与 q 都是正则数, 注意 d/h 关于 p 与 q 的表达式, 并思考为什么将 p 与 q 都选择为正则数. 24
检查是否除了其中一行之外 p 与 q 都满足以下几个条件, $1 < p < 180, 1 < q < 60, \sqrt{3} < p/q < 1 + \sqrt{2}$, 找到这一行.

初等几何课程中通常会讨论的几个问题之一是尺规作图, 它是正 n 边形作图的推广, 相当于求作一般的任意长线段与任意角度. 可以通过尺规作图对线段任意等分, 而角度不能, 所以角度作图更困难. 甚至通过尺规作图对一般的角三等分都是无法实现的. 古典时期已经讨论了这些初等的几何问题, 但是当然没有能够真正解决. 事实上, 以初等方法是无法将它们解决的. 不过, 一些问题被重新解释, 并通过三维的方法以及圆锥截线的使用而解决. 据 Pappus 记载,[1] 希腊几何学家将问题分类为平面问题、立体问题、尺规作图问题、三维的问题、特殊曲线问题等十多类问题. (圆锥截线的研究很可能最早来自 Menaechmus, 他在解决倍立方体问题时使用了它们.)

1.10 请你通过查阅 van der Waerden (1961) 与 Knorr (1986), 尝试理解古典时期对这些问题的解答. 25
你将会注意到, 数学家们并不会等待无理数的问题解决之后再来解决这些问题. 这件事从历史或者逻辑角度能给你什么启发呢?

[1] Pappus, *Collectio*, 第 3 卷; 见 Heath, 1921, 第 1 卷, p. 218, 以及第 2 卷, p. 362.

第二章　欧氏几何与平行公设

2.1　引言: 运动与空间

几何学当然不是算术的分支. 它很快不再附属于算术问题, 成为与之并 26
列且具有相同严格性与价值的研究领域, 其研究主题为空间图形及其性质. 最早的时候, 几何学的背景空间是平面, 接下来人们又考察了三维空间中的图形. 希腊的几何学证明成效显著, 可以将其归功于关于背景空间所做的假设, 这些假设蕴含在全等、相似和平行的想法里面, 也蕴含在构造几何图形的方式之中.

最基本的概念是全等. 如果两个图形重合, 也就是说它们所有方面都相等, 则称它们全等. 重合是指, 移动一个图形直到它与另一个图形的位置完全一致, 或者用以确定两个图形的数据都相等, 即已知的作图条件可以确定唯一的图形. Thales 关于全等的判定定理指出, 给定一条线段与线段两端的两个角度, 对于任意给定位置的相等线段, 可以唯一确定一个三角形, 而且由不同位置的线段所得到的三角形都全等. 有时这样得到的两个三角形是彼此的镜面映像, 于是我们理解的运动需要包含反射. 在这种理解下, 希腊的几何学家实际上假设几何图形所处的理想空间具有同质性, 因为在任何一点处都可以构建给定的图形, 而且每次都会得到相同的结果. 所允许的运动需要保持三角形的刚性, 包括: 旋转、平移以及反射. 在这类运动下三角形既不会弯曲也不会伸缩, 否则, 全等的概念就无从建立. 首先考虑平移的概念, 即向给定方向移动给定距离的运动. 将线段 AB 向东北方向平移 t 个单位, 点 A 和点 B 分别移动到 A' 和 B'. 该平移保持线段 AB 不变, 于是 $A'B' = AB$, 当然 AA' 与 BB' 平行且相等. 因此平行四边形的对边相等, 而且平行线之间的距离处处相等. 请读者思考为什么是这样? 希腊几何学的伟大成就之一就是建立了

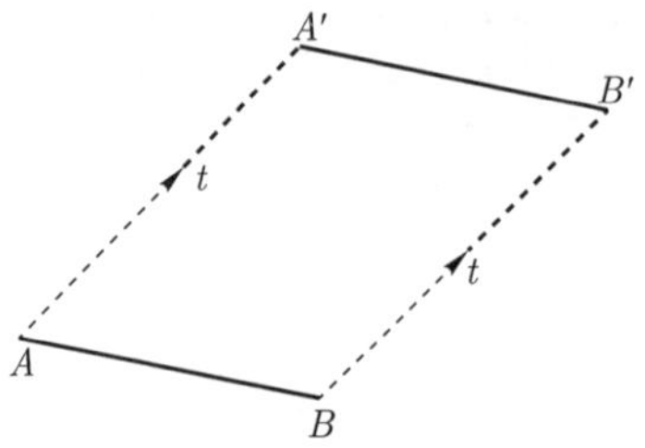

图 2.1

一个充分精妙的几何学体系, 在该体系中人们可以提出并回答这一类问题, 而
27 不用回避问题. 希腊的几何学体系倾向于考虑全等的概念, 以及在空间中构造一些图形的可能性, 但是压抑了在具有同质性背景空间中的刚体运动问题. 希腊人没有使用平移的概念, 而是使用平行线, 换句话说, 他们考虑的是平移时不同点的轨迹.

有时图形变换不是全等而是相似, 即一定比例的复制. 相似图形对应角相等, 对应边成比例. 这里其实隐含着背景空间允许我们对任意图形按照一定比例放缩的假设.

现在我们来考察历史上最著名的几何体系.

2.2 Euclid 的几何

Euclid《原本》以 23 个定义开篇, 界定了最基本的一些术语、5 条公设和 5 条公理. 这些公设允许构造特定的几何图形: 两点之间可以作一条直线段, 任意中心与半径可以确定一个圆, 等等. 公理则是可容许的推导方式以及
28 可以运用在数学之外的推理方式: 等于相同量的量都彼此相等, 诸如此类.

并非所有的定义都具有相同的价值. 开篇是关于点、线、直线、曲面、平面的定义, 但或许不给出这些定义会更好. Aristotle 指出, 任何学科都需要从不能证明的原理出发,《原本》中的这些术语便可以被当成出发点; 即便如此, Aristotle 还是定义了点的概念 (1916b, *Metaphysics*), 点是不可分割而且具有位置的, 而 Euclid《原本》中, 点是没有部分的. 但是不论从哪一个定义都难以看出, 线 (没有宽度的长度) 是由点的集合组成, 实际上希腊人从未将线或

表 2.1 Euclid《原本》的公设与公理

公设
做以下假设:
(1) 由任一点到另外任一点可以作直线.
(2) 一条直线可以无限延长.
(3) 以任一点为中心以任意距离为半径可以作圆.
(4) 凡直角都彼此相等.
(5) 同平面内一条直线和另外两条直线相交, 若在某一侧的两个内角之和小于两个直角的和, 则这两条直线经无限延长后在这一侧相交.
公理
(1) 等于同量的量彼此相等.
(2) 等量加等量, 其和仍相等.
(3) 等量减等量, 其差仍相等.
(4) 彼此重合的物体是全等的.
(5) 整体大于部分.

来自 Heath (1956, 第 1 卷, pp. 154–155)

者曲线当成运动着的点的轨迹. 几何图形的定义都没有依赖于点的运动. 圆的定义为:

"圆是由一条线包围成的平面图形, 其内有一点与这条线上的点连接成的所有线段都相等. "

圆内的这一点称为圆的中心. Aristotle 对数学很感兴趣, 从他那里我们可以知道, 初等几何的早期作者们都是从相同的几何图形出发建立体系: 主要是点、线、圆这些平面图形. 一旦这些术语界定清楚以后, 就可以定义其他术语: 三角形、平行四边形等, 以及平行四边形的特例正方形、矩形等. 我们知道《原本》中有一个定义与一个公设引起了最多的关注与争议: 关于平行线的第五公设.

前面已经说过, 平行线是指平面上经过无限延伸仍然不相交的直线. 一个自然想到的问题是平行线是否存在, 因为即使数学家给出定义也不能直接说明其存在. 如果没有平行线, 很多的几何工作就难以得到, 因为平行线常常 29

被用来平移相等的角度. 例如图 2.2, 由于 l 和 l' 平行, 其中有四个角相等.

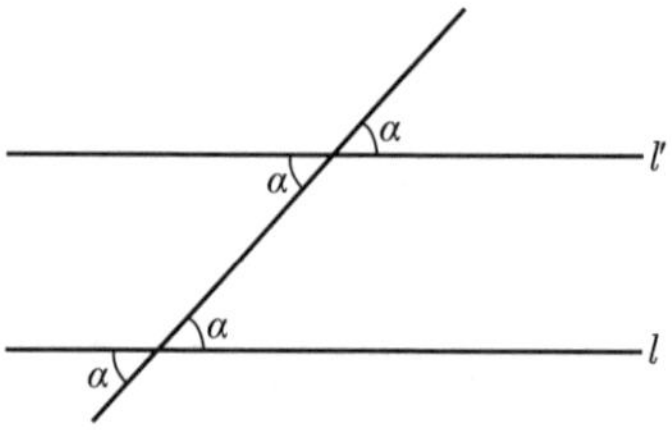

图 2.2

由此可以推出, 任意三角形内角和为 180°.《原本》第 1 卷命题 32 给出如下证明. ABC 是三角形; CD 平行于 BA, 将 BC 延长至点 E. 由于 BA 平行于 CD, 有 $\angle BAC = \angle ACD = \angle A$, 且 $\angle ABC = \angle DCE = \angle B$. 考察点 C 处的角, 记 $\angle ACB = \angle C$, $\angle A + \angle B + \angle C = 180°$, 所以三角形的三个内角和为 180°.

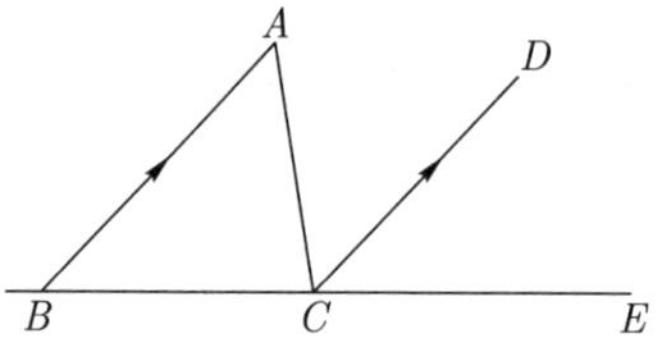

图 2.3

我们通过长度与角度对几何图形进行研究, 所以平行线是研究几何的有力工具.《原本》第 1 卷引入平行线之后, 紧接着就给出上述关于三角形内角和的证明. 于是需要解决平行线的存在性问题. 为此, 通常的证明是 ‘跷跷板证明”. 取一条直线 l 以及直线外一点 P, 过 P 作直线 m, 将 m 视为大地 l 上方绕点 P 旋转的跷跷板, 这个跷跷板两边是无限延伸的. 如果直线 m 与 l 不相交, 那么平行线的存在性问题就已经解决了. 现在假设 m 与 l 相交于点 X, 如图 2.4 所示. 跷起 m, 直到它在点 P 的另一侧与 l 相交, 交点记为 Y, 考察可以知道, m 与 l 在左边与右边不会同时相交, 否则 m 与 l 围出一块面积,
30 而且两个交点 X 和 Y 之间有两条不同的直线. 这与几何学的基本假设矛盾, 因此可以否定. 现在考虑, 是否有可能不存在平行线? 当我们跷起 m 的时候, 点 X 向左移动, 直到 m 与 l 在左边分离; 不可能存在一个位置, 使得 m 与

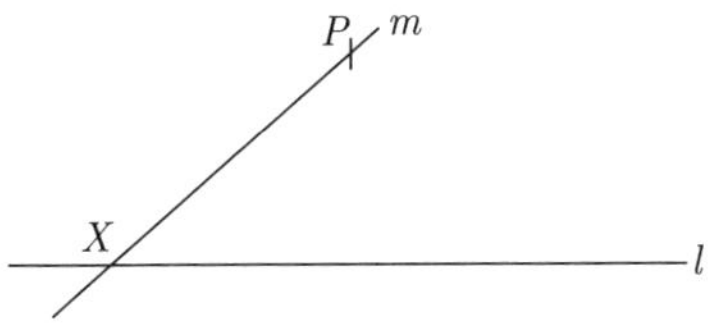

图 2.4

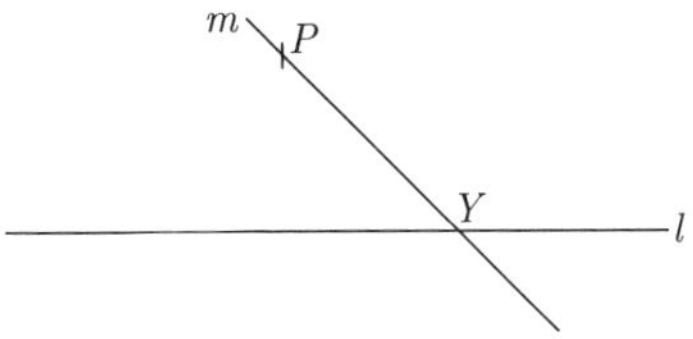

图 2.5

l 在左边相交, 而且将 m 轻微移动它就与 l 在右边相交. 更可能的是, m 与 l 在左边分离发生在右边相交之前. 如图 2.7, 考虑所有角都是直角的对称位置. 如果 m 与 l 确实相交, 在图形中它们的交点是在左边还是在右边? 由对称性, 两直线或者左右两边都相交, 或者都不相交, 而前面已经否定了都相交的可能性.

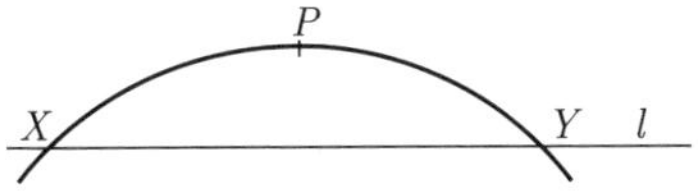

图 2.6

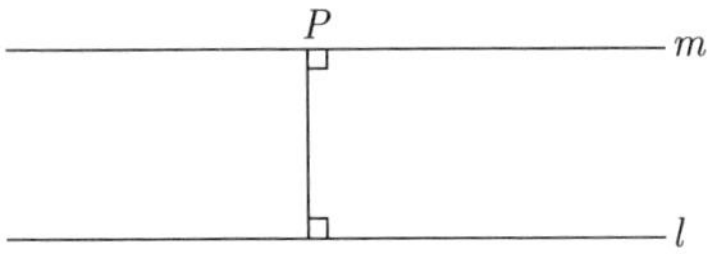

图 2.7

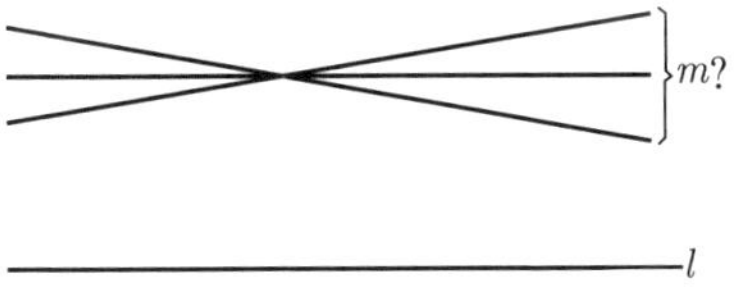

图 2.8

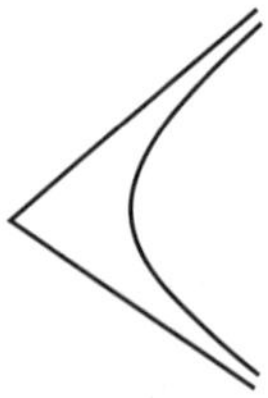

图 2.9

因此, 可以作直线 m 与 l 平行. 但是, 这个 '跷跷板证明" 却导致了另外一个尴尬: m 与 l 在左边分离是否有可能发生在右边相交之前, 使得存在一系列过点 P 而且与 l 都不相交的直线? 我们可以想象 m 逐渐接近 l 但是永不相交, 古希腊人也曾提到满足该性质的曲线. 例如, 双曲线的一支与轴线越
31 来越近但是永不相交 (见 Proclus, Morrow 版, p. 151). 一般地, 两条相互接近但是永不相交的曲线称为互为渐近线, 或者称为相互渐近. 我们的问题在于, 直线不能相互渐近并非显然, 而是需要证明的.

2.3 平行公设

奇怪的是, 人们并未寻找到该问题的答案. 但是, 如果平行线摇摆以后仍然平行, 那么显然, 平行线就不能保持角度了. 如果希望平行线有用的话, 平行线不仅应当存在, 而且还应当是唯一的. Euclid 通过他著名的平行公设来摆脱这个困扰:

"同平面内一条直线和另外两条直线相交, 若在某一侧的两个内角之和小于两个直角的和, 则这两条直线经无限延长后在这一侧相交."

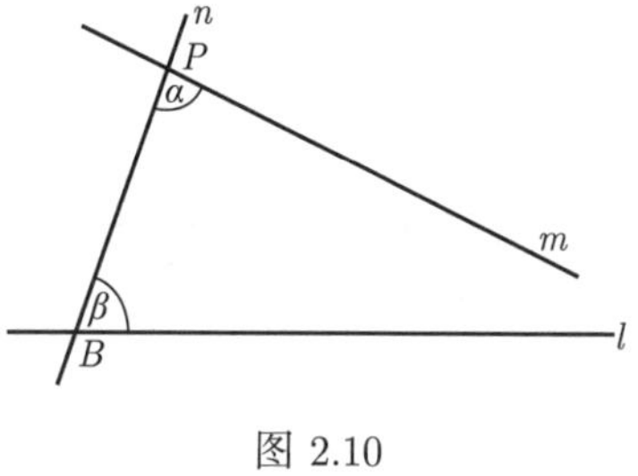

图 2.10

如图 2.10 所示, 直线 n 与直线 m 和 l 分别相交, 而 $\alpha+\beta$ 小于两个直角, 则 m 与 l 相交, 而且交点与角 α 和角 β 在直线 n 的同侧.

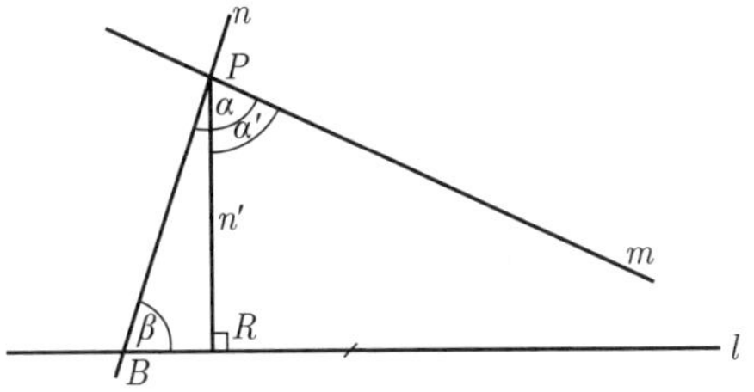

图 2.11

在跷跷板的意义下, 不妨用与直线 l 垂直的直线 n' 替代 n. 假设在点 P 处有 $\alpha-\alpha'=R-\beta$, 即 $\alpha+\beta=\alpha'+R$.

这里 Euclid 所假设的是, 如果直线 m 与竖直直线 n' 的交角 α' 小于直角, 那么 m 与 l 在右侧相交. 只不过作为公设, 他考虑了直线位置的任意性. 我们确实可以证明当直线 m 与 l 的交角 α' 大于直角时两者不相交, 但 Euclid 通过强制性的条件简单回避了这种情况. 虽然 Euclid 之前与之后的几何学家大多同意这条公设, 但是平行线问题仍在很大程度上困扰着古希腊的几何学家. 首先, 平行公设并不直观, 它假定的直线与直线在不确定距离的远处相交. 两条直线 m 与 l 不相交的可能性看似奇怪, 但这是几何学中的现象, 而几何学并非仅仅是现实, 我们需要确凿的证明. 试图给出满意的解答是难以实现的, 可能也是误导性的. 这个公设甚至会带来很多麻烦. 32

这里我们需要区分奇怪的结果与假设带来的矛盾. 如果我们假设存在一个数 x 使得 $2=x+1$ 与 $x+1=3$ 同时成立, 那么我们得到的是矛盾: 2=3. 由于 2=3 是错的, 所以不存在一个数 x 满足给定的性质. 但是, 如果我们假设 x 使得 $x^2-10x+40=0$, 那么我们可能得到也可能得不到矛盾. 现在我们知道 $x=5+\sqrt{-15}$ 与 $x=5-\sqrt{-15}$ 都是该方程的解, 也不用担心 $\sqrt{-15}$ 的使用. 但是, 人们曾经认为负数的平方根是没有意义的, 甚至连负数都曾被认为是虚构的. 大约在 16 世纪, 像 $\sqrt{-15}$ 这样的数被认可为 "虚的", 在当时的理论中, 人们认为这些数奇怪但没有矛盾, 通过扩张数系和代数来处理它们, 这种处理方式与 $2=x+1=3$ 中的矛盾有本质的不同. 虚数的代数理论仅仅 33

是奇怪的, 用虚数缔造者之一的 Cardano 的话来说, "它如此精妙, 似乎没有用处一般".[1] 在平行线问题的研究中, 我们也将看到类似的态度与反应.

早在 Euclid 之前, 平行公设就已经臭名昭著了; 需要做出该假设是让人恼火的事情. 当时盛行的信念是, 像图 2.10 中那样的两条直线由于直线是直的所以一定是相交的, 所以不必再做出这样的假设. 之后的讨论主要有三个方面: 尝试通过初等几何的其他公理公设推导出平行公设; 尝试用更显然的方式重新表述该公设或者重新定义平行线; 在否定平行公设的条件下讨论几何学. Proclus (Morrow 版, p. 150) 这样写道:

"它不应该被当成一个公设. 因为它是一个定理…… 需要通过一些定义和定理给出它的证明. Euclid 本人将该公设的逆命题作为一个定理进行了证明."

Proclus 所指的逆命题是 Euclid 第 1 卷的命题 17, 任意三角形的任意两个内角之和小于两个直角, 该结论不依赖于平行公设.

后面, 我们将考察 Proclus 如何把平行公设当作一个定理, 也将考察重新表述平行公设的尝试. 在 Aristotle 的工作中, 可以找到非欧几何研究在 Euclid 之前就有的证据, 其研究目的或许在于从这些奇怪的性质中找到真正的矛盾. Aristotle 讨论了平行线相交是一个几何的错误还是一个非几何的错误, 即否定平行线的存在性所导致的矛盾本质上是数学的矛盾还是逻辑的矛
34 盾.[2],[3] 他也将否定平行公设与三角形内角和大于 180° 联系起来. 他显然参考了相当多并未留存至今的知识. 后面我们将看到这些联系是如何建立的, 应当注意它们是早在公元 4 世纪做出的.

接下来, 我们转向平行公设本身.

---

[1] Cardano, *Ars Magna* (The Great Art), 第 37 章, 引用于 Struik (1969, p. 69).

[2] 我们或许可以用统计学的使用错误来做比喻: 是统计学的应用本身是错误的, 还是分析问题的方式是错误的? 关于智力的种族论者在两方面都犯了错误, 不幸的是, 其反对者也如此.

[3] Heath (1949, pp. 57, 41, =*An Post* I, 12,5); 或见于参考文献中 Toth 的几篇文章.

2.4 平行公设导致的直接结果

Euclid 在《原本》第 1 卷的命题 27 中首次使用平行线, 他证明: 如果一条直线穿过另外两条直线, 而且内错角相等, 那么两直线平行 (见图 2.2).

这是跷跷板对称位置的另一种表达方式, 我们可以把它作为构造平行线的一种方式. 给定直线 l, 作直线 n 与之相交, 通过 n 上一点作直线 m 使得内错角相等.

接着, Euclid 证明了关于平行线与角度的常用性质. 一个典型结论是平行的传递性: 如果 a 与 b 平行, 而且 b 与 c 平行, 那么 a 与 c 平行. 平行线研究的基础由命题 31 给出: 给定直线 l 外一点 P, 可以作直线 m 与之平行. 在我们上面的论述中, 过点 P 可以先作直线 n 与之相交. 则 m 是过点 P 且与直线 l 平行的唯一直线, 因为如果 m' 是另一条过点 P 且与直线 l 平行的直线, 则由 m 与 l 平行以及 m' 与 l 平行知道 m 与 m' 平行. 但是, m 与 m' 在点 P 处有公共点, 所以 m 与 m' 是同一条直线, 否则是荒谬的. 于是, 我们不仅构造了过点 P 且平行于直线 l 的直线, 而且该直线是过点 P 且与直线 l 平行的唯一直线. 我们可以给出如下总结: 在 Euclid 的几何中, 过直线外一点有且仅有一条直线与之平行. 公设的这种形式通常被称为 **Playfair 公理**, 因 John Playfair 而得名, Playfair 在 1795 年后成功出版了《原本》的几个版本. 不过, 在 Proclus (Morrow 版, p. 295) 关于命题 31 的评论中, 已经有平行公设的这个形式的陈述. 无论如何, 以现代观点来看它是平行公设最为清晰的一个陈述, 而且大多数当代评论家也认为它是对于 Euclid 立场最好的陈述. 它的主要优势在于, 从其形式到非欧几何, 只需否定平行线的存在性或者平行线的唯一性之一.

古典时期, 平行公设研究的重点是将存在性作为已知, 证明平行线的唯一性. 一些人将平行公设作为一个定理试图给出证明; 其他人尝试用更客观的方式对平行公设进行表述, 通常诉诸等距的概念. 可以将没有平行公设的欧氏几何作为一个证明主体 —— 显得单薄 —— 并将平行公设作为一个新的需要检查的对象. 它是否与我们已知的知识相容? 或许, 我们已知的知识促使我

们推导出平行公设的严格性. 或许, 否定平行公设将会导致与已知的知识矛
35 盾, 进而我们还是需要接受平行公设; 又或者, 平行公设太棘手了, 于是我们需要一个新的假设来解决问题. 不论哪种情况, 目标都是为没有平行公设的几何学 (无懈可击却又枯燥乏味) 植入一些确定成立而且强有力的内容, 使该主题变得有趣.

至少看起来, 平行线之间的距离都相等. 但是, 我们也会看到一些曲线平稳地画在一起但最终却不相交. 曾经有一个巧妙的论证, 试图说明图 2.12 中的两条直线不相交. Proclus (Morrow 版, p. 289) 陈述了这个论证, 尽管他的评论是恰当的, 但是 Proclus 没有成功反驳这个论证. 这个论证, 往往让人想起 Zeno 悖论.

假设直线 a 和直线 b 与直线 c 相交, 交点分别为 A 和 B, 同旁内角分别记为 α 和 β, 而且 $\alpha+\beta<180^\circ$. 为了证明直线 a 和直线 b 不相交, 先在 AB 上取中点 C, 然后在直线 a 上取点 A' 以及直线 b 上取点 B' 使得

$$AA'=AC=CB=BB',$$

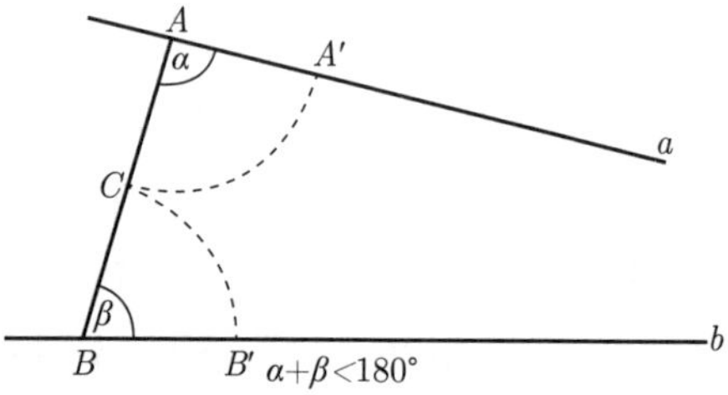

图 2.12

如图 2.12. 直线 a 与直线 b 在 A 和 A' 之间以及 B 和 B' 之间不相交, 否则得
36 到一个三角形, 它的 AB 边的长度大于另外两边之和, 这是不可能的, Euclid《原本》第 1 卷命题 20 已经证明. 因此, 直线 a 与直线 b 在 A 和 A' 之间以及 B 和 B' 之间不相交. 连接 $A'B'$ 并取其中点 C', 在直线 a 上取点 A'' 以及直线 b 上取点 B'' 使得

$$A'A''=A'C'=C'B'=B'B''.$$

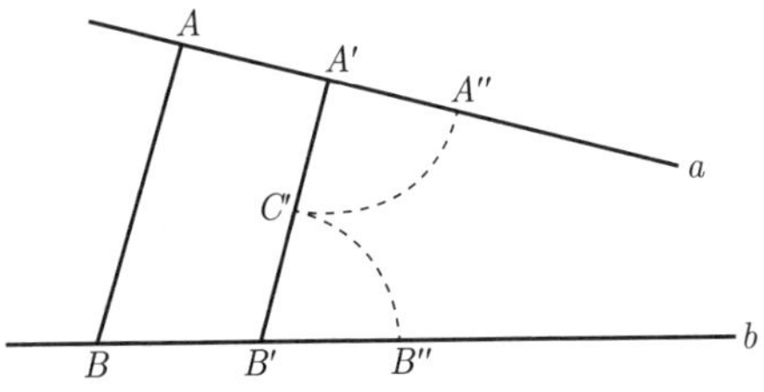

图 2.13

同样的道理, 直线 a 与直线 b 在 A' 和 A'' 之间以及 B' 和 B'' 之间不相交. 再在 $A''B''$ 上取中点 C'', 无穷无尽地做下去, 产生无穷个点的 A 序列和 B 序列. 似乎可以这样总结, 直线 a 与直线 b 永远不会相交, 因为从 A 开始有无穷多个线段, 这些线段上都不会有交点.

当然, 错误之处在于这里的无穷序列收敛, 但这不是真正的兴趣点. 更重要的是, 直线 a 与直线 b 的相交需要一个合理的证明. Proclus (Morrow 版, p. 290) 所叙述的, 甚至更为有趣. 他假设 $\alpha+\beta < 180°$ 而且直线 a 与直线 b 不相交; 在直线 b 上取一点 B', 记 $\angle BAB' = \gamma$, 显然 $\gamma < \alpha$, 于是 $\gamma + \beta < 180°$. 因此, 如果两直线与第三直线相交而且同旁内角之和小于 180°, 这并不能保证两直线不相交, 因为直线 AB' 与直线 b 就会相交. 因此会有某个临界值, 使得当 $\alpha + \beta$ 小于临界值时两直线在右侧相交, 而当 $\alpha + \beta$ 大于临界值时两直线在右侧不相交. 于是得到, 直线 a 在一定的位置范围内都与直线 b 不相交, 如同跷跷板的摇摆. Proclus 在这一点上没有深入下去, 但后面我们在讨论 Lobachevskii 等人的工作时将会继续深入. (一个值得考虑的问题是: 点 A 处跷跷板摇摆的幅度是否由 A 点的高度决定?)

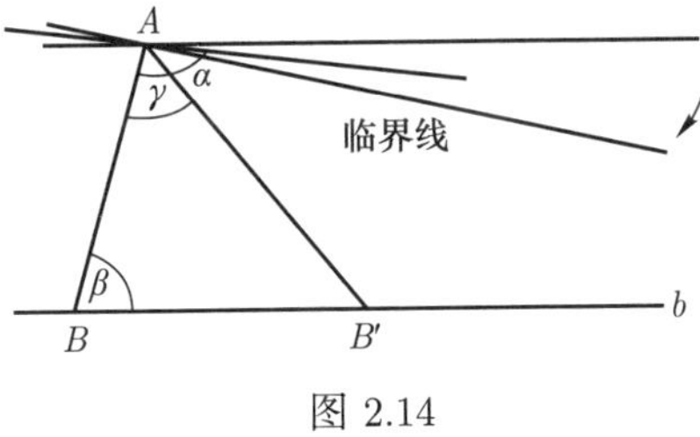

图 2.14

| 2.5 两条线之间的距离

Proclus (Morrow 版, p. 291) 试图将平行公设作为一个定理给出直接证明, 他的论证基于 Aristotle 对宇宙的有限性的假说. 他的论证分为三部分:

(1) 在任一个角内, 角两边之间的间隔 '将会超过任意有限的量" (这对应于 Aristotle 的 *De Caelo* 271b28ff 中的假设, 其中指出任何半径范围都是有限的). 图 2.15 中, 直线 a 与直线 b 在点 P 处形成了一个交角, 而 a 与 b 之间的距离 $d_1, d_2, d_3, \cdots$ 随着远离点 P 无限增加.

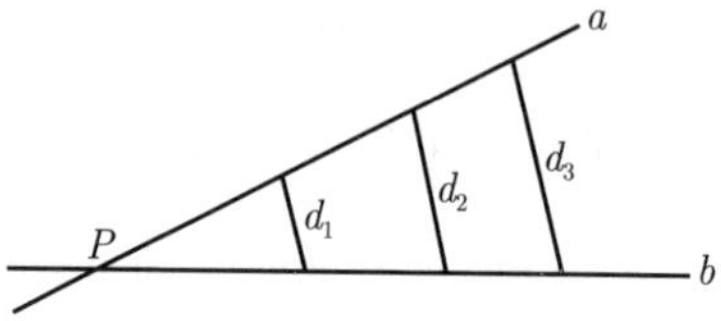

图 2.15

(2) 关于平行线的一个结果:[1] 假设直线 m 和直线 l 平行, 并设直线 n 与直线 m 相交于点 P. Proclus 接着指出, n 必须与 l 相交. 事实上, 随着向右
37 移动, 直线 n 上一点与直线 m 的距离无限增加, 最终会超过直线 m 和 l 的距离, 如果继续运动直线 n 会在某处穿过 l, 所以 n 与 l 相交.

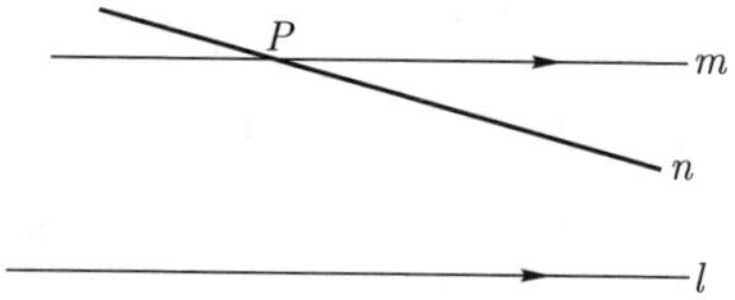

图 2.16

(3) 现在可以推导原始形式的平行公设. 令直线 k 穿过直线 m 和直线 l, 设交角 α 和 β 满足 $\alpha + \beta < 180°$. 我们现在的目标是证明 m 和 l 相交. 过点 P 作 m' 平行于 l; m' 与 k 的交角为 γ, $\beta + \gamma = 180°$, 所以 m 在点 P 穿过 m', 所以由 (2) 知道直线 m 与 l 相交.

---

[1]对 Proclus,《原本》第 1 卷命题 27 保证了平行线的存在性, 但需要证明唯一性.

尽管 Proclus 明确地承认了一个假设, 即两条相交直线之间的距离无限增加, 但他的证明仍然有漏洞. 问题出在 (2) 中. 由假设确实可以得到 n 逐渐远离 m, 但是直线 m 和直线 l 之间的距离是否不变却是不清楚的. 前面我们 38
提到过这个问题, 当时我们称之为平行线的等距性, 这里至少需要明确地说明平行线之间的距离不会无限制地增加. 如果基于这两个假设, 即相交直线的距离无限增加, 以及平行直线的距离不会无限增加, Proclus 确实可以证明平行线的存在与唯一.

值得注意的是, 没有一个关于平行公设的经典证明被古代人确定地接受. 其中最好的结果是, Proclus 借助于距离给出平行公设的重新表达, 之后的人也试图在这个方向上解决问题.

2.6 附录 立体几何

数学通常从研究平面几何开始, 图形都位于二维的空间, 接着考察的是立体或者三维的几何学, 这当然会更困难. 本书通过历史顺序进行叙述; 如 Plato 指出的, 立体几何这一数学分支与天文学最为相关. 立体几何的研究大致上经历了三个相互交叉的阶段.

最初, 通过适当地选取平面, 立体几何的一些问题可以简化为平面几何中的问题, 如图 2.17 中的 OAB, OAC 和 OBC. 而这种方法不能解决立体几何中的所有问题, 所以引进了接下来的两种方法.

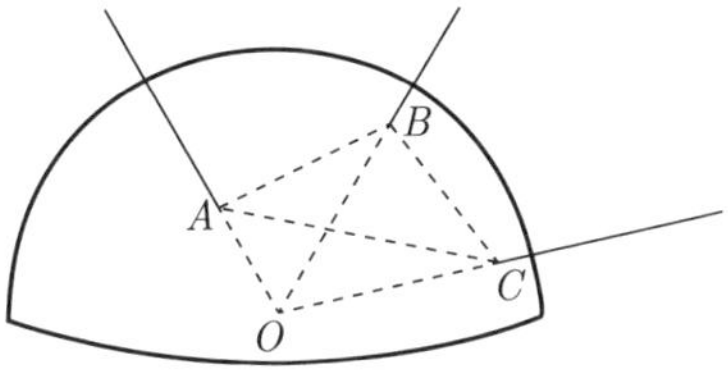

图 2.17

为了考察从 O 点看 A、B、C 三点的角度间隔, 不妨假设三点位于以 O 为中心的同一个球面上; 当然, 这种视角在天文学观测中是很自然的, 特别是距离点 O 的距离并非考察重点的时候. 首先, 可以观察到球面的弧 $\overset{\frown}{CA}$ 与球 39

心角成正比: $\widehat{CA}=R\cdot\angle COA$, 其中 R 为球的半径. 如果 $\angle COA=b$, 可以假设半径 $R=1$, 则 $\widehat{CA}=b$. 接着球面几何的一系列技巧被发展出来, 主要是由 Hipparchus (约公元前 150 年) 和 Ptolemy (约公元 125 年) 做出的, 他们通过公式将球面三角形的边和球面角联系起来. 因为关于希腊三角学的展开讨论肯定会占用太多篇幅, 所以我将直接用现代术语陈述球面三角学的公式. (关于这个主题的历史, 可以参考 Rosenfeld (1989) 以及 Berggren (1986) 的第 5 和第 6 章.) 将三角形 ABC 在 A 点的球面角记为 $\angle A$, 其他角以此类推, 记球面三角形 ABC 中顶点 A 的对边弧 $\widehat{BC}=a=\angle BOC$, 其他边以此类推. 主要的公式是

(i)
$$\cos a=\cos b\cos c+\sin b\sin c\cos\angle A$$
以及

(ii)
$$\cos\angle A=-\cos\angle B\cos\angle C+\sin\angle B\sin\angle C\cos a,$$
将 a、b、c 以及 $\angle A$、$\angle B$、$\angle C$ 轮换, 得到相对应的另外四个公式.

公式 (i) 可以理解为将 $\angle A$ 表示为边 a、b、c 的表达式, 公式 (ii) 可以理解为将边 a 表示为 $\angle A$、$\angle B$、$\angle C$ 的表达式. 还有关于球面三角形的正弦公式:
$$\frac{\sin a}{\sin\angle A}=\frac{\sin b}{\sin\angle B}=\frac{\sin c}{\sin\angle C}.$$

与平面三角形相比, 只需给出球面三角形边和角中的三个数据, 在不限制位置的条件下球面三角形就确定了; 特别地, 只要给定球面三角形的三个角, 球面三角形就确定下来了. 与平面三角学相似, 这些公式之间可以相互推导, 而且都可以从直角三角形的情形推导出来, 但是我不再展开叙述 (参看本书第 10 章).

球面三角学发展的一个中间阶段值得关注. 如果球面的北极记为点 N, 并假设把球放在一个无限延伸的平面上, 我们可以得到球面到平面的一个映射, 即所谓的球极投影: 连接点 N 和球面一点 A 并延长, 交平面于点 A'. 这个映射在平面上的点与挖去北极 N 的球面上的点之间建立一一对应. 该映射具有特殊的性质: 该映射保持角度, 而且保持圆的形状, 但是距离被系统地扭曲了. 因此球面三角形 ABC 对应于平面上的圆弧三角形 $A'B'C'$, 可以通过该对应推导球面三角学公式. 由于弧 AB 的圆心是点 O, 所以 AB 在球上的

一个大圆弧上 (这些大圆弧就像赤道一样, 可以由通过球心的平面与球面相交得到). 大圆弧组成了球面上不同点之间的最短线, 可以作为平面几何中的直线段在球面上的类比.

习 题

2.1 (可以相继讨论的系列问题) 在球面几何中, 三角形内角和是直角的两倍吗? 球面上与大圆弧等距的曲线是否是大圆弧? 两个大圆弧是否可能平行? 球面上是否存在两个相似但是不全等的球面三角形? 40

第三章　伊斯兰数学家的研究

伊斯兰帝国创建之后, 领土迅速扩张, 于是迫切需要更多的管理者将这些新的疆域维系在一起. 公元 632 年穆罕默德去世, 之后的十年内伊斯兰帝国完成了对伊朗的征服, 这使得伊斯兰与印度直接接壤. 北边的叙利亚与伊拉克业已被征服, 西边的伊斯兰军队穿过埃及到达整个非洲北部. 伊斯兰教规定每天要做五次祈祷, 祈祷的时间由天文学确定, 而且每次祈祷都要面向麦加, 于是给虔诚的信徒们提出了一些重要的数学问题 (Berggren (1986) 很好地研究了这些数学). 所以自然地, 伊斯兰的统治者们很快就开始大力支持数学研究. Caliph al-Mamun 于公元 813 年至公元 833 年在巴格达统治伊斯兰帝国, 他建立了智慧宫, 在那里很多著名的文献被收集和翻译. 很多不同地方的书籍被收集过来, 一些像 Thabit ibn Qurra (836—901) 一样优秀的翻译者被找到并被带到巴格达工作. 实际上他也是一个有才华的数学家, 后面将会讨论他的一些数学工作. 特别地, Qurra 不是穆斯林, 而是一位崇拜星辰的多神论者. 阿拉伯人在当时的文明时期非常勤奋, 很多古希腊文献之所以能流传到现在都是源于阿拉伯人的翻译; Thabit 对 Apollonius《圆锥曲线论》第 5 至第 7 卷的翻译就是一个例子.

al-Khwarizmi 是最早在智慧宫工作的人之一, 他有两本重要的著作流传下来, 这两本书反映了他对应用的兴趣. 第一本关于算术, 通过拉丁文翻译留存下来, 这本书使得印度十进制系统传播到伊斯兰, 而后又传播到西方, 这本书影响巨大, 以至于算法 (algorithm) 这个词就来自 Khwarizmi 的拉丁文译名. 第二本书是关于二次方程理论, 代数 (algebra) 一词衍生于这本书的题目, 即 *Kitab al-jabr wa l-muqabala*. Khwarizmi 也从事天文学与地理学的工作, 他参与制作的一幅世界地图比 Ptolemy 的还要精准. 但是, Khwarizmi 似乎对希腊数学家的抽象的目标并不感兴趣, 因为尽管他的一个同事已经将 Euclid 的《原本》翻译成阿拉伯语, 可是 Khwarizmi 从未提到过它. 他坚定地把数学用于直接有用的目的.

这里我们研究伊斯兰数学家在平行公设方面的工作, 重点并非考察他们比后世西方继承者们优先做出了什么, 更多的是考察伊斯兰文明的鼎盛时期引人注目的活力. 伊斯兰数学家在平行公设上的工作达到甚至超越了希腊人
42 在该主题上的努力, 除非我们将平行公设的特殊地位全部归功于 Euclid 的洞见. 他们的工作也有助于我们更深刻地理解平行公设, 尤其是能够以何种方式对平行公设进行研究.

3.1 al-Gauhari

al-Gauhari 是第一个对平行公设问题做出原创性研究的伊斯兰数学家. al-Gauhari 与 al-Khwarizmi 生活在同一时代, 和他一样为 Caliph al-Mamun 的智慧宫工作. al-Gauhari 定义, 两条在同一平面内的直线, 如果不相交, 则称它们平行. 他认为自己证明了, 如果两条线段平行且相等, 则连接两条线段端点所得到的线段也相等. 事实上, 如果该命题成立, 确实足以证明平行公设. 《原本》第 1 卷命题 33 证明了这个命题, 但是遗憾的是, 该命题等价于平行公设, 而且像 al-Tusi 随后指出的那样, al-Gauhari 的证明是有缺陷的.

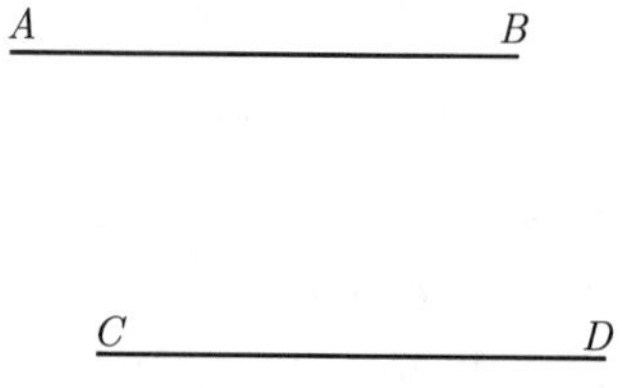

图 3.1　AB 与 CD 平行且相等是否蕴含 $AC = BD$?

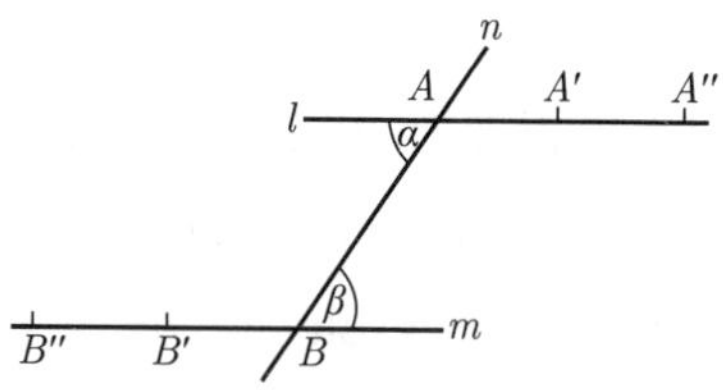

图 3.2

al-Gauhari 的论证尽管是有启发性的, 但是错误非常严重. 如图 3.2, 首先他证明, 如果直线 n 穿过 l 与 m, 而且内错角 α 与 β 相等, 则两条直线 l 与 m 平行. 确实, 假如两直线相交则会得到一个三角形, 它的角度违反了《原本》命题 17 的结论. 在直线 l 上取点 A', 以及直线 m 上取点 B' 使得 $AA' = BB'$, 由三角形全等得到 $A'B = B'A$. 接着, 他截取两个点 A'' 以及 43
B'' 使得 $A''A' = B''B'$, 并证明 $A''A = B''B$. 这是正确的, 但是这并不能够得到两直线在任何地方都是等距的. al-Gauhari 接着证明了一个结论, 这个结论在本书后面还会提到, 即过一个角内部的一点可以作一条直线与角的两边都相交. 该结论看似显然, 后面我们将看到, 它等价于平行公设.

3.2 Thabit ibn Qurra

在 al-Gauhari 之后, Thabit ibn Qurra 写了两本关于平行公设的著作, 第二本比第一本更有趣. 对 Thabit 来说, 将几何图形进行移动而不改变它的形状并不像平常假设的那样简单. 他指出, 一条直线段在移动时不改变长度并非是显然的. 为了消除疑问, 他考察嵌入立体内部的一条线段, 在他看来这样就可以保证直线段在移动时保持长度. 他讨论了一个立体沿着一条直线运动的情形, 他指出这意味着立体上的某一点的轨迹为直线. 那么此时, 立体上任意其他点的轨迹是什么呢? 他声称其他点的轨迹也是直线. 实际上, 我们或许会同意, 它们是与直线距离相等的曲线, 但是它们是否是直线却是不清楚的, 实际上等距曲线是直线的假设等价于平行公设.

但是, 一旦他做出这个假设, 就可以如下地证明平行公设. 他引入了一个在后续研究中经常出现的图形: 一个四边形, 两侧边相等而且与底边成相同的角度. 图 3.3(a) 是一个 Thabit 四边形, $DA = CB$, 而且 $\angle DAB = \angle CBA$. 他证明了 $\angle ADC = \angle BCD$, 而且反过来, 如果这两组角分别相等 ($\angle DAB = \angle CBA$, $\angle ADC = \angle BCD$), 那么 $AD = BC$. 发挥重要作用的 Thabit 四边形是两个底角为直角的 Thabit 四边形, 且假设从一个侧边上一点向另一侧边引垂线所得距离等于底边. 因此在图 3.3(b) 中, $EF = AB$. 从这个结果可以证明, 如果一个四边形的三个角是直角, 则第四个角也是直角. 平行公设的后 44

续研究中也会经常出现具有直角的四边形.

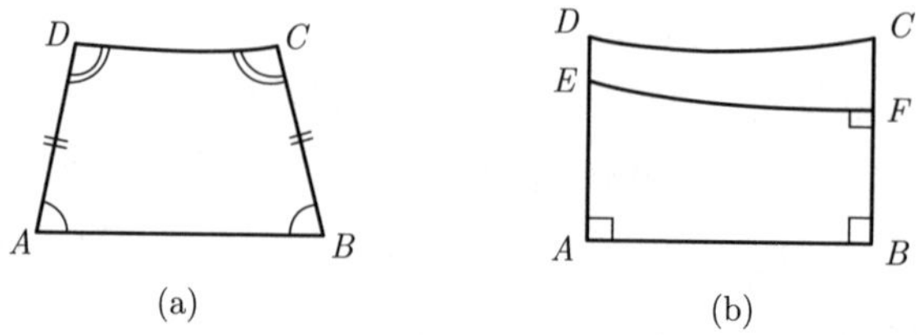

图 3.3

Thabit 现在可以证明 Euclid 陈述的平行公设了. 考虑两条直线 l 和 m 与第三条直线 n 相交, 不妨假设 l 与 n 的交角为直角, 如图 3.4 所示. 在直线 m 上取点 W, 并过点 W 作 n 的垂线, 垂足为 Z. 如果 AZ 比 AE 短, 则将其扩大若干倍, 得到 AH 超过 AE, 进而得到直角三角形 AHN, 其中 N 在直线 m 上. Thabit 关于 Thabit 四边形的考察说明, NH 与直线 l 不相交, 所以直线 l 和 m 一定相交, 于是可以证明平行公设.

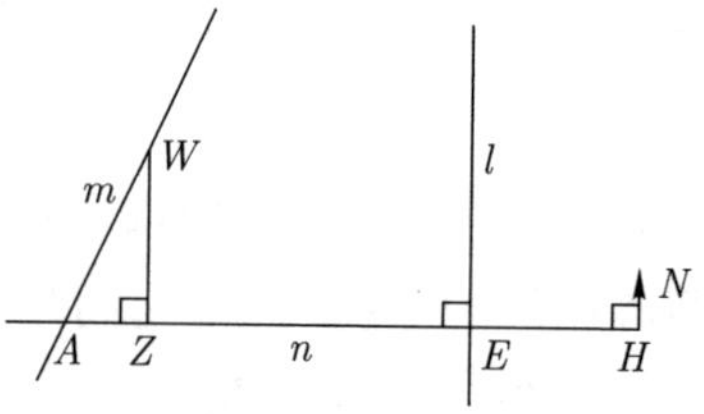

图 3.4

Thabit 的错误是有趣而深刻的. 他并未将平行线定义为等距直线, 因为那将是逃避问题. 他认为欧氏几何应当尽量使用图形运动的概念. 他还认为, 当刚体上一点沿着直线运动时, 其他点随之一致地运动, 其轨迹也是直线. 尽管他没有对这一观点给予充分论证, 但这实际上是对与直线等距的曲线一定是直线的尝试性证明. 尽管他的尝试失败了, 但是它的意义在于将注意力吸引至欧氏几何曾被忽略的方面: 运动概念的使用.

3.3 ibn al-Haytham

在 Thabit 的时期, 伊斯兰统治者对数学的热情以及研究数学的动机已经开始减弱. 甚至有人指出, 当时一些人认为杀死数学家是合法的 (Berggren 1986, p. 5). 但也有一些统治者对数学持支持态度, 例如 al-Hakim. 他是埃及的统治者, 曾于 1005 年建立了一个图书馆, 他招来历史上最伟大的阿拉伯科学家和数学家之一 ibn al-Haytham (965 年, 生于巴士拉), 希望他能够帮自己控制尼罗河. 尽管 al-Haytham 在这件任务上失败了 (传说他通过装疯来 45
逃避国王的惩罚), 但他继续待在埃及, 直到 1041 年去世. 他有大量关于光学的论著, 他最早提出人眼能看是由于接收到光而非发出某种东西; 他还在天文学、气象学、数学等方面撰写了很多论著. 他试图重构已经失传的 Apollonius 的八卷《圆锥曲线论》, 并在 *Commentary on the premises to Euclid's book 'The Elements'* 中对证明平行公设做出有力的尝试. 之后他还在 *Book on the resolution of doubts* 再次回到这个问题, 但仅仅给出了更详细的叙述, 所以我们只关注 *Commentary* 一书.

他的尝试依赖于以下观点, 如果 $\angle BTE$ 沿着直线 TB 做一个简单运动 (他说, 简单运动不能分解成两类运动), 那么点 E 也沿着一条直线运动. 显然点 E 的轨迹是一条曲线. 他说, 为了知道这条曲线是什么, 可以观察到 E 的两个初始位置足以确定这条曲线, 而且点 E 不同的起点的移动轨迹是相似的. 于是, E 的整个路径都是沿着路径本身, 所以点 E 的轨迹是直线. 这是一个含糊的论证, 模糊的语言隐藏了作者本人都不能完全抓住的内容. 实际上, 这是一个通过对欧氏几何所允许的运动的分析, 证明与直线等距的曲线是直线的错误尝试. 不过, ibn al-Haytham 基于这个巧妙的尝试, 给出平行公设的一个有吸引力的证明.

如图 3.5, Haytham 考虑四边形 $ABDG$, 其中角 A、B、D 都是直角, 试图证明 GD 与 AB 相等, 而且角 G 也是直角. 后来西方也独立地重新发现了具有直角的四边形, 它们被称为 Lambert 四边形 (见本书第 5 章, 以及 Fauvel and Gray 1987, pp. 517–519). ibn al-Haytham 通过反证法论证. 如果 GD

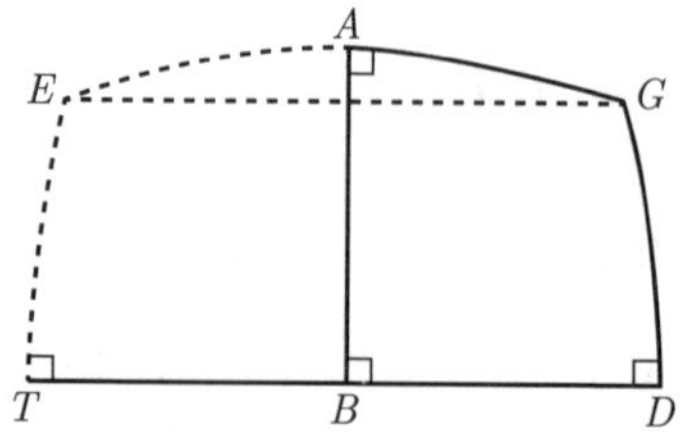

图 3.5

大于 AB, 那么延长 GA 至 E、延长 DB 至 T, 使得图形关于 AB 对称, 于是 $ET = GD$. 通过将角 BTE 沿着直线 DBT 运动, (基于之前的错误证明) 可以得到一条直线在点 A 上方穿过直线 AB, 这意味着该直线不是直线 GAE, 因为后者经过 A. GAE 与新得到的直线是两条过点 G 和点 E 的直线, 这意
46 味着它们围出了一块面积, 但这是荒谬的. 他指出, 用完全相似的方法可以证明 GD 不能小于 AB. 利用全等可以简单地证明角 G 也是直角. 这里需要指出, 两直线不能围出一块面积的命题并不是 Euclid 提出的, 似乎是后人补充的. 公元 10 世纪, al-Nayrizi 出版的《原本》中有这个命题, 并非位于 Heiberg 放置的位置, 而是在第 1 卷命题 4 的结尾 (见 Heath 版本的《原本》, 第 1 卷, p. 249). 该命题可能是阿拉伯人补充的, 为了进一步完善他们关于几何学基础的研究, 而实际上 al-Nayrizi 也写出过一个来自 Aganis 的希腊风格的证明, 以及一个他自己的证明 (但是比 ibn Qurra 的证明逊色).

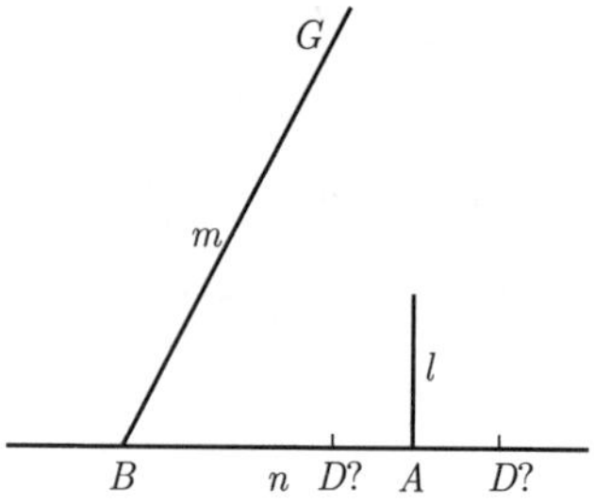

图 3.6　GD 垂直于 n

从这些结果推导平行公设, 过程并非完全初等. ibn al-Haytham 取直线 l 和 m 与直线 n 相交, 使得交角之和小于两个直角, 考虑 l 与 n 的交角为直角的情形, 见图 3.6. 从直线 m 上一点 G 作直线 n 的垂线, 垂足为 D. 他证明

了, 点 D 与点 A 不能位于点 B 的两侧, 否则三角形 GBD 有两个角之和超过两个直角, 这与《原本》命题 17 矛盾. 如果 D 与 A 重合, 那么直线 l 和 m 显然相交. 如果点 D 在 BA 右侧, 那么直线 l 与三角形 DBG 的边 DG 一定有交点, 于是 l 和 m 相交.

只剩下点 D 在线段 BA 上的情形. 通过漫长而细致的论证, ibn al-Haytham 证明, 可以不断地将线段 BG 长度加倍, 直到 GD 的垂足 D 落到 BA 右侧, 于是化归到之前的情形. 他的方法是, 作直线 TK 与直线 BGT 相交, 交角为直角, 点 T 在直线 BG 上使得 $BG = GT$. 通过之前的结果知道, 它与直线 n 过点 B 的垂线交角为直角. 于是获得 Thabit 四边形, 进而他可以找到点 G 以及点 T 使得 TK 超过 BA.

这些论证的全面性引人注目. 后面没有回避问题, 仅仅是最初关于运动 47
的错误分析导致他误以为证明了与直线等距的曲线也是直线. 尽管如此, 这些论证仍然没有逃脱其他数学家的批评, 特别是著名的伊朗天文学家、哲学家、诗人、数学家 Omar Khayyam, 他生于 1045 年左右, 卒于 1130 年.

3.4 Omar Khayyam

研究者对 Omar Khayyam 工作的价值评价不一. Youschkevitch (1961, p. 113) 认为其工作含有缺点、冗长且不准确. 但是 1986 年 K. Jaouiche 将 Youschkevitch 的专著翻译成法语时, 称 Khayyam 把数学思考与 Aristotle 式的逻辑紧密联系在一起, 并指出这一点非常出色. 所以, Jaouiche 认为, Omar Khayyam 的文本不易阅读, 含有丰富的数学与哲学的结合. Rosenfeld 的专著的英文版于 1989 年出版, 他认为 Khayyam 的理论是第一个没有犯**预期理由** (petitio principii, 译者注: 以未经证明的论点为依据的一种错误推理) 的关于平行公设的理论, 但是依赖于一个更为直观的假设. Moez 1959 年将文本部分地翻译成了英文, 作为一个伊斯兰文本这是少见的.

在平行公设问题上, Khayyam 表示对所有的前辈都不同意, 尤其是 al-Haytham, 他还引用了后者的 *Book on the resolution of doubts*. Khayyam 在证明定理时不接受运动的概念, 他对这个概念表示陌生. 在他看来, 运动可以用于点, 但不可以用于线段. 他引用了一个归功于 Aristotle 的命题, 并借此得到 ‘两条逐渐接近的直线必相交, 而且在渐近的方向两条直线不可能逐渐分离”. 实际上, 在 Aristotle 现存的著作中没有找到该命题, 但我们知道 Aristotle 确实对平行公设感兴趣, 这个命题可能是先流传至伊斯兰数学家然后才失传.

如图 3.7, Khayyam 使用 Aristotle 的假设, 如下进行证明. 取垂直于直
48 线 n 的三条直线 l_1、l_2 和 l_3, 垂足为 P_1、P_2 和 P_3, 假设 P_1P_2 等于 P_2P_3. 如果三条直线中有两条相交, 利用全等可以证明三条直线相交于同一点, 所以这三条直线既不逐渐聚拢也不逐渐分离. 而且它们是平行线 (它们满足《原本》命题 27 构造平行线的条件). 接着, 他假设直线 m 与直线 n 倾斜地相交于点 P_1, 如图 3.8 所示. 它与 l_1 逐渐远离, 而且距离可以超过任意数量. 但是, 直线 l_1 和 l_2 的距离永远相等, 所以直线 m 和 l_2 一定相交.

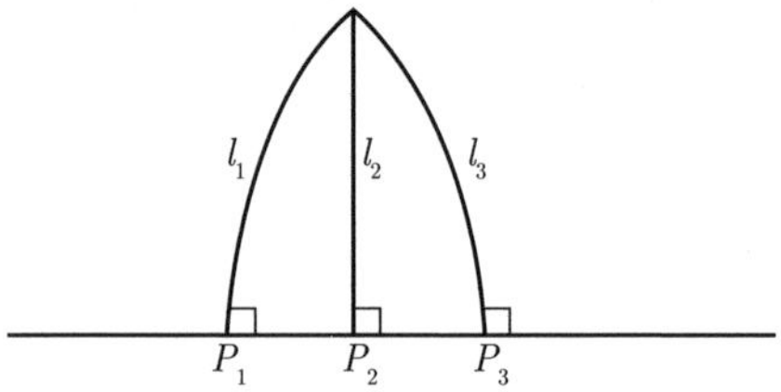

图 3.7

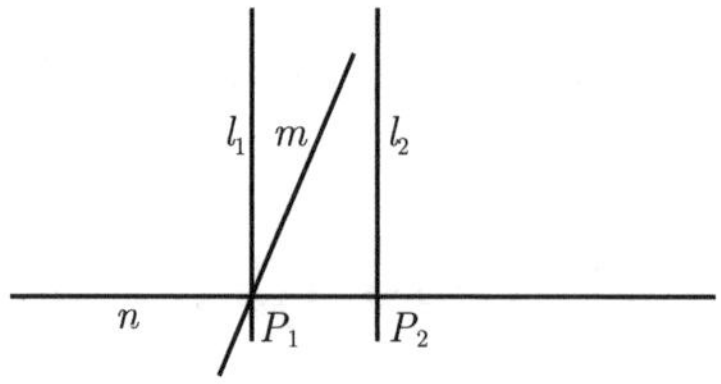

图 3.8

为了将这个对于平行公设特殊情形的证明转变为一个一般的证明, Khayyam 给出了一系列初等的结论:

(1) Thabit 四边形的两个顶角相等.

(2) Thabit 四边形底边的中垂线同时也是顶边的中垂线.

(3) Thabit 四边形的所有角都是直角.

(4) 如果一个四边形所有角都是直角, 则对边分别相等.

(5) 如果两条直线有共同的垂线, 那么垂直于其中一条边的任意直线也一定垂直于另一条边.

(6) 平行线有公共的垂线.

(7) 如果一条线穿过两条平行的直线, 那么内错角相等.

最终他通过这一系列命题推导出了平行公设. 假设直线 l 与 m 分别与直

线 n 交于 A 和 B, 如图 3.9, 假设点 A 处的交角小于点 B 处的交角. 过点 A 作 m 的平行线 m'. 直线 l 与 m' 相交, 它逐渐远离 m' 且与 m' 的距离任意大, 而 m' 与 m 是等距的, 所以直线 l 一定与直线 m 相交.

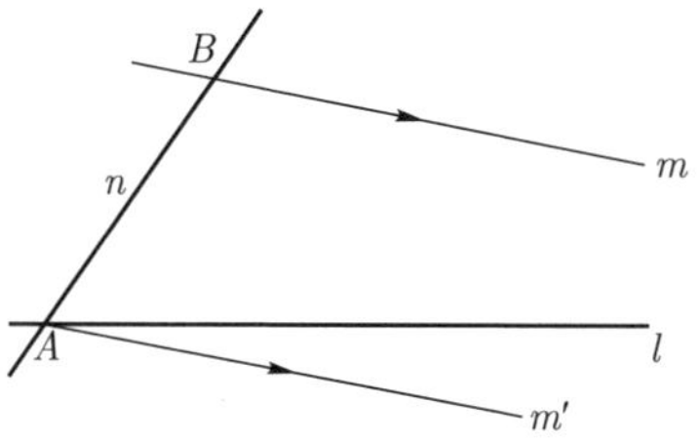

图 3.9

这些结果不是新的, 大多数结论 Thabit 都知道, Khayyam 也提到过 Thabit. 但是 Thabit 的证明依赖于运动的概念, Khayyam 重新给出了证明. Khayyam 重新推导这些结论的方法显示了他的原创性. 他使用 Aristotle 的假设来证明命题 (3), 用的是反证法. 假设 Thabit 四边形上顶角不是直角, 49 那么它们或者都大于直角, 或者都小于直角. 如果小于直角, 那么随着沿一个方向远离公垂线, 上底和下底所在直线互相远离. 但是根据 Aristotle 的假设, 它们将在另一个方向相交. Khayyam 指出, 大于直角的情况也类似. 接着, 他使用 Aristotle 的假设证明垂直于两平行线之一的直线也垂直于平行线中的另一条.

现代的评论家都注意到, 尽管简短, 但 Khayyam 考察了内角和大于或小于四个直角的四边形, 该想法被 Saccheri 和之后的西方数学家使用. 他在证明一个普通的假设时, 很快地说明这些新奇的四边形不可能存在. 与前辈们相比, Khayyam 的贡献显得很出色. 他对 Aristotle 的假设的使用令人想起 Proclus 的论证, 后者涉及宇宙有限性的信念, 这里 Khayyam 使用的更多的是关于直线的哲学陈述 (Khayyam 的表述). Khayyam 试图在论证中避免运动概念的使用, 如果成功就可以拯救平行公设. 该结果是欧氏几何的一个新基础, 使得平行公设被关于直线分离的假设所取代. 关于这是否意味着进步, 不同研究者有不同观点.

3.5 Nasir Eddin al-Tusi

关于平行公设持有强烈观点的是最后一位研究该主题的伊斯兰数学家，可能也是最重要的一位，Nasir Eddin al-Tusi. 他 1201 年出生于伊朗. 那是
50 动乱的年代，他在伊斯梅利 (Ismaili, 有时被称为杀手的土地) 区域寻求安全，因而有些远离同时代的数学，直到蒙古在 1254 年洗劫巴格达其征服达到顶点. 新的征服者令他在马拉加 (Maragha) 主持修建一座新的天文台和图书馆，在那里他领导的天文学团队做了很多试图复兴科学的工作. 1274 年，他在巴格达去世. al-Tusi 展开讨论了 al-Gauhari、ibn al-Haytham 等人的工作，他对 Omar Khayyam 工作的批评最为强烈. 他反对 Omar Khayyam 关于直线间距离的全部观点，其观点确实与其他人相对清晰的论述相比显得晦涩. 但是，如 Rosenfeld 指出的，由于与数学界的隔离，al-Tusi 似乎只了解 Khayyam 的部分工作，他很可能错过了属于 Aristotle 的关于直线发散的想法. 所以，al-Tusi 对于前人的批评多少有些不公正. 然而使得 al-Tusi 的工作具有持久影响力的是他自己关于平行公设的分析.

其中的关键步骤是他对于前面的命题 (3) 的证明，即 Thabit 四边形的两个顶角为直角. 为此，设线段 BD 与 AB、CD 分别垂直，而且 AB 与 CD 长度相等，则角 $\angle CAB$ 和 $\angle ACD$ 都相等. 用反证法，假设它们不是直角. 如果它们是钝角，如图 3.10 所示，过点 A 作 AC 的垂线交 BD 于点 E，则点 E 一定在 B 与 D 之间，而且由《原本》中不依赖于平行公设的命题知道 $\angle AED$ 必须是钝角. 接着，过点 E 作 BD 的垂线交 AC 于点 G. 同理，G 必须在 A 和 C 之间，$\angle EGC$ 必须是钝角. 继续以这种方式作垂线. 由于三角形中大角对大边，所以 BA、AE、EG 长度逐渐增加；特别地，BD 的垂线段 AB、EG 长度增加. 所以从 A 到 C，从 B 到 D，AC 与 BD 的距离越来越远. 但是，从 CD 边开始类似的分析，可以得到相反的结论，于是 al-Tusi 导出矛盾，进而得到 $\angle BAC$ 和 $\angle DCA$ 不可能是钝角. al-Tusi 通过类似的方式证明这两个角也不能都是锐角，否则垂线段的长度在两个方向都减少. 于是，al-Tusi 认为自己证明了命题 (3).

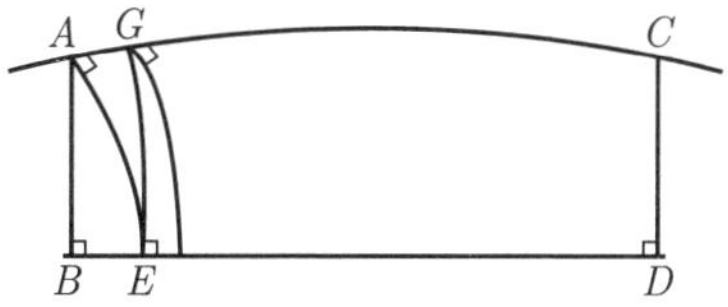

图 3.10

al-Tusi 使用类似的技巧来证明平行公设. 首先, 他推导出与 Omar Khayyam 类似的两个引理. 接着, 他证明平行公设在直线 l 和 m 与第三条直线 n 相交且 l 与 n 的交角为直角的情形, 该情形几乎就是 Thabit 处理的对象. 从直线 m 向 n 引垂线得到线段 TK, 在直线 m 上取点 U、V、$W\cdots$ 使得 $TU=UV=VW=\cdots$, 分别过这些点向 n 引垂线得垂足 C、D、$E\cdots$, 则有 $KC=CD=DE=\cdots$. 因为和式 $KC+CD+DE+\cdots$ 无限大, 所以最终有一条垂线越过点 A, 设为 XF. 直线 l 与三角形 XFB 相交, 所以它一定穿过直线 m, 于是平行公设的特例得证. al-Tusi 接着证明了, 由于一个合适的垂线一定可以找到, 所以一般情形的平行公设一定可以归结于特殊情形, 于是平行公设获得证明. 51

al-Tusi 的论证是本章所讨论的证明中最精妙的一个, 其中的缺陷更难以发现, 因为他本人都没能发现. 这也是破坏 Omar Khayyam 论证的那个缺陷, 不过 Omar Khayyam 更明确地指出了这个假设, 如果两条直线在一个方向上逐渐接近, 那么它们将会一直逐渐接近. 其实还有这种可能性, 两条直线在一个方向上刚开始逐渐接近, 接着又逐渐远离, 这种可能性被 al-Tusi 默默地忽略了. 这似乎确实与直线的直观性质不符合, 但是问题并非欧氏几何似乎应该是怎样, 而在于平行公设的逻辑必然性. 所得到的只是, 从关于渐近直线的性质出发, 来证明平行公设.

伊斯兰关于平行公设研究的后续历史中有一个轶事. 伊斯兰的相关研究很少被西方人所知, 其中在西方引起最大反响的一个研究曾被归功于 al-Tusi, 该结果于 1594 年在罗马出版. 它激励了牛津大学的 John Wallis 在该主题上做出杰出工作, 而且后面我们会看到, 20 世纪初的学者们都很认可这个贡献. 可以在 Bonola 的书中找到相关信息, 我读过该书第一版的相关内容. 关于这个信息, 这里指出更正确的知识; 伊斯兰数学史的专家们一致认为, 将这个贡献归功于 Nasir Eddin al-Tusi 是错误的. Rosenfeld 推测, 真正的作者是 Nasir Eddin 的儿子, Sadr al-Din, 或许他由于某种原因使用了父亲的一本书. 由于该论证的历史重要性, 我将在此简要地对它进行总结.

该作者的基本假设是, 如果直线 l 与 n 垂直于 A, 直线 m 与 n 倾斜地相交于 B, 则在较小角度的那一侧从直线 m 上的点到直线 l 的距离小于 AB. 而且, 在点 B 另一侧直线 m 上的点到直线 l 的距离大于 AB.

若该假设成立, 而且直线 m 到直线 l 的两条垂线段长度相等, 会怎样呢?
52 那么所有的垂线段长度都相等, 因为不能出现从左向右距离逐渐减少, 也不能出现从右向左距离逐渐减少, 如图 3.11. 因此直线 m 到直线 l 是等距的, 而且 $AA'B'B$ 是矩形, 如图 3.12. 矩形 $AA'B'B$ 被对角线分割得到的两个直角三角形内角和都是 180°. 由此, 任意三角形内角和都是 180°; 在三角形 XYZ 中过点 X 作 YZ 边的垂线, 得到 XYW 和 XZW 两个直角三角形 (如图 3.13), 而且

$$\begin{aligned}\angle X + \angle Y + \angle Z &= \angle X_1 + \angle X_2 + \angle Y + \angle Z \\ &= \angle X_1 + \angle Y + R + \angle X_2 + \angle Z + R - 2R,\end{aligned}$$

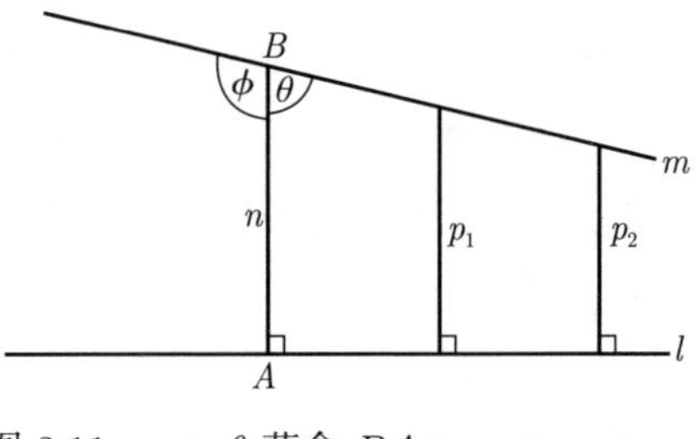

图 3.11 $\varphi > \theta$ 蕴含 $BA > p_1 > p_2 > \cdots$

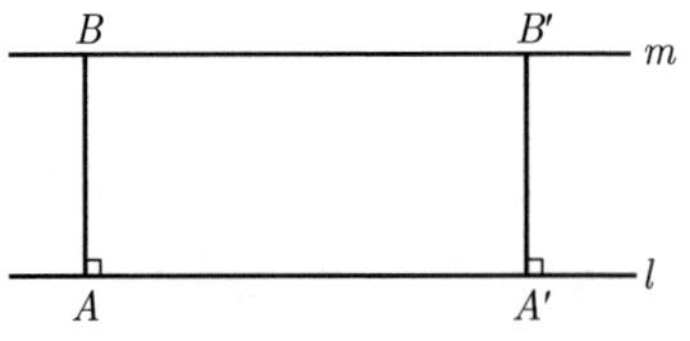

图 3.12

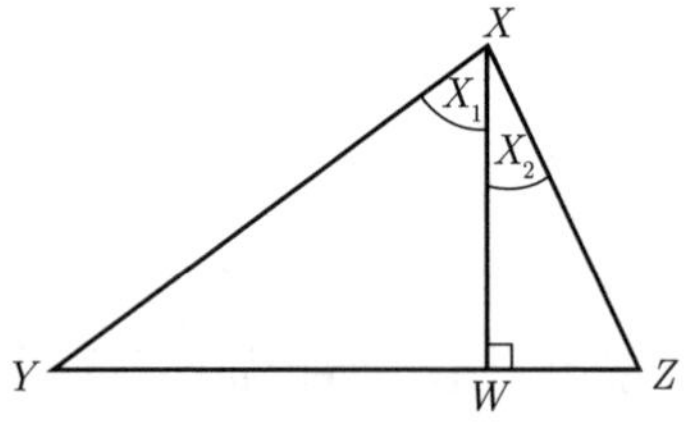

图 3.13

由于两个小三角形都是直角三角形, 所以有

$$\angle X_1+\angle Y + R =2R,$$

而且

$$\angle X_2+\angle Z + R =2R,$$

所以

$$\angle X+\angle Y+\angle Z =2R + 2R - 2R = 2R.$$

最后, 作者从三角形内角和的结果推导了平行公设, 从而证明了以下三个 53
命题的等价性:

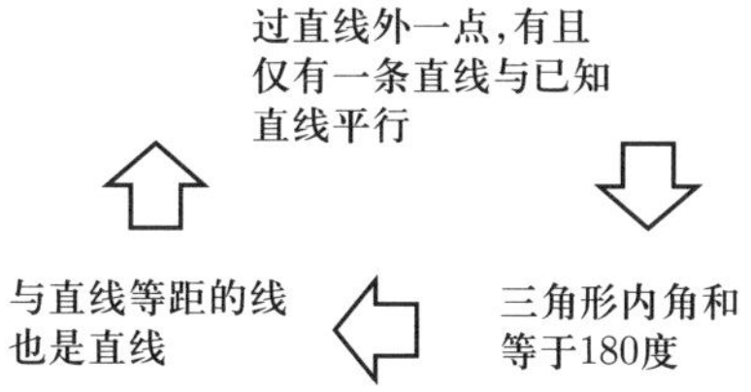

于是我们看到, 两条直线能否逐渐接近成为一个有趣的问题. Euclid 被迫假设两条直线不能逐渐接近, 其他的古代学者只是重新复述问题. 这里列举一些他们的复述:

如果平行线是等距的而且相交直线一直相互远离, 那么过直线外一点的平行线是唯一的. (Proclus)

如果所有的四边形内角和都是 360°, 那么过直线外一点的平行线是唯一的, 反之也成立. (Nasir Eddin)

平行线处处等距 (Euclid) 而且如果直线的等距曲线也是直线, 那么等距直线便是在给定距离下的唯一平行线. (Thabit ibn Qurra)

如果我们把真空中光线的路径当成直线, 这些定理就成为光学中似乎可信的结果. 但疑问仍然存在, 因为光线有可能在某种规则下缓慢地弯曲. 作为替代, 我们能否不借助实验在数学上证明光线弯曲的不可能性呢?

这是最优秀的数学的特征，因为它导致了对平行公设问题的创新性研究. 在希腊人研究平行公设的伟大时期，该问题就拥有一种创造性的属性，因为人们需要通过耐心的研究来把问题阐述清楚. 该问题的研究在穆斯林那里繁荣，接着又在西方数学复兴的时候再次繁盛. 在西方数学复兴时期，尤其在微积分成功发明之后，欧氏几何的研究才逐渐变得关键起来，但是，最终的结果影响到整个数学.

习 题

3.1 证明 Omar Khayyam 关于 Thabit 四边形和平行线的七个定理.

54 **3.2** 伊斯兰数学家们做出了一些 Euclid 没有直接表达出来的假设，基于这些假设试图证明平行公设，请你列出这些假设的表格，并在表格中列出他们证明平行公设的核心定理. 如果存在非欧几何，其中哪些假设和定理会不成立呢?

第二部分

第四章 Saccheri 和他的西方前辈们

在第二部分, 我将继续讲述平行线问题在欧洲的重新提出到解决的过程. 57
该主题的经典研究文献是 Bonola 的优秀工作 (1912 年出版, 1955 年重印), 需要说明的是, 我不可能将参考的每一个细节都标注出来. 我与他的侧重点不同, 尤其体现在, 我缩减了几何学家提出的公理化问题, 因为在我看来公理化问题在历史上应当是更晚的. 有兴趣的读者可以参考 Bonola 关于公理化问题的相关章节. Coolidge 的著作 (1940 年出版, 1963 年重印) 也是富有帮助的. Morris Kline 写了一些全面而引起争议的书, 他的观点有时不准确, 尤其是他的《古今数学思想》(1972), 其中有一些我不同意的观点, 因而我需要指出它们. M. J. Greenberg 的《欧氏几何与非欧几何》(1974) 在古典几何与公理发展上比起本书来说更为详细, 但是他没有论述三角学, 而三角学在 Bolyai 和 Lobachevskii 成功建立非欧几何的工作中扮演着非常重要的角色.

文艺复兴时期, 对阿拉伯版本的古希腊著作的翻译, 以及通过希腊语和拉丁语对古希腊权威学者著作的出版, 很大程度上引起了欧洲对几何的重新发现, 这最终让数学家重新对平行线问题产生兴趣 (Maièru 1982). 1533 年, 巴塞尔的老 Simon Grynaeus, 将 Proclus 希腊语版本的著作附在他的 Euclid《原本》之后; 1560 年, Barocius 出版了更好的拉丁语版本. 之后的一些书籍包含了对证明平行公设的尝试: Commandino 1572 年《原本》的修订本, Clavius 1574 年的拉丁文修订本, Cataldi 1603 年的 *Operetta delle linee rette equidistanti et non equidistanti*, 同年以拉丁文出版, 1658 年 Borelli 的 *Euclides resititus*. Cataldi 的假设, 即不等距直线在一个方向逐渐接近而在另一个方向逐渐远离, 或许是最有原创性的, 因为其他人仅使用等距直线的假设. 但是, 直到 17 世纪中期牛津大学的 John Wallis 开始着手该问题之前, 关于该问题的研究一直没有太多进展. Wallis 影响了 Giordano Vitale,

Gerolamo Saccheri 和 Johann Lambert, 然而, 每一次问题都仍未被解决, 并继续给当时的知识界笼罩了更多的阴影.

4.1 John Wallis (1616—1703)

在欧氏几何中, 两个三角形之间的关系有两种: 有相同的形状和大小, 即
58 全等; 或者仅仅是形状相同, 即相似. 两个相似形是在放大或缩小的意义上的复制, 存在与给定三角形相似的三角形正是 Wallis 的假设. 他从这个假设推出了平行公设. Wallis 的论证与阿拉伯人的相似, 事实上, 他参考了 Nasir Eddin al-Tusi 的拉丁文译本, 这在 Wallis 1663 年 7 月 11 日晚上做的第二个报告中有所提及[1].

在直线 c 上任取两点 A 和 B, 过点 B 作直线 a, 过点 A 作直线 b, 使得形成的角 β 和角 α 满足 $\alpha+\beta < 2R$. 我们需要构造一个同时在 a 和 b 上的点 C, 以此说明它们相交. 过点 B 作直线 b', 使其与直线 c 夹角为 α. 将 b 沿直线 c 移动直至与 b' 重合, 始终保持 b 与 c 的夹角为 α. 显然在某个位置 b 与 a 相交; 不妨称这条线为 b_1, 其与线 c 和 a 的交点分别为 A_1 和 C_1. 根据假设, 我们可以在 AB 上作三角形 ABC, 与三角形 A_1BC_1 相似, 由此求得直线 a 和 b 的交点 C.

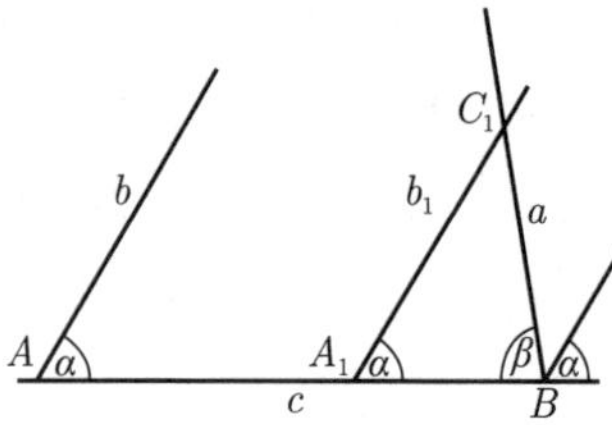

图 4.1

从表面上看, 如果将 Wallis 的假设也作为公理, 上述证明就是第五公设

[1] Wallis, *De postulato quinto, et definitione quinta, Lib. 6, Euclidis, disceptatio geometrica, Opera Math.*, Vol. II, 669-678(1693).

的一个直接证明, 并且仅使用了原始假设. 但是, 存在任意大小的某个形状, 并不比平行线的概念更加不证自明, 并且, 我们和 Wallis 都需要接受一个稍弱的结论: 相似三角形的存在性与平行线的存在性等价. 换句话说, 如果存在一种几何, 其中平行公设不成立, 那么这种几何中不存在形状相同而大小不同的图形, 即不能不扭曲地放大或缩小图形.

4.2 Giordano Vitale (1633—1711)

Vitale 将平行线定义为等距直线, 以传统的方式开始他的证明.[1] 或许我们会同意与一条直线处处等距的轨迹存在, 但这样的轨迹本身是否是直线却存在争议. Vitale 尝试证明这条轨迹是直线, 但最终以一个错误的证明宣告失败. 我们对他的错误不感兴趣, 感兴趣的是他成功表述这个问题的方式. 如果与直线等距的线不是直线, 那么两条直线的关系大概是或者凸向上, 或者凹向下, 这两种情形都不太可能. 为了确定哪一种是真正正确的, 继续以下推导. 59

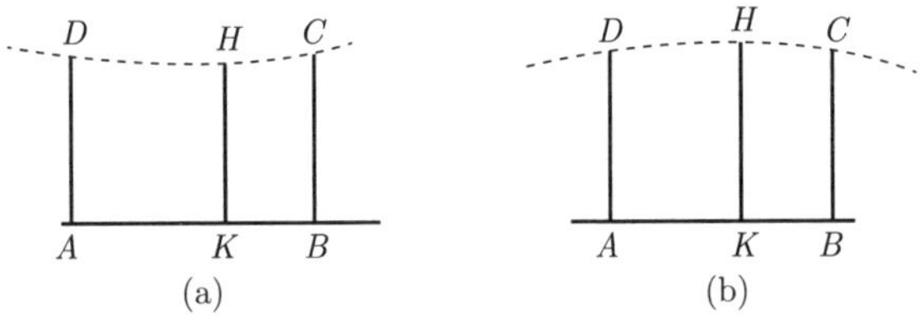

图 4.2

在直线 l 上取两点 A 和 B, 过这两点作等长的垂线 AD 和 BC, 过点 D 和点 C 将有唯一一条直线 CD, CD 或者是等距的, 或者是奇怪的形状, 如图 4.2(a) 或 4.2(b) 所示. Vitale 证明的是, 如果 K 是 AB 上任意一点, H 是 CD 上在 K 的垂直上方的点 (即点 K 处的角是直角), 那么 (i) 在任一情况下, 点 C 和点 D 处的角相等, 且 (ii) 如果 $KH = AD$, 那么点 C 和点 D 处的角是直角, 即 DC 与 AB 等距.

第二个结果更加深刻; Bonola 将这两个结果一起称为 '最有意义的定理".

[1] Vitale, *Euclides restituto Libri XV*, Rome (1690).

为了证明 Vitale 定义的平行线存在, 只需要证明在 AB 上存在点 K, 使得 $KH = AD$. 于是, 可以一般地证明这一点的存在, 而不需要明确地指出它的位置.

因此, 对于 Vitale 的定理, 我们希望在距离或平直的概念被阐释清楚的前提下, 确保这样的点 K 存在, 一旦有了点 K, 我们就有一个内角和为 360° 的四边形, 正如在欧几里得几何中的那样. 然后我们可以用以下方式来达成目标: 证明在我们的几何中, 任意四边形的内角和是 360°, 再证明任意三角形的内角和为 180°, 从而平行公设成立. 这些命题于是彻底击败了对于欧氏几何的反驳. 当然, 它们的确需要证明, 不过我们似乎处于有利地位.

但事实并非如此. Vitale 并没有证明点 H 的存在性以及 AB 与 DC 的平行. 他的图形在后人工作中再次出现, 随之而来的是一个平行公设被否定的有趣的世界. 要了解该世界的样子, 考虑的不应是与给定直线等距的或许无法找到的直线, 而是 AB 和 DC, 正如在最初论证中的那样. DC 或者是图 4.2(a) 中下凹的线, 或者是图 4.2(b) 中上凸的线.

60 在下凹的情形中, 点 D 和点 C 之间的点 H 满足 $HK < CB$, 延长线 CD 后, 它将与 AB 逐渐远离. 在上凸的情形中, HK 永远大于 CB, CD 的延长线逐渐地接近 AB, 或者与 AB 相交. 如果想要通过证明其余情形中的矛盾来建立平行公设的正确性, 那么显然上凸的情形更有可能实现. 同样清楚的是, 这些想法只是提示性的, 要把它们变成证据还需要做很多工作.

4.3 Gerolamo Saccheri (1667—1733)

十八世纪对平行公设问题做出最充分工作的是 Saccheri, 1733 年他在米兰出版了 *Euclides ab omni naevo vindicatus* 一书. 在这本书中, Saccheri 研究了平行公设问题, 并在最后宣称自己证明了平行公设. 他的证明方式非常新奇, 他的论证有一半是正确的.

1667 年, Saccheri 出生于圣雷莫, 1685 年加入耶稣会, Tommaso Ceva 神父向他介绍了欧几里得的著作 (Tommaso 的兄弟 Giovanni 也是 Saccheri 的朋友, 几何中的塞瓦定理就是以他命名的). Saccheri 的第一研究兴趣是逻辑学, 尤以《原本》为例, 并且他最重视反证法的论证. 他的另一本书是关于逻辑学的, 即出版于 1697 和 1701 年的 *Logica demonstrativa.* Saccheri 于 1733 年去世, 当时他是帕维亚大学的数学教授.

Saccheri 与 Henry Saville 爵士一样, 认为《原本》中有两个污点. 后者由于 17 世纪早期在牛津大学对该职位的资助, 被称为第一个 Savilian 教授. Saville 在他的 *Lecture on Euclid's elements* (1621) 中写道: '在几何学最完美的框架中, 有两个缺陷, 或者说是两个污点. "(引自 Heath, 1956, vol.1, p. 105.) Saccheri 不仅使用了相同的词 (naevi, 即污点), 而且选择了相同的研究主题: 平行公设和比例论. Saccheri 或许并不知道这位杰出的前辈, 因为他没有在任何地方提及 Saville 的名字; 而且阿拉伯的作者也提到了相同的缺陷, 尤其是更早的 Omar Khayyam.

我将按照 Halsted 1920 年的翻译概括 Saccheri 的论证, 这个译本主要涉及 Saccheri 著作中平行公设的部分. 在此基础上, 采用 Bonola 在相关章节上对 Saccheri 工作的简化方式.

与前人试图从其他公设和定理直接推导以建立平行线存在唯一性的定理不同, Saccheri 尝试证明否定平行公设会产生矛盾. 他假定《原本》的前 28 个命题为真[1], 进一步假设平行公设不真, 希望找到某个既真又假的命题. 因为, 61
矛盾意味着某些假设是错的. 《原本》的前 28 个命题无可争论, 因此错误只可能在于否定平行公设, 进而可以证明平行公设为真. 该方法的优势在于, 添加一些假设之后, 可使用的论证的范围随之也扩大. 正如我们即将看到的, 平行公设的否定可以被十分清晰地陈述.

Saccheri 的第一个工作是找出平行公设的否定. 他使用了一个四边形 $ABCD$, 其中角 A 和角 B 是直角, 这一方式与 Vitale 的相同, 而 Saccheri 没有提及后者的名字. 令角 C 和角 D 分别等于 γ 和 δ. Saccheri 证明了

(i) 如果 $AD = BC$, 那么 $\gamma = \delta$.

作为 (i) 的结果, 如果 $AD = BC$, 我们可以考虑三种可能: $\gamma = \delta = 90°$,

[1]尽管欧几里得在第 1 卷的命题 27 引入了平行线, 但在命题 29 之前没用到平行公设, 因此前 28 个命题与平行公设独立 (见第二章).

或 $\gamma=\delta>90°$, 或 $\gamma=\delta<90°$. 后两种可能性否定了平行公设. Saccheri 将这三种可能性分别命名为: (i) 直角假设; (ii) 钝角假设, (iii) 锐角假设. 首先假定各个假设仅在一个给定的四边形中成立, 而不必要在其他四边形中成立. 此时我们可以自由地想象在平面某一区域上顶角为钝角的四边形, 以及在某个其他区域上的顶角为锐角的四边形.

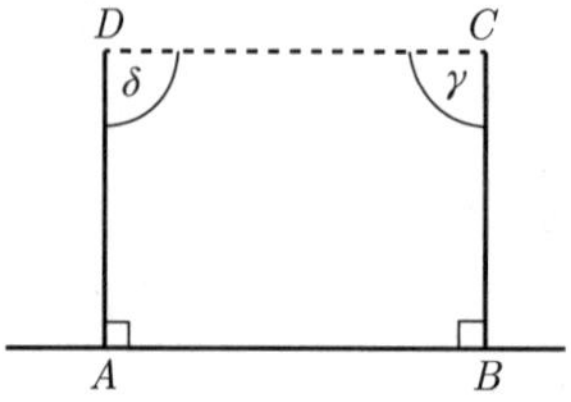

图 4.3

为了简化情形, Saccheri 首先考虑了四边形的水平的边. 在直角假设下, 显然有

$$AB=DC;$$

在钝角假设下, 有

$$AB>DC;$$

在锐角假设下, 有

$$AB<DC.$$

62 并且不等关系在所有四边形中都成立. (证明这些结论中的任意一个, 只需作 DC 和 AB 中点的连线, 将四边形分为两个四边形, 对每个四边形利用 Vitale 的第二个结论.)

于是, Saccheri 可以证明 "三个火枪手" 定理 ("three musketeers" theorem): 如果三种假设之一在一个四边形中成立, 那么将在所有四边形中成立. 这极大地简化了情况, 消除了之前的无序状态. 他的证明比较冗长, 我们将在后文中给出一个更简单的证明, 这个证明是处理三角形的, 二者类似 (见第六章), 所以在此我们省略了 Saccheri 的证明. 该定理说明在每一种假设下, 空间是同质的, 也就是说, 空间在几何上处处相同.

就前文给出的图形来看, 我们可用下凹的图形表示锐角假设, 用上凸的图形表示钝角假设.

接着, Saccheri 证明了以下三个结论 (命题 9): 在直角假设、钝角假设、锐角假设下, 三角形的内角和分别为 180°, 大于 180°, 小于 180°. 下面证明此命题.

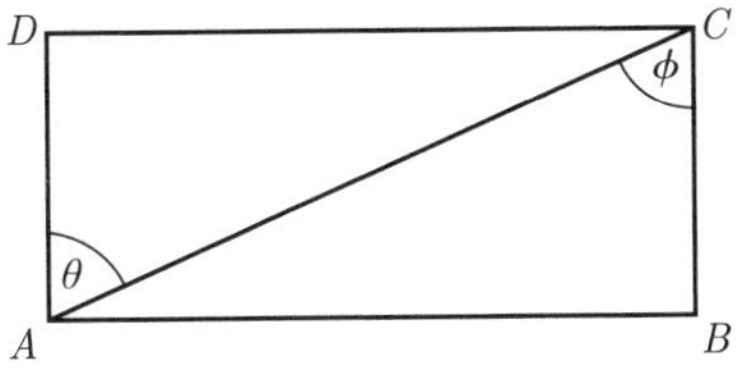

图 4.4

首先取一个直角三角形 ABC, 将其完全置于一个四边形 $ABCD$ 中, 使得角 $\angle DAB = 90° = \angle B$, 且 $DA = CB$. 在钝角假设下, $AB > DC$, 所以 $\angle ACB > \angle DAC$[1]. 由于 $\angle DAC + \angle CAB + \angle B = 180°$, 则一定有 $\angle ACB + \angle CAB + \angle B > 180°$, 这是直角三角形的情形. 一般三角形只需用过一点的垂线将其分为两个直角三角形.

类似地, 可证明另外两种假设的情形.

4.4 钝角假设

现在考察钝角假设. 令 ABC 是一个直角三角形, 点 B 处的角是直角, 令 63
M 是 AC 的中点. 过 M 作 AB 的垂线 MN, 要证明 $NB > AN$(Saccheri, 命题 12).

我们有 $\angle MCB + \angle CBN + \angle BNM + \angle NMC > 360°$, 所以 $\angle MCB + \angle NMC > 180°$, 而 $\angle AMN + \angle NMC = 180°$, 所以 $\angle MCB > \angle AMN$. 过 M 作 BC 的垂线 ML, AMN 和 MCL 是斜边相等的直角三角形, 所以

[1]这不是显然的, 但我们知道《原本》第 1 卷的命题 18, 即三角形中, 较小的角所对的边也较小. 由于 $DC < AB, \theta < \phi$ 或 $\angle DAC < \angle ACB$.

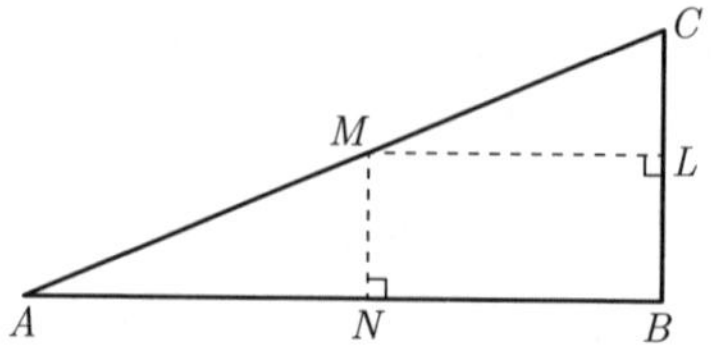

图 4.5

$ML > AN$. 而由于四边形 $LBNM$ 的三个内角都是直角, $NML > 90°$, 所以 $NB > ML$, $NB > AN$, 这就是需要证明的.

因此, 如果在一条倾斜的线 AC 上取相等的间隔, 这些间隔垂直地投影在 AB 上, 将得到逐渐增大的间隔.

现在我们将推翻钝角假设. 令 AB 和 CD 是两条被 AC 所截的线, 且 $\angle BAC + \angle ACD < 180°$. 那么这两个角中的一个一定是锐角, 不妨设为 $\angle CAB$. 过点 C 作 AB 的垂线, 那么由钝角假设, $\angle ACH+\angle CHA+\angle HAC > 180°$. 而根据假定, $\angle BAC + \angle ACD < 180°$, 因此 $\angle CHA > \angle HCD$, 即角 HCD 是锐角.

接下来我们证明 AB 和 CD 一定相交, 由此说明在钝角假设下平行公设是错误的! 根据我们最开始确立的证明方法, 平行公设因而是正确的.

CD 与 CH 所成的角是锐角, HB 垂直于 CH. 不妨将 BH 画成竖直的. 在 CD 上取点 M_1, 过该点作 CH 的垂线 M_1N_1, 类似地, 在 CD 上取点 M_2, 在 CH 上取点 N_2, 使得 $2CM_1 = CM_2$. 我们知道 $CN_1 < N_1N_2$, 所以 $CN_2 > 2CN_1$. 无限地继续这一步骤, 选定 M_{n+1} 使得 $CM_n = M_nM_{n+1}$, 即 $2^nCM_1 = CM_{n+1}$, 我们有 $CN_{n+1} > 2^nCN_1$, 点 N_n 将距离点 C 无限远. 而 CH 是一个固定的距离, 所以我们可以取点 N_k, 使得 $CN_k > 2^{k-1}CN > CH$, 这样点 H 就落在了三角形 CN_kM_k 的内部, 所以 HB 一定与 CM_k 相交, 也就一定与 CD 相交. 因此钝角假设被推翻.

64 简而言之, 点 M 沿着 CD 移动, 点 N 沿着 CH 移动, 随着 M 越远, N 也越远, 且没有极限, 因此 N 最终超过了 H. 这样就确定了中间的重合的点.

Saccheri 评论道 (命题 14): "钝角假设是错误的, 因为它自相矛盾."

两条线中的一条线与第三条线垂直, 另一条与第三条线所成的角是锐角,

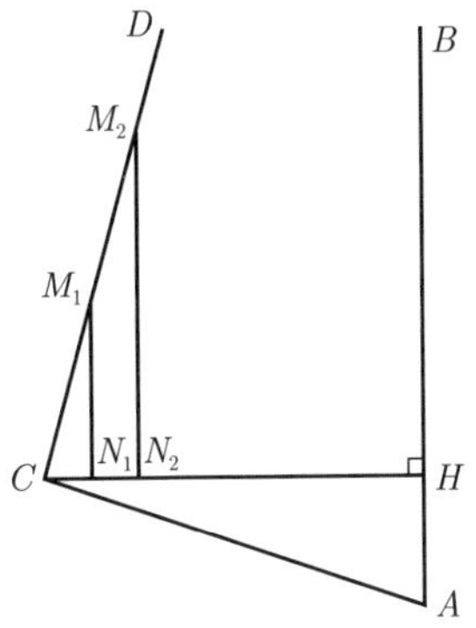

图 4.6

证实这两条线一定相交, 这似乎是执拗的, 但很有必要这样做, 原因是这一命题与平行公设十分相似. 更重要的是, Saccheri 在证明这一命题时假设了一个线段可以无限延伸[1), 也就是说, 直线的范围是无限的. 我们可以用这种方式更好地阐明我们的结果. 在直线的无限性的假设上, 钝角假设是自相矛盾的 (见第十四章). 正如 Bonola 所说, 对外角定理 (《原本》, 第 1 卷, 命题 16) 的使用, 是对线的无限性的默许假设.

有趣的是, 我们发现 Aristotle 在 *Posterior analytics* (I, 5) 提到, 从三角形内角和大于两直角可以推出平行线相交 (Heath, 1949, p. 41).

4.5 锐角假设

对于锐角假设, Saccheri 说道: "现在我们开始对抗锐角假设的漫长战斗, 这是唯一与平行公设的真理相对的假设."

接下来就是锐角假设的论证部分, 显然 Saccheri 的方法与钝角假设的论证方式类似, 但失败了. 当我们按照图 4.6 那样再次作一条线到另一条线的垂线段, 相等的截线段 $CM_1 = M_1M_2 = M_2M_3 = \cdots$ 的投影线段不断地减小:

$$CN_1 > N_1N_2 > N_2N_3 > \cdots,$$

1) Saccheri 多少意识到了这一点; 见命题 13 的注释 2.

所以钝角假设的结论在锐角假设下不再适用. 我们不能保证存在一个 N_k 使得 $CN_k > CH$, 也不能找到一个更巧妙的论证, 可以允许截点紧靠在一起, 但仍然说明它们最终可以到无限远处, 就像一个疲惫的人的脚步一样.

如果线 (CD) 与垂线不相交, 世界会是什么样的?

Saccheri 证明了, 在锐角假设下, 存在线 l, m, n, l 与 m 的交角为锐角, m 与 n 垂直, 但 l 与 n 不相交. 该构造及相应的证明展示出欧氏定理在这个奇妙的新世界中所应当呈现的形式.

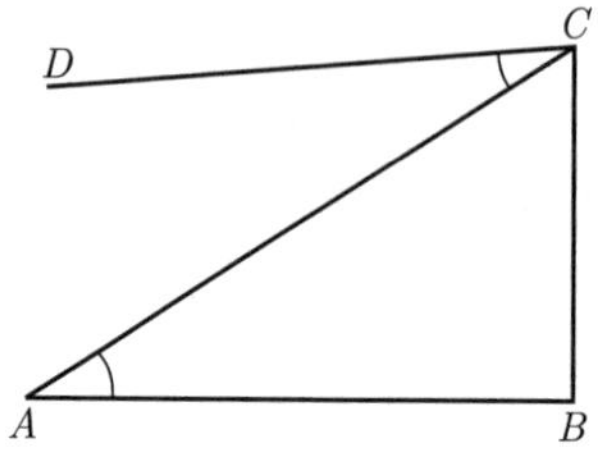

图 4.7

65 从《原本》我们得出以下构造不相交线的方式. ABC 是直角三角形, 点 B 处的角为直角, 过点 C 作线 CD 使得 $\angle DCA = \angle CAB$. 根据《原本》第 1 卷命题 27, CD 和 BA 不相交; 在锐角假设下这一结论仍成立. (如果 CD 被延长后与 BA 相交, 交点为 X, 那么三角形 XAC 在点 A 处的外角应等于三角形 ABC 点 C 处的内角, 所以 $\angle BAC < \angle ACD + \angle AXC$, 而这与《原本》第 1 卷的命题 17 矛盾.) 这与平行线没有任何关联; 特别是, 在锐角假设下这是正确的, 且角 DCB 是锐角 (三角形的内角和小于 180°), 所以得到了 Saccheri 的定理的条件.

4.6 公垂线

考察两条不相交的线, 不妨设为 a 和 b, 我们可以确定二者的一条公垂线.[1] 这样可以度量这两条线的最小距离. 在 a 上任取两点 A_1 和 A_2, 分别过

[1] 只有一条公垂线, 见习题 4.5.

这两点作 b 的垂线, 如图 4.8 所示. 在四边形 $A_1A_2B_2B_1$ 中, 点 A_1 和 A_2 处的内角可以 (i) 都是锐角, 或者 (ii) 一个是直角, 一个是锐角, 或者 (iii) 一个是锐角, 一个是钝角.

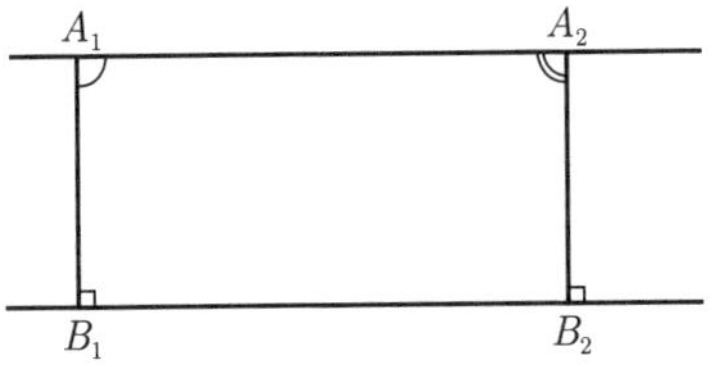

图 4.8

在第一种情形中, a 和 b 的公垂线一定在点 A_1 和 A_2 之间, 可以通过将 A_1B_1 向 A_2 倾斜, 观察点 A_1 处的内角.

在第二种情形中公垂线已经被作出了. 66

在第三种情形中, 公垂线不在点 A_1 和 A_2 之间, 如果对于任何在 a 上点 A 右侧的点 A_2, 点 A_2 处的角永远是钝角, 那么就没有公垂线. Saccheri 接着证明 (命题 24), 随着点 A_2 的向右移动, 线段 A_2B_2 连续地减小. 但如果可以找到一个公垂线, 那么两条线在接近公垂线的时候聚敛, 在远离公垂线的方向发散. 在这本书的某处, Saccheri 提到他在这一点上的洞见超越了 Nasir Eddin 关于线的聚敛的研究.

对于没有公垂线的不相交线, Saccheri 证明了它们一定是彼此渐近的 (命题 25). 事实上他在命题 23 的论证中使用了一个在所有后续研究中具有根本重要性的图形.

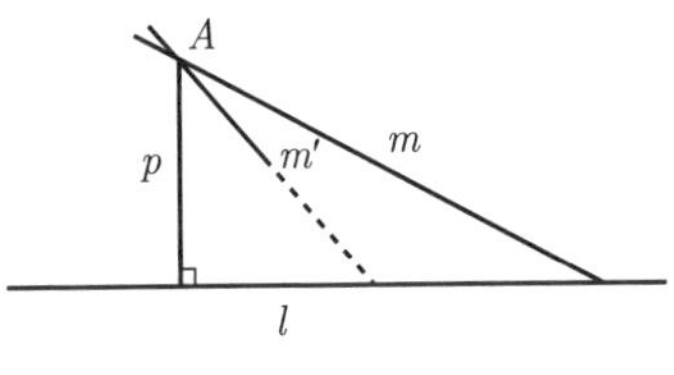

图 4.9

考虑不在直线 l 上的点 A, 过点 A 的线可分为两类, 一类与 l 相交, 一类与 l 不相交, 显然有一些线与 l 有公垂线, 有一些没有. 如果我们作点 A 到 l 的垂线 p, 我们将依次观察到上述两类线, 因为 (i) 如 m' 的线, 这些线与 p 的

交角小于线 m 与 p 的交角, 而 m 是与 l 相交的, 所以这些线也一定与 l 相交; (ii) 任意与 p 有更大的交角但始终小于 q 与 p 所成角的线 q', q 与 l 有公垂线, q' 与 l 也一定有公垂线.

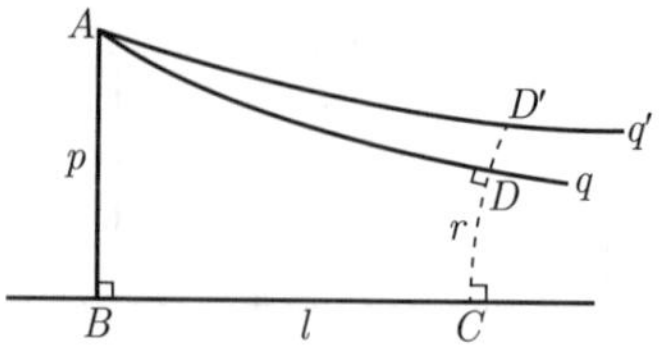

图 4.10

在图 4.10 中, q 和 l 的公垂线用虚线表示; q' 和 l 的公垂线也一定能找到. 事实上, 令 r 是 q 和 l 的公垂线, 其与 l 相交于点 C, 与 q 相交于点 D. 延长 r 使其与 q' 相交于点 D'. 根据锐角假设, $\angle AD'C$ 是锐角. 因此四边形 $ABCD'$ 是前述的情形 (i), l 和 q' 的公垂线在 p 与 r 之间.

67 给定过点 A 且与 l 相交的线 r, 容易找到在 r 上方且仍与 l 相交的线 r'. 事实上, 可以将 A 与 l 上在 r 与 l 交点右侧的任意点连接. 因此, 如果我们令 r 逆时针转动, 其与 p 的夹角不断地增大, 我们将不会遇到最后一条与 l 相交的线. 这些过点 A 其与 l 有公垂线的线的意义在于, 它们确定了与 l 相交的线 r 与 p 夹角的上限, 将该极限称为 α.

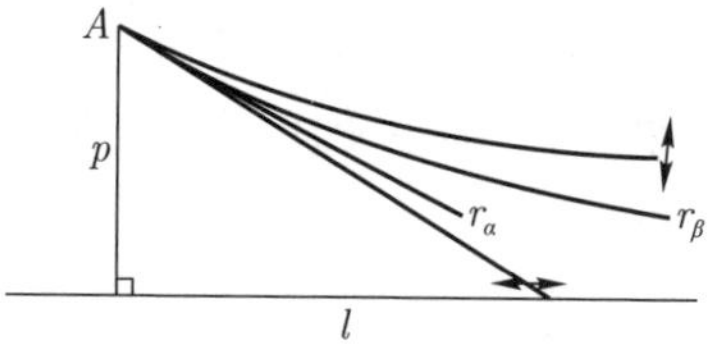

图 4.11

(iii) 如果我们从 r 与 p 的夹角为直角开始, 此时 l 与 m 不相交, 将 r 顺时针转动, 会发生类似的情形. 不能确定 r 的最后位置, 此时 r 与 l 有公垂线, 但低于这条线的任何线 r 与 l 都没有公垂线, 因此一定有 r 与 p 的夹角永远不能达到的下限 β, 这里的 r 与 l 有公垂线 (Saccheri, 命题 30).

显然 $\alpha < \beta$. 与 p 的夹角为 α 和 β 的线 r_α 和 r_β 分别是什么呢? 一个可能的猜测是它们是同一条线, 而事实上它们的确是 (Saccheri, 命题 32). (为

了证明 r_α 与 r_β 相同, 假设它们不是同一条线, 利用习题 4.4, 考虑任一条在二者中间的线.) 这条线与 l 渐近. 我们可将到现在为止的工作总结如下.

在锐角假设下, 过不在 l 上的点 A 的线中有两条线 r 和 r', 一条与 l 在右侧渐近, 另一条在左侧渐近, 将所有线分为两部分. 第一部分包含与 l 相交的线, 第二部分是与 l 有公垂线的线.

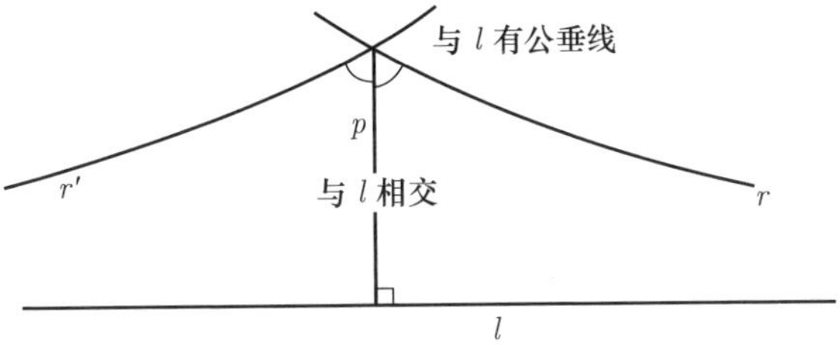

图 4.12

此时, 我们必须与 Saccheri 分道扬镳. 他说道 (Halsted edn, pp. 14, 15): 68

最后, 我用一个明显的错误否定了锐角假设, 因为它一定会导致存在两条有公共点的直线在同一平面内具有公垂线这一结论.

但是, 他对锐角假设不可能性的 "证明" 在置于无穷的情形时是不成立的, 因为某些性质确实是对于有限距离的图形才有效, 尤其是涉及两条线可能在无穷远的交点处有公垂线的想法. 一些诸如点、线、"在无穷远" 的语言是不清晰且无意义的, Saccheri 绝不是最后一个被其误导的人. 但是, 注意到如果两条线在有限的公共点处有公垂线, 那么这两条线是同一条线.

锐角假设在最有力的经典方法的处理下仍未被否定. 我们将看到, 后续的工作将对欧几里得的辩护不公正地投入到阴影中, 但这代表着对这一问题相当程度的澄清. 数学家探究了平行公设的两种替代方案, 并说明这是唯一可能的方案. 其中一种方案根据一个关于直线的可能的假设, 被证明自相矛盾, 另一种导致了吸引人的上述图形. 在这样的努力下, 否定这种几何的失败, 一定暗示着这种新的几何确实可能存在.

习 题

4.1 以下是 Saccheri 得到的结果, 被重述为锐角假设下的定理.

给定相交于点 A 的两条直线 l 和 m, 以及小于两直角的定角 α, 过 l 上的点且与 l 所成角为 α 的直线, 不一定都与 m 相交, 如图 4.13.

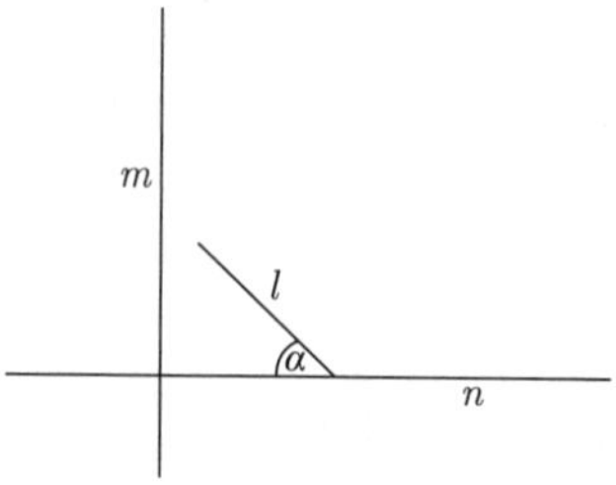

图 4.13

4.2 假设 l 和 m 不相交, PA, QB, RC 是三条从 l 到 m 的垂线, 如图 4.14. 那么角 APQ 小于角 BQR.

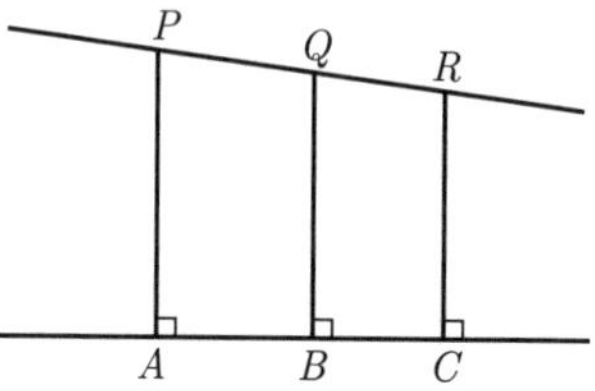

图 4.14

4.3 通过说明直线 m 不能连续地且保持有限距离地接近另一条线 l, 证明渐近线存在. 证明步骤如下:

(i) 假设一个矛盾, 即两条直线至少保持一个有限距离 R. 沿着 l 垂直地放置足够多的长度为 R 的线段, 这些线段与 m 相交, 如 Saccheri 所展示的, 形成了一系列四边形.

69 (ii) 证明这些四边形的内角和任意接近四个直角, 考虑由小四边形组成的大四边形的内角和.

(iii) 而每个四边形都包含一个垂直的边为垂线段且长度为 R 的四边形. 考虑内角和, 证明其中的矛盾.

4.4 过直线 l 外一点 P 且与 l 渐近的直线是唯一的 (对于 l 的一个方向). 推导 $r_\alpha = r_\beta$.

4.5 两条直线最多有一条公垂线.

第五章　Lambert 的工作

航海是许多重要问题的来源, 这在科学史上是司空见惯的. 不断扩张的 70
商业世界, 越发需要确定海上船只的位置和测量时间的更精确的方法, 当时的科学大都围绕这些主题展开. 众所周知, 在航海中两点间的最短线是大圆上这两点间的弧段. 球面上的大圆是半径最大的圆, 由过球心的平面与球面相交而成. 因此, 所有经线都是大圆, 除赤道之外的纬线都不是大圆.

5.1　令人困惑的“几何”

关于球面上大圆的几何是什么样呢? 在许多方面, 它与欧氏几何类似. 如果两点不是对径点, 则它们确定一个大圆, 我们能够在球面上作三角形和圆. 当然, 两个大圆相交于两点而不是一点, 这两点是完全相对的, 这是个困难, 但我们可以很容易说服自己. 更令人不安的是, 所有大圆都相交, 所以不可能在这种几何中定义平行. 考虑一个球面上的三角形, 我们将注意到它的内角和大于 180°. 进一步地, 我们不能将一个三角形缩小至与其相似的三角形. 当我们缩小三角形时, 它的内角会变化, 事实上, 内角会变得更小. 在大圆围成的
三角形中, 无法添加另一个大圆, 使得所成的三角形与原先的大三角形的底角 71
对应相等. 球面上的几何与我们从钝角假设下得到的几何惊人地相似, 它顽固又显而易见地存在着, 并且为当时的数学家所知. 他们却选择将其当作球面上的几何而不是平面上的. 因此, 尽管该几何很有趣, 但并未与平行线问题关联起来. 它可能被忽视, 也确实被忽略了, 但相反观点却站得住脚. 这困扰着该领域后来的数学家, 后面我们将不止一次地回到这个主题.

严格意义上, 球面几何与欧氏几何的区别体现在两方面: 平行线的不存在, 以及线的有限性, 所以, 对钝角假设的反驳在逻辑上是正确的. 然而, 我们即将看到, Lambert 和 Taurinus 仍然将球面几何作为钝角假设下几何的一个

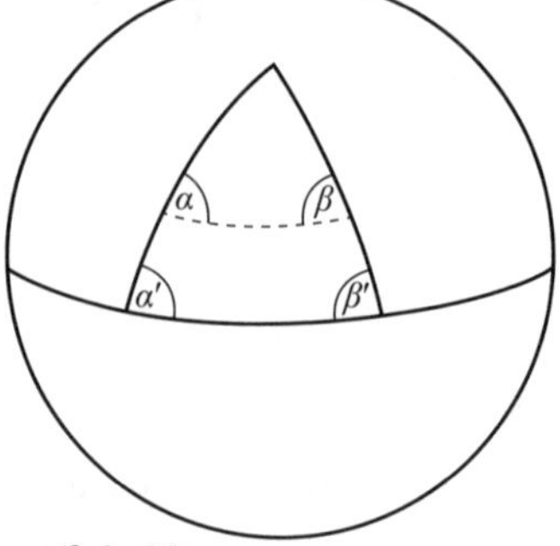

图 5.1

例子而接受, 所以对他们来说, 这不仅仅是逻辑的问题, 而是关于空间的几何的问题.

还有一个地方提到了球面几何, 而且确实呈现了不同于欧氏几何的一种几何. 这就是 Tomas Reid 所谓的 '可见物的几何'(geometry of visibles), 出自他 1764 年专著中关于可感空间的描述. 他主张我们可以将所看到的世界当成以眼睛为球心的半球. Reid 描述了半球面上几何的一些细节, 目的是提供可替代 Berkeley 唯心主义视觉理论的实在论. 他很清楚他的新几何与欧氏几何不同, 指出其中不包含平行的直线, 并断言当他的可见物几何被应用在不同的空间中时, 其中的命题正如欧氏几何中的一样, 是真实且可证明的. 然而, Reid 的书似乎没有对数学家团体产生影响, Daniels (1974) 在对该问题的深入研究中指出, 这是因为 Reid 的工作背景不同 (视觉哲学), 他没有提供物理空间的替代性描述. 这进一步支持了我们的解释, 即为什么球面几何没有一劳永逸地解决欧氏几何的替代几何的问题.

5.2 Johann Heinrich Lambert (1728—1777)

下一个对平行线问题的研究感兴趣的是瑞士数学家 Lambert. 他是一个涉猎广泛的思想家, 他最早认为银河系是有限的, 而且仅仅是众多宇宙岛屿中的一个, 在这点上, 他与 Kant 享有同样的荣誉 (见 Lambert 的 *Cosmologische*

briefe (1761), 被 S. L. Jaki 译为 *Cosmological letters*, Scottish Academic Press, Edinburgh, 1976), 他应当得到比以往更多的关注. Lambert 与 Euler 都是柏林科学院早期的成员, 在许多领域都做出贡献: 在光度测定和光学方
面 (1760), 他建立了 Lambert 余弦定律, 即折射光线的强度以及在一定距离 72
内照明强度的平方反比定律; 在统计学上也有贡献; 在纯数学上, 他第一次证明了 π 是无理数 (1766); 在逻辑学上, 他拓展了莱布尼兹的符号学; 在天文学上, 他建立了彗星的抛物形轨道的 Lambert 定律 (1761). 在 *Freye perspektive* (1759, 1774; 见 Laurent, 1987) 中, Lambert 不仅探讨了透视画法, 而且讨论了仅用一个直尺和一个给定的圆规能够构造何种几何图形的有趣问题. 与 Kant 一样, Lambert 试图将先验引入科学, 他关于纯粹哲学的著作受到现在的人们各方面的赞扬.

Lambert 对任何学科主题的预备知识都非常感兴趣, 这与学科的基础有所不同, 因此自然有一天他开始着手处理平行公设的问题. 这缘起于 Lambert 与哥廷根大学的教授 Georg Kästner 的相识, 后者曾让他的一个名为 Klügel 的学生综述了当时之前平行公设的所有证明. 这促使 Lambert 给出他自己的证明, 他将其写成了一本书, 即 *Theory of parallels*, 这本书不像 Saccheri 的工作那样在短时间内引起大量关注, 在 Lambert 生前并未出版. Lambert 很可能知道 Saccheri 的工作[1]. 他可能不满意自己的研究, 因为虽然其中有一些很好的工作, 但不能得到他想要的结论. 这本著作在 Lambert 去世后的 1786 年, 由 Johann Bernoulli III 出版.

Lambert 跟 Saccheri 一样, 在最开始考虑一个四边形的内角和 (不同的是, 他选取具有三个直角的四边形), 他同样否定了钝角假设, 但无法否定锐角假设. 在他的研究过程中, 他得出两个有趣的结论. 在欧氏几何中, 角和边的度量具有本质区别. 由于周角 (360°) 无论怎么画都有固定的大小, 因此角具有绝对度量单位. 但直线的度量并非如此, 在度量线的长度之前, 我们必须首

---

[1] Lambert 提到 Klügel 1763 年的历史研究论文 *Conatuum praecipuorum theoriam demonstrandi recensio, quam publico examini* ……. Klügel 讨论了 Saccheri 的工作; Lambert 继而提到了 Klügel 的名字, 但不是 Saccheri.

先指定某个线段的长度作为单位.

因此点 A 处的角 (图 5.2) 是点 A 处周角的有限比, 它的大小可以用恰当
73 的比率明确地给出. 但是, 某线段 AB 长度的数值随着作为单位的线段的长度变化; 这个单位可以是任何长度 (1 厘米, 1 千米, 1 英里, 1 微米等).

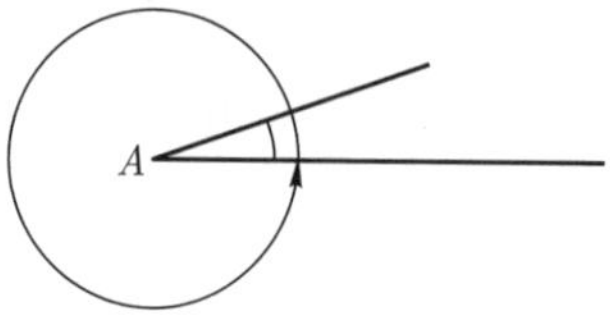

图 5.2

5.3 长度的绝对度量

Lambert 是第一个注意到锐角假设下这种不确定性会消失的人; 换句话说, 在锐角假设下, 有可能定义一个长度的绝对单位. 为此, 可将一个线段与一个角唯一地联系起来, 从而也将角度的绝对度量转换为长度的绝对度量. 我们不妨取一个大小为 50° 的角, 由于 $50°+50°+50° < 180° = 2R$, 因此存在一个内角为 50° 的等边三角形, 并且与该三角形内角对应相等的任意其他三角形都与其全等. 然而, 根据 Wallis 的结果, 不存在与该三角形相似的三角形, 于是我们将一个唯一的长度与 50° 的角联系起来. 通过这种方式, 在新几何中长度是绝对的. (在欧氏几何中尝试重复这样的证明, 明显是失败的, 因为其中存在相似三角形.) 为方便起见, 我们希望这个距离的定义是可加的, 但实际并非如此.

在这个定义下 (图 5.3), 从 A 到 C 的距离比距离 AB 与 BC 的和要小一些. 然而, 只要我们将距离 AB 定义为恰当角度的某个特别的函数, 这个问题就可以得到修正. 这是一个三角函数, 我们稍后便会提到.

长度的绝对度量与欧氏几何的直觉相悖, Lambert 似乎希望因此否定新几何. 然而, 他明智地拒绝认为自己否定了新几何.

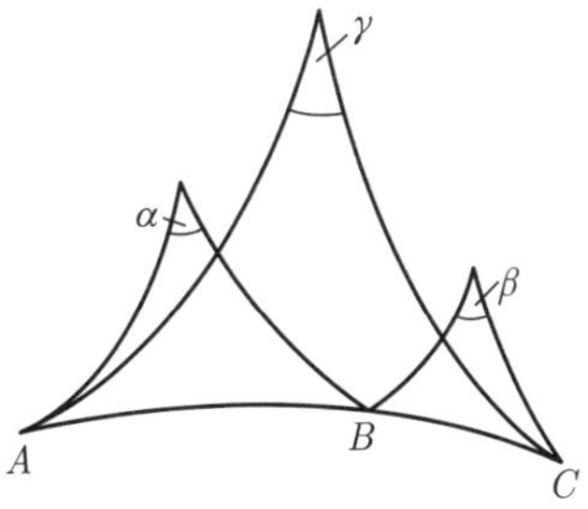

图 5.3

5.4 内角和与面积

Lambert 还注意到, 在锐角假设下, 三角形内角和与 180° 的角亏随着面积的增大而递减, 可以通过叠加三角形得到该结论. 74

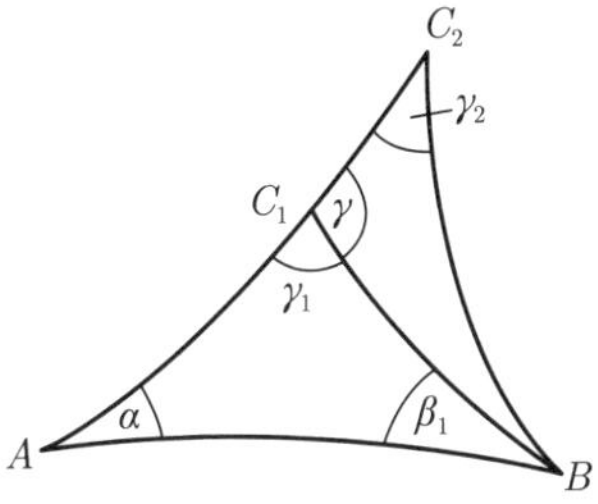

图 5.4

将三角形 C_1AB 的边 AC_1 延长至 C_2, 可作第二个三角形 AC_2B. 两个三角形的内角分别为 $\alpha, \beta_1, \gamma_1$ 和 $\alpha, \beta_2, \gamma_2$. 显然 $\triangle ABC_2$ 的面积大于 $\triangle ABC_1$:

根据假设, 在一个三角形中,

$$\alpha + \beta_1 + \gamma_1 < 2R,$$

$$\gamma_1 + \gamma = 2R,$$

在第二个三角形中,

$$\gamma + \beta_2 - \beta_1 + \gamma_2 < 2R,$$

在第三个三角形中,

$$\alpha+\beta_2+\gamma_2<2R.$$

因此, 三角形内角和的差为

$$\begin{aligned}\alpha+\gamma_2+\beta_2-(\alpha+\gamma_1+\beta_1)&=\gamma_2-\gamma_1+\beta_2-\beta_1\\&=\gamma_2+\gamma-2R+\beta_2-\beta_1\\&<0.\end{aligned}$$

因此,

$$\alpha+\gamma_2+\beta_2<\alpha+\gamma_1+\beta_1,$$

即, 三角形的面积随着内角和的减小而增大. 可以通过一个巧妙的方式证明, 三角形的面积与 $2R-(\alpha+\beta+\gamma)$ 严格成比例 (见习题), Lambert 说自己可以给出证明, 但实际上他并没有提供 (§81 [1]).

类似地, 在钝角假设中, 长度也具有绝对度量, 我们可以将三角形的面积与内角和关于 $2R$ 的盈余联系起来.

事实上, 如 Lambert 所说 (§82), 所有类似于此的不寻常的概念, 在球面几何上能够很容易地被解释. 在球面上, 一个线段 AB 能够定义一个等边三角形 ABC, 其内角不妨设为 α. 此时, 注意到 $3\alpha>180°$. 由于唯一与三角形 ABC 相似的三角形与其全等, 我们可以用角 α 唯一地确定三角形 ABC. 进一步地, 如 Girard [2] 所提出的, 球面上三角形的内角和决定着其面积. 在半径为 r 的球面上, 内角为 $\angle A,\angle B,\angle C$ 的三角形 ABC 的面积为 $r^2(\angle A+\angle B+\angle C-\pi)$, 因此任何缩小球面三角形的尝试, 必然会导致其内角和的减小.

奇怪的是, 此前的研究者似乎并未有过这样的观察: 正如最大的角——周角的存在导致了角的绝对度量, 同样存在一个最长的线段, 即大圆. 这里我

[1] 译者注: Lambert 的著作 *Theory of parallels* 的第 81 节, 下同.

[2] Albert Girard (1595—1632); 见 Coxeter (1961, p. 85).

不做过多解释, 如果你试着在球面几何的背景下重新推翻钝角假设, 你将会发现这一事实非常重要.

可以通过以下评述判断 Lambert 对球面几何的态度. 注意到, 如果取球的半径为 r, 那么内角分别为 α, β, γ 的三角形的面积为 $r^2(\alpha+\beta+\gamma-\pi)$, 在锐角假设的情形下, 面积公式为 $r^2\{\pi-(\alpha+\beta+\gamma)\}$, Lambert 指出 (§82): 75

由此我几乎可以肯定, 第三种假设在虚球面上成立.

他很可能是这样考虑的, 在半径为 $(\sqrt{-1})r$ 的球面上, 公式变为

$$\left\{(\sqrt{-1})r\right\}^2(\alpha+\beta+\gamma-\pi)=(-r^2)(\alpha+\beta+\gamma-\pi)=r^2\{\pi-(\alpha+\beta+\gamma)\}.$$

非欧几何的发现者认为这种莽撞使得 Lambert 付出了名望的代价. 我持不同的观点, 我认为这标志着 Lambert 是一个正确而有灵感的思想家. 虚半径球面的概念是十分模糊的, 其与球面几何的参照直到后来才被清晰地阐述. 在知识允许的范围内, 在不掩饰猜想的情况下取得进展, 因为研究的任务就是发现, 作为一个猜想, Lambert 的评述比起任何其他观点都更具有启发性. 要进入 Lambert 最先预见的那片土地, 数学还要发展一百年.

5.5 杠杆定律

Lambert 还用另一种方式研究了平行公设. 1770 年, 他开始研究静力学理论, 不可避免地要讨论杠杆定律. 早些时候, D'Alembert, Daniel Bernoulli 已经探讨过杠杆定律, Daviet de Foncenex 对其进行了彻底的研究. 要解决的问题是, 能否证明一根两端系着相同重量重物的无重量杠杆, 在杠杆中心施加大小为重物的重力之和且方向与重力相反的力, 可以保持杠杆的平衡. 进一步地, 如果可以证明这一我们熟悉的经验事实是否需要使用平行公设, 或者是否不依赖于平行公设的使用; 如果不用平行公设就能证明杠杆定律的话, 是否可以借此证明欧几里得这一有争议的公设了呢? 容易看出, 平行公设与杠杆定律有一定关联, 原因是杠杆定律等于断言可以将某个力用方向相反但平行的力代替. 但如果一个力作用的方向是有争议的主题, 正如对平行公设的所有研究中那样, 那么在某种程度上就需要小心地证明杠杆定律.

继续详细地讲述这个故事将要花费很长时间, Bonola 的专著以及 Pont (1986) 的专著给出了相关论述, 但是后者没有提及 Lambert 在这方面的工作. 问题是作用在中心的力究竟应该是什么. 简单来说, 这个力是杠杆末端的重力和杠杆长度的函数. de Foncenex 得到了该函数的方程, 但是他错误
76 地推出仅有相当于杠杆定律的唯一解, 这是他希望证明的目标. D'Alembert 以及后来的 Laplace 指出, de Foncenex 的方程也可以被其他函数满足, 尤其是双曲三角学中的双曲余弦函数 (见第八章). 该结果是非欧静力学的关键, 人们用了很长时间才注意到这一点, 由意大利数学家 Genocchi 于 1873 年指出. Lambert 试图通过将杠杆两端的力替换为固定在两端的新的杠杆上的两个力, 建立杠杆定律. 他希望通过反证法的论述为新杠杆定律提供辩护, 结果却是一个谬误而有局限的论证 (见 Gray 和 Tilling, 1978).

习 题

5.1 证明在半径为 1 的球面上, 内角为 $\angle A, \angle B, \angle C$ 的球面三角形的面积为 $\angle A + \angle B + \angle C - \pi$. 可将三角形的边延伸至整个大圆, 考虑得到的线.

球面的面积为 4π. 在角 A 处的两个相对的新月形图形的面积是 $4\angle A$, 其他顶角的情形类似. 这三对新月形图形的面积之和, 等于球面面积加上 4 倍的三角形面积 (为什么). 因此

$$4(\angle A + \angle B + \angle C) = 4\pi + 4(\triangle ABC \text{ 的面积})$$

是所求的结果.

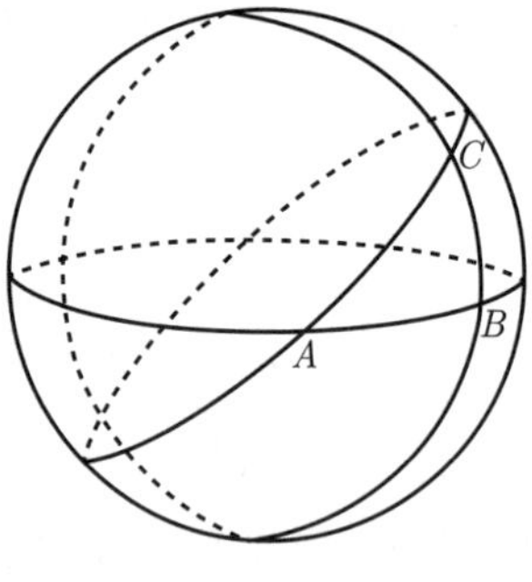

图 5.5

5.2 完成下列论证中的步骤, 该论证来源于 Gauss[1], 以此证明在非欧几何中, 内角为 $\angle A, \angle B, \angle C$ 的三角形的面积与 $\pi - (\angle A + \angle B + \angle C)$ 成比例.

(1) 假设任何由三条彼此渐近的线围成的图形有相同的面积, 记作 t. 77

(2) 将如 ZCY 的图形的面积当作 $(\pi - \phi)$ 的一个函数 f——Gauss 的写法是 $180^\circ - \phi$.

(3) 根据一个恰当的图形推出 $f(\pi - \phi) + f(\phi) = t$.

(4) 由另一个图形推出 $f(\phi) + f(\psi) + f(\pi - \phi - \psi) = t$.

(5) 推导出函数 f 具有可加性, 即 $f(\phi) + f(\psi) = f(\phi + \psi)$, 从而 $f(\phi)/\phi =$ 常数.

(6) 最后, 推出 ABC 的面积 $= t\{\pi - (\angle A + \angle B + \angle C)\}/\pi$.

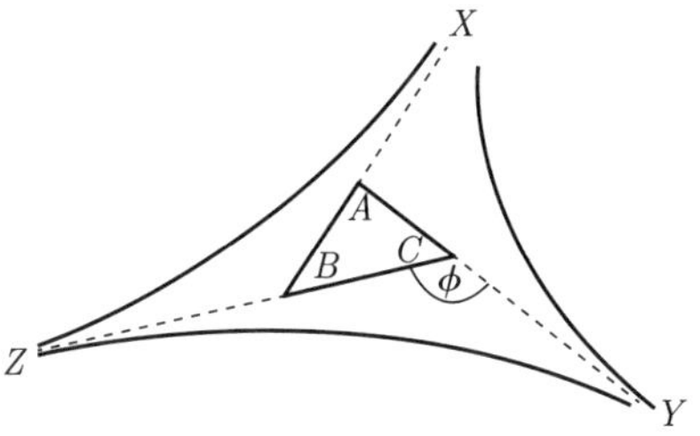

图 5.6

根据 H. Liebmann, t 是一个有限的常数的初等证明是不需要的, 但是可以被证明是非欧几何的一个定理, 在 Coxeter (1961) 的第 295 页可以找到. 用微分几何的方法很容易证明, 见本书的第十一章.

[1] 出自 Gauss 1832 年 3 月 6 日给 Farkas Bolyai《写给好学青年的数学原理》(*Tentamen*) 的回信 (*Werke*, VIII, pp. 220–224).

第六章 Legendre 的工作

具有影响力的法国数学学派为数学学科的各个分支都做出了贡献; 实际 78
上, 到 18 世纪末, Euler (1783 年) 去世后, 该学派已完全主导了这个学科. 唯一没有引起法国数学家明显兴趣的是平行线问题. Bonola (p. 54) 简要概述了法国数学家在这一问题上的工作. Laplace 在 *Exposition du système du monde* (1824) 的第五版中指出, 相似原理是自然固有的, 我们不能认为宇宙具有绝对大小. 相反, 我们可以按比例放大或缩小物体的尺寸, 不改变其本质, 如行星的轨道; 因此, 他认为空间本身具有允许相似图形存在的性质. 在该假设的基础上, 就得出了欧氏几何的平行线理论. Lagrange 认为球面三角学与欧氏几何独立, 不论平行线具有何种性质, 球面几何都成立——这是平行线理论后续发展中的重要结果. 但是, 他自己没有充分发展这个结果. 1858 年, Jean-Baptiste Boit 讲述了一个轶事: 即使是 Lagrange 也会出错. 1806 年, Lagrange 做了一个关于平行公设证明的报告. Boit 说: ‘该证明建立在一个人人都能看出的明显谬误的推理上, 也许 Lagrange 在报告的过程中也发现了这一点. 因为当报告结束时, 他将文章放进兜里, 什么话也没说. 经过一瞬间的完全沉默, 我们迅速转移到其他话题. ”

Fourier 受到 D'Alembert 观点的暗示, 认为平行线问题在于给直线一个好的定义. 直到最近, 仍不清楚 Fourier 用这一观点做出了哪些进展, 但是 Jean-Claude Pont 在他对非欧几何深入研究的过程中, 结合国家图书馆 (Bibliothèque nationale) 中收藏的 Fourier 的手稿, 极大地扩充了我们对 Fourier 观点的认识.

Fourier 似乎在 1822 年到 1827 年之间专注于平行线的问题, 他逐渐得到这样的结论: 几何是一种物理科学, 不能先验地确定. 在这点上, Fourier 与 Gauss 的观点一致, 因为 Gauss 从 Dirichlet 那里得知 Fourier 的观点时感到

惊讶 (见 Gauss 1827 年 5 月给 Olbers 的信, Gauss 全集, 第 8 卷, p. 188). Fourier 认为前进的唯一道路, 是完全替换欧几里得的概念体系. 新的概念体系建立在距离的基础上, 其中, 直线是所有与任意固定的两点距离相等的点的集合. 接着他将关注点聚焦于所谓的中间线 (intermediary line), 其定义如下.
79 给定一条线 l, 以及不在线上的点 P, 中间线 m 是这样的线: 其不与 l 相交, 但所有经过 P 且在 m 下方的线都与 l 相交. 因此这与 Saccheri 的渐近线相同. Fourier 尝试说明这条中间线与点 P 到 l 垂线的夹角为直角, 从而证明平行公设. 尽管他确实重新发现了一些 Saccheri 已得出的简单结果, 但他并未达到最终目的.

Fourier 还试着通过证明杠杆定律来证明平行公设, 但同样不得不宣告这种方法不奏效. 然而, 他说服自己平行公设可以由杠杆定律推出, 因此几何学可完全由静力学理论推导出来. 此外, 他指出, 即使那些在尝试证明平行公设上失败的人, 也不会怀疑欧氏几何的真实性, 至少在没有明显误差地描述空间的意义下. Poncelet 在 *Traité des propriétés projectives des figures* (1822) 中, 考察了图形在投影中保持不变的性质, 并且不受外部空间本质的影响. 这里不讨论 Poncelet 的射影几何, 可以参见参考文献中 Coxeter 和 Pedoe 的著作. 法国数学家大多对平行线问题不感兴趣, 这一现象是值得注意的, 我将在后文中讨论.

除了 Fourier, 只有 Legendre 在平行线的问题上做了广泛的尝试[1], 而他保守地希望证明平行公设是几何中的正确定理. 他多次证明了 Saccheri 得到过的定理, 但他的证明更加简洁优美, 因此我和 Bonola 一样, 更喜欢 Legendre 的证明. Legendre 与 Saccheri 一样, 从假设三角形的内角和开始, 但 Legendre 很可能不知道 Saccheri 的工作. 他的结果后来被称为 Legendre 定理, 尽管它们在 Legendre 之前已被别人所知. 在他所谓的第一定理中, 他得出了三角形的内角和不超过两直角 (*Eléments de géométrie*, 2nd edn, Prop. 19). 证明如下:

[1] *Eléments de géométrie* (1794—1823), 在他去世后 (1833 年) 有更多的版本.

在一条线上取 n 个相等的线段 $A_1A_2, A_2A_3, \cdots, A_nA_{n+1}$, 如图 6.1, 以这些线段为底, 构造一排全等三角形. 连接三角形所有的顶点 B_i, 得到另一些指向下方的全等三角形, 添加点 B_{n+1}, 使得三角形 $B_nA_{n+1}B_{n+1}$ 与向下的三 80
角形全等.

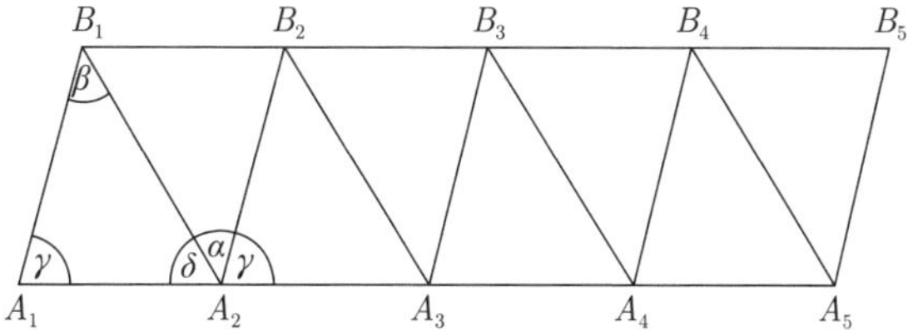

图 6.1

令指向上方三角形的顶角为 β, 指向下方三角形的顶角为 α. 如果没有平行公设, 我们不能假设 $\alpha=\beta$. 仔细观察前两个三角形, 可以看出一些等量关系, 左下角的 $\angle B_1A_1A_2$, $\angle B_2A_2A_3$ 等都相等, 不妨设为 γ. 在点 A_2 处, 如果 $\angle A_1A_2B_1=\delta$,

$$\delta+\alpha+\gamma=180^\circ$$

以及

$$\delta+\beta+\gamma=B_1A_1A_2 \text{ 的内角和},$$

只需证明 $\beta \leqslant \alpha$. 假设这不成立, 即 $\beta > \alpha$, 那么 $A_1A_2 > B_1B_2$, 由于 $A_1B_1 = A_2B_2$, B_1B_2 是三角形 A_1B_1A 和 $B_1A_2B_2$ 的公共边, 所以 $A_1A_2 - B_1B_2 > 0$ (参见欧几里得《原本》第 1 卷, 命题 18: 任意三角形中大边对大角). 我们还知道

$$A_1B_1+B_1B_2+\cdots+B_{n+1}A_{n+1} > nA_1A_2,$$

即 A_1 到 A_{n+1} 顶部的路径大于底部的路径. 因此,

$$A_1B_1+nB_1B_2+B_{n+1}A_{n+1} > nA_1A_2.$$

由于我们已证明的 $A_1B_1 = B_{n+1}A_{n+1}$, 所以,

$$2A_1B_1 > n(A_1A_2 - B_1B_2).$$

但 A_1B_1 是固定的, 而 n 不是, 因此如果我们将 n 取得足够大, 就得到了矛盾, 推翻了 $\beta > \alpha$ 的假设, 从而证明了定理.

这个证明与 Lambert 的类似, 由于对推出矛盾的过程不满意, Legendre 提供了另一个证明[1]. 该证明是含有谬误的, 指出其中的错误将作为习题, 答案将在后面给出 (见第十四章).

令三角形 ABC 的内角为 α, β, γ, 且 $\alpha + \beta + \gamma < 180°$, 为清晰起见, 令角亏为 $180° - (\alpha + \beta + \gamma) = \delta$. 以 BC 为对称轴, 作点 A 的对称点 A' (只需要以 BC 的中点为中心, 将三角形 ABC 旋转 180°), 延长 AB 和 AC. 过点 A' 作一条线与 AB 交于 B', 与 AC 交于 C'——这条线不需要与 BC ‘平行”, 否则会循环论证. 连接 $A'B$, $A'C$, 由于对称性, 三角形 $A'BC$ 的角亏也是 δ. 因为大三角形 $AB'C'$ 的角亏等于四个小三角形的角亏之和, 可以推出 $AB'C'$ 的角亏大于 2δ. 继续这样的步骤, 可以得到一系列三角形, 角亏为 $\delta, 2\delta, 4\delta, 8\delta$ 等, 三角形 $AB^{(n)}C^{(n)}$ 的角亏为 $2^n\delta$. 当 n 足够大时, 我们将得到角亏大于 180° 的三角形. 而这显然是不可能的, 所以我们证明了三角形内角和等于 180°, 从而平行公设得证.

81 可惜, 事实并非如此. 这个证明是错的, 因为该论证借助于阿基米德公设, 即允许线段的无限复制, 从而使 ‘对 n 足够大时的 2^n” 的论证合理化. 通过找出证明中的错误, 你可以发现比教材中更多的关于非欧几何的不同性质. 但是, 在钝角假设 (HOA) 不成立的前提下, Legendre 能够给出一个定理的简洁证明, 即如果一个三角形的内角和小于 180°, 那么所有三角形都如此. 同时足以证明当三角形内角和为 180° 时的类似结论. Legendre 的证明在习题中概述.

Legendre 的证明似乎都没有得到广泛的认可, 在后续的版本中他不得不删除了这些证明, 而给出了其他证明. 第 12 个版本中的证明标志着退步, 一个欠妥的论证会在习题中展示出来. 但是, 他越来越对第 1 版的第四个注记中的论证感到有信心 (见 Fauvel & Gray 1987, p. 521). 直到今天, 这个论证

[1] *Mem. Acad. Sci Paris* (1833); *Eléments de géométrie*, Note II, pp. 274, 276 (1823).

一直引发人们的评论, 它建立在同质性的思想上. Legendre 论证道: 如果一个三角形以给定长度 p 为底边, 以给定角度 α 和 β 为两底角, 那么由这些信息可以确定该三角形, 具体来说, 可以确定三角形的第三个角 C. Legendre 认为角 C 为给定信息的函数, 将其记作 $C=\phi(A,B,p)$. 如果将直角作为单位, C 是在 0 和 2 之间的某个数字. Legendre 提出, 边 p 不能用数字表示, 意味着它只能有长度的量纲, 所以它不能出现在一个完全是数字的公式中. 因此该公式不能含有 p, 角 C 只依赖于角 A 和 B 的大小, 这正是欧几里得的情形.

有人曾向 Legendre 指出, 这一论证是有问题的, 因为它甚至能够否定球面几何的例子. 他的回复是, 相反, 球面几何中边的长度实际上用数字表示, 因为它们被理解为与大圆的比率. 所以长度 p 应写成 p/r, 其中 r 是球的半径. Legendre 不知为何没有意识到, 在锐角假设下可能会有类似的结论, 即线段的长度可以用数字表示. 更引人注意的是, Lambert 已经指出在锐角假设下存在长度的绝对度量, 所以边可以由无量纲的数字来度量大小. 可以肯定, Legendre 就像所有数学家一样, 提前知道答案然后进行工作; 但是这次, 他的答案是错误的.

习 题

6.1 证明: 在锐角假设下, 可以构造一个三角形, 其内角都等于 50°.

6.2 证明: 在锐角假设下, 可以构造一个内角为 α,β,γ 的三角形, 条件是 $\alpha+\beta+\gamma<180^\circ$.

6.3 Legendre 在第一个定理中犯了什么 ‘错误”? 在第二个定理中犯了什么错误? 82

这些问题在第十四章中讨论.

6.4 研究 Legendre 的证明步骤, 如果存在一个内角和为 $2R$ 的三角形, 那么每个三角形内角和都为 $2R$. 证明如下:

(i) 假设三角形 ABC 的内角分别为 α,β,γ, 且 $\alpha+\beta+\gamma=180^\circ$. 由四个与 ABC 全等的三角形构造一个三角形 $AB'C'$, 该三角形与 ABC 的内角相同, 且 $AB'=2AB$, $AC'=2AC$.

(ii) 证明三角形 DEF, 其中 $\angle EDF=\alpha$, 可以放在一个内角分别为 α,β,γ 的三角形中, 边 BA 和 CA 分别与边 ED 和 FD 重合. 连接 EC, 利用三角形内角和不超

过 $2R$, 可以推导出结论.

(iii) 证明始终可以假设在任意三角形中一个角小于角 α (必要的时候对顶点重新编号). 因此利用上述论证可证明任意三角形的内角和是 $2R$.

6.5 找出 Legendre 在第 12 版中对三角形 ABC 内角和为 $2R$ 的证明中的错误. 不失一般性, 假设三角形的最大边是 AB, 最小边是 BC.

(i) 作 BC 的中点 I, 延长 AI 至点 O', 使得 $AO' = AB$. 延长 AB 至点 B', 使得 $AB' = 2AI$, 在 AB' 上找一点 K, 使得 $AK = AI$. 证明 $C'K = IB$, 因此三角形 $B'C'K$ 与三角形 ACI 全等. 令 $A' = A$, 考虑三角形 ABC 和三角形 $A'B'C'$. 推出 $\angle A = \angle A' + \angle B'$, $\angle C' = \angle B + \angle C$, 所以 $\angle A + \angle B + \angle C = \angle A' + \angle B' + \angle C'$. 同时证明 $\angle A' < \frac{1}{2}\angle A$.

(ii) 重复上述构造, 得到一系列三角形 $A^nB^nC^n$, 对于这些三角形有 $\angle A^n < (1/2^n)\angle A$, 且 $\angle A + \angle B + \angle C = \angle A^n + \angle B^n + \angle C^n$.

(iii) 证明随着 n 的增大, 三角形 $A^nB^nC^n$ 在极限情形下成为一条直线, 可以被看作是内角为 $0, 0, 2R$ 的三角形, 其内角和为 $2R$.

(iv) 推导出三角形 ABC 的内角和为 $2R$ 的结果.

(提示: 找出这其中错误的最简单的方式, 是将上述论证放在第十四章提到的庞加莱圆盘模型中.)

第七章 Gauss 的贡献

欧氏几何研究的重大突破发生在 19 世纪初. 前几个世纪的研究成果使得这个时代的数学家具有以下思维图景. 83

欧氏几何的真实性在很大程度上取决于平行公设. 否定平行公设, 就是断言三角形的内角和或者大于 $2R$, 或者小于 $2R$. 前一个假设导致了矛盾; 且两个假设都导致了长度绝对单位的存在, 这是人们拒绝这两个假设的原因. 在任意一个假设下, 不存在相似三角形, 在第二个假设下, 我们必须接受永不相交的直线和彼此渐近的直线.

为描述当时数学家的思想方法, 我们需要对这个图景增加两个细节. 对替代的"几何"不满意是不够的, 他们还需要能够严格地反驳替代性几何. 为了做到这一点, 需要准确地说明错误之处, 例如渐近直线的存在性问题, 而这正是他们无法做到的. Legendre 对于第一个假设[1] 存在矛盾的证明, 正是具备了这一特征; 即使盲人也能够理解. 但是, 在不借助图形直观的情形下, 渐近直线并不荒谬, 如果在球面几何中允许长度的绝对单位, 那么它在其他情形出现时, 也不能被指责为自相矛盾. 对渐近直线的迷惑可能聚焦在"直"的定义上, 人们会问, 何谓直线的"直". Fourier 在 1795 年与 Monge (见上一章) 的讨论中提出这个问题, 这一时期德国几何的先导者, Kästner, 在给 Pfaff 的信中说道, 不存在直线的清晰概念 (1789 年 8 月 2 日, Engel 和 Stäckel, 1895, p. 140). 古典几何中对"线"和"点"并没有清晰的定义, 因此似乎无法回答这个问题.

第二个细节是, 人们常常将几何知识看作是真实世界的知识. 可以只用推理来确定世界的形状. 由于欧氏几何是显然正确的, 那么其他几何必定错

[1]译者注: 即三角形内角和不超过 180°.

误. 一个新几何可以定义一个可能的世界, 但是我们生活的世界显然是真实的, 所以仅仅借助推理将得到一个错误的世界. 理性在某种程度上会使我们走入歧途. 必须加倍努力反驳替代假设.

84 今天, 我们或许不会接受第二点, 因为这使得我们没有选择的余地. 但人们之所以不接受它的历史原因之一, 就是非欧几何的发现带来的影响. 我们应当承认, 前辈们的观点至少看起来是对的; 至今, 几何学的初等论述几乎仍然如此, 而我们拥有更少的借口.

这种对数学真理构成的通常看法, 在 Kant 的工作中得到了特别的重视. Kant 认为, 世界的真知, 即先验的知识, 都在几何中, 原因是尽管获取这些知识需要一些经验, 但是这些知识与任何特定的经验无关; 这些知识也是综合的, 因为它们的正确性不仅仅是逻辑的问题 (原则上, 它们可能是错的). 几何学的公理就属于 Kant 所认为的先天综合判断, '因为它们是必然的". 先天综合判断从那时起就引起了争议, 作为先天综合判断特例的几何学也名誉扫地. Bonola (pp. 64, 121) 明确地提出, 正是在几何本质上与 Kant 的分歧, 促使 Gauss 做出了伟大的贡献.

但是, 要真正阐明 Kant 的几何学观点是非常困难的, 自 Kant 的工作问世以来, 人们对于这一主题就争论不休. Kant 在《纯粹理性批判》(1787, p. 579) 中提出, 尽管哲学家不能证明关于三角形内角和的任何结果, 但数学家可利用欧几里得的证明, 说明三角形内角和为两直角. 且不论这正是争论之处, 我们的问题是, Kant 如何解释二者的区别. 他的回答是, 数学家可以诉诸符合基本概念的先验直觉; 而仅有概念上的分析是无效的, 原因是这会导致数学真理成为分析的 (即, 纯粹逻辑的), 而 Kant 认为数学真理不是纯逻辑. 概念的综合先验的性质不是完全根据经验的, 否则, 几何就成为纯粹的实证科学, 而不是 Kant 认为的普世科学了. 所以综合先验的性质是从我们的直觉得出, 尤其是对时空的直觉. 这里的直觉并不是不经证实的预感 (hunch), Kant 对直觉的定义采用人类将知识的形式与对象联系起来的方式. 我们正是以这种方式考察三角形, 通过在思维中画出三角形, 然后设法求得它的内角和. Kant 说道 (1787, p. 199):

"空间 (几何) 的数学建立在生成图形的过程中对富有成效想象的不断综合上. 这是形成合理的先验直觉的公理之基础, 由此可以得出, 两条直线不能围出一块区域. "

Kant 将《纯粹理性批判》献给他的朋友 Lambert, 如果 Lambert 说: 85
"但空间可能是非欧几里得的", Kant 会说什么呢? 自从两人早年对银河系的本质产生共同认识, 并且关于空间的本质等问题有通信往来 (见 Kant, ed. Schöndörffer, 1972; Fauvel & Gray, 1987, pp. 514 – 515), Lambert 和 Kant 一直互相敬重, 尽管如此, Lambert 本人从未提出这样的疑问. 现代哲学家已经代表 Kant 提供了一系列答案[1]. 显然, 对 Kant 来说, 我们的直觉是通过欧几里得的假设获得的, 包括平行公设. Russell 在他的 *The principles of mathematics* (p. 458) 中对此做了阐释, Friedman (1985) 维护了这一观点, "对 Kant 来说没有非欧几何的问题" (Friedman, p. 488), 原因是我们的直觉一定是欧氏的. 同样也有一些相反的观点, 例如, Brittan (1978) 提出 (p. 70, n.4): "Kant 赞同非欧几何是一致的……在几种不同的观点中, 导致他提出欧氏几何是综合的." 我认为 Brittan 的几何观点是过度公理化的 (见第十五章), 关于 Kant 了解非欧几何观点的证据很难找到; 当然, 在 18 世纪, 没有人可以说非欧几何是一致的.

如果说 Kant 的直觉概念没有错误, 它看起来仍不清晰. 对于从特殊的例子抽象出正确的一般性质, 存在两种反对意见: 如何能知道这种抽象是合理的? 如何能知道这种抽象具有足够的准确性? 此外, 为何直觉提供给我们的一定是欧氏几何, 这仍是不清晰的, 原因是这与 Riemann 后来描述的多个晦涩观点相反 (见第十二章). 如 Kitcher (1975, p. 27) 指出的, 声明数学是先验的是一回事, 将先验的性质归于数学的特殊分支, 如几何, 是另一回事. 按照我对 Kant 的理解, 他没有说非欧几何在逻辑上不可能, 因为他没有断言任何几何是逻辑上真实的; 在他看来, 几何是综合的, 而不是分析的. 关于 Kant 源于直觉认为欧氏几何是真实几何的观点, 在我看来要么是难以理解的, 要么是

[1] 感谢 Gregory Nowak 从大量文献中为我推荐相关的一些文献.

错误的.

Kant 的观点也许对数学家解决平行公设问题产生了影响, 尽管大部分法国人似乎认为空间一定是欧氏的. 如果你认为平行公设最终将被证明, 那么将会有一个更重要的问题. 在 1800 年之前, 已经有一些证明平行公设的尝试, 揭示了其与具有相同直觉力的几何中的某些性质存在内在联系. 因此平行公设的证明并不是轻易可得的. 如果你继续坚持证明它, 你所能保证的只是来自数学界的宽慰. 是的, 你的同行会说, 我们一直都是这样认为的. 更糟的是, 从你的结果不能得到任何新的结论. 除非你建立了一个新的等价关系, 或者使用了一个可以用在其他地方的新技巧, 否则你的工作一定会行不通. 认为
86 平行公设为真, 意味着不会面对新的情况以及富有挑战的探险. 只有长途跋涉的艰难景象, 成功甚至也可能使你望而却步.

也许是出于类似的考虑, 法国人忽视了新几何的问题. 分析的广阔领域被打开, 一些同样有趣的问题的答案随手可得, 并且进一步建立了新的体系. 金子不是在地上, 就是在只要稍微开采的矿石里. 富有创新精神的年轻数学家, 比起在古典几何的了无生趣的环境中, 在这里更容易获得成功. 毫无疑问, 这个问题萦绕在他们的脑海中, 但这不是吸引人的问题, 而是麻烦的, 除非你不仅仅是好奇, 否则最好放弃.

Gauss

有时, Gauss 被认为是第一个发现非欧几何的人, 比如 Morris Kline 就是这样认为的. 不管怎么说, Gauss 的确是非常杰出的数学家, 15 岁时他就在这个领域做出了重要贡献, 其工作的广度和深度使得 Gauss 跻身于顶级天才的行列. 他最初的领域是数论、函数论和古典几何, 后来研究曲面论、统计、概率和力学, 同时也从事天文学的研究. 在 Gauss 和 Riemann 的引领下, 德国人为世界创造了一个看待事物的崭新范式. 然而, 对于非欧几何来说, 通常的评价或许有些夸大.

看起来 Gauss 确实是第一个认可非欧几何可能性的数学家, 并首次提出证明其他几何的尝试是徒劳的. 1817 年, Gauss 写信给 Olbers (*Werke*, 2nd edn, Vol. VIII, p. 177):

“我越来越确信我们的几何的唯一正确性是不可证明的……也许在另一个世界我们会有关于空间本质的另一种洞见，而这种洞见对我们现在的世界是不适用的. 到那时我们就不能将几何与纯粹先验的算术并列，而是要与力学相比较……”

他持续关注关于欧几里得平行公设的出版书籍，在一篇评论中，Gauss 指出，几乎一年过去了没有人在这一主题上写书. 1816 年，Gauss 在一篇评论中提出他对证明平行公设的怀疑，但是他表达出来的谨慎并没有使他免于“被诋毁”，正如他后来写的那样 (*Werke*, VIII, p. 189).

但是，如果说 Gauss 是第一个以这种方式思考的人，那么他将不是第一个为此辩护的人. 他从未证明过非欧几何中没有矛盾；他只是放弃寻求这种证明，并描述了一个新的几何. 如同 Gauss 1829 年给 Bessel 的信中写的那样， 87
由于害怕“波哀提亚人的叫嚣”，Gauss 也没有发表任何论著，我们只能通过他的两篇未发表的手稿，一些未公开的笔记，以及与朋友的通信，来了解 Gauss 的工作. 我认为 Gauss 的羞怯主要是因为他知道新几何缺乏一个确定而无懈可击的构造. 由于 Gauss 在很多通信中都表达了对朋友工作的认可，有时会拓展它们，很难分辨有多少是他自己的发现，有多少是他持怀疑态度的，有多少是新的观点. 数学思维的一个奇特性质就是，即便问题已经被搁置，我们仍会潜意识地将材料进行重组，从而在重新审查材料时，新的关系和结论会立刻浮现. 这种探索式的思维是不可能追溯的，这种思想的归因更加难以确定.

1795—1798 年，Gauss 就读于哥廷根大学，Kästner 是这所大学的数学教授. 一个同学——Farkas Bolyai，也对平行公设问题感兴趣，他将这一兴趣带回匈牙利，并在适当的时候影响了他的儿子 Janos Bolyai. 1795 年，Gauss 开始在哥廷根大学修读数学专业，他曾两次在大学的图书馆借阅了 Lambert 的 *Theory of parallels* (Dunnington, 1955, p. 177).

Gauss 在平行公设上的第一个工作出现在两个笔记中，使用了古典几何的方法. 该工作基于新几何可能存在的假设：新几何是可能的；但是他的工作却适合于发现矛盾. 这种歧义性是 Gauss 此时工作的特点，并且比当时任何人能够想象到的更深入数学. 当时数学家们脚下的大地正在消失, 他们不敢往下看. 尽管如此, 相对确切地说, Gauss 的工作是十分初等的. Gauss 的第一个笔记似乎是他从 1792 年开始思考的[1] (当时他 15 岁, 还没有去哥廷根), 其中, Gauss 讨论了平行线.

Gauss 所考虑的图形是 Saccheri 的渐近线, 但他给予其新的解释——平行线的定义, 这对建立新几何的任何尝试都是至关重要的. 现在, 我们来试着从欧氏几何抽象出平行线的这一本质特性. 我们采用 1795 年的 Playfair 的表述, 这一表述也是 Proclus 所知道的. 给定一条线 l 和不在 l 上的一点 P, 过点 P 仅能作一条不与 l 相交的直线 l', 直线 l' 称为 l 的过点 P 的平行线. 如果 P' 也在 l' 上, 那么 l' 是 l 过点 P 的唯一平行线, 换句话说, l' 处处平行于 l. 进一步地, 我们可以证明:

(1) l 与自身平行;

(2) 如果 l 平行于 l', 那么 l' 也平行于 l;

(3) 如果 l 平行于 l', l' 平行于 l'', 那么 l 平行于 l''.

88 在欧氏几何中, 一旦平行线的定义给定, 这些定理立即可证, 但如果你自己证明将会很有趣. 证明它们并不难, 尽管 (1) 的证明稍有不自然, 它们清楚地阐明了概念, 从而使概念的应用变得简单. 它们依次表明平行的性质是: (1) 自反性, (2) 对称性, 以及 (3) 传递性.

在数学中, 该性质是常见的, 被称为 ‘等价关系”. 正如它的名称所揭示的, 这个性质建立了给定直线的平行线之间的等价性: 如果一条平行线具有某个特定性质, 那么, 其余的平行线很可能也有相同的性质.

如果你已经建立了性质 (1), (2) 和 (3), 你将会注意到平行线的定义有两个本质的特征. 首先, 可以确保 l' 的存在性, 其次, 对于每一个点 P, 平行线是唯一的. 任意一个条件不满足, 我们都不能得到等价关系, 也不能展开任何相关的工作. 我们可以想象, Gauss 也经过了类似的推理.[2] 问题是, 非欧几何必须或者放弃存在性, 或者放弃唯一性, 从而完全成为非欧几里得的.

---

[1] Gauss 仅在 1831 年将它们写下来, 并且说道, 这是他 40 年前的想法 (*Werke*, VIII, pp. 202 – 208).

[2] 通常认为 Gauss 在这一时期关于数论的工作中首次使用了等价关系的概念.

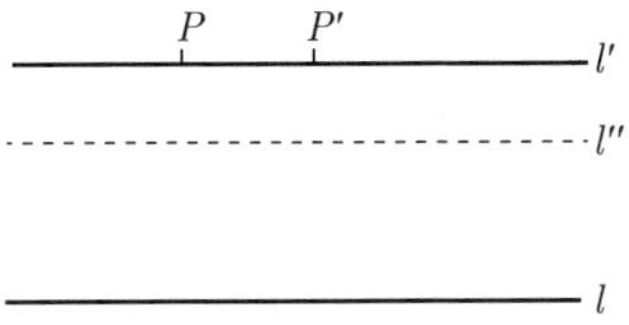

图 7.1

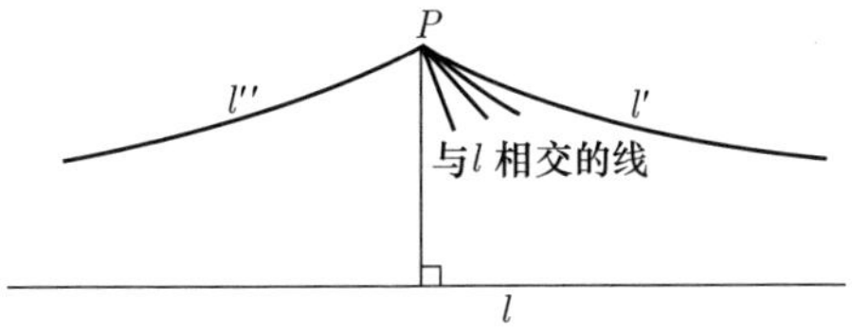

图 7.2

让我们回到 Saccheri 的图形 (图 4.12). 在过点 P 的线束中, 线 l' 和 l'' 与 l 渐近, 在它们上方有一族线, 不与 l 相交 (在锐角假设下, 该图形是真实存在的; 这并不是一个错误的图形). 反过来, 如果我们假设这样的渐近直线存在, 就导致了锐角假设 (我们认为钝角假设是被推翻了的). 所以这个图形包含了无数条不与 l 相交的线, 如果平行线意味着不相交的直线, 那么这满足了存在性, 而不满足唯一性. 现在我们只作图形的一半, 不妨作向右侧延伸的线. l' 是唯一与 l 渐近的线. 根据之前的讨论, 它是过点 P 的线束中第一条不 89
与 l 相交的直线. Gauss 的工作就从这里开始. 他仅考虑了有向线, 即从特定点出发向某一方向延伸, 同时可以反向延伸至另一原点或无限延伸的线. 他这样定义平行线: 给定一条过点 O 的有向线 l, 以及不在其上的一点 P, 过点 P 平行于 l 的有向线, 是过点 P 的线束中第一条不与 l 相交的有向线 l' (如图 7.3). 如图所示, 只考虑一侧的有向线.

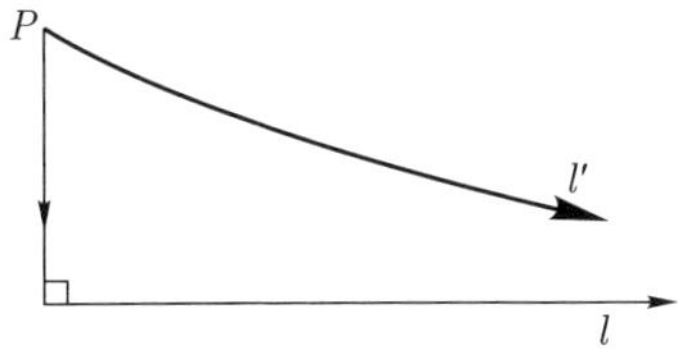

图 7.3

在欧氏几何中, 只有一条这样的有向线, 因而必定也是第一条. 如果不是欧氏几何的情形, 那么将有若干条这样的有向线, 我们称第一条为平行线. 当然, 必须允许有向线可以反向无限延伸, 以此避免平凡性, 例如图 7.4 中, m 与 l 不相交. 下面将证明我们可以这样做.

通过将图 7.3 中的有向线反向延长, 我们可以作出 Saccheri 的完整的图形. 方向的改变可以得到镜面对称的图形, 其中 l 变为相反的方向, 由于方向

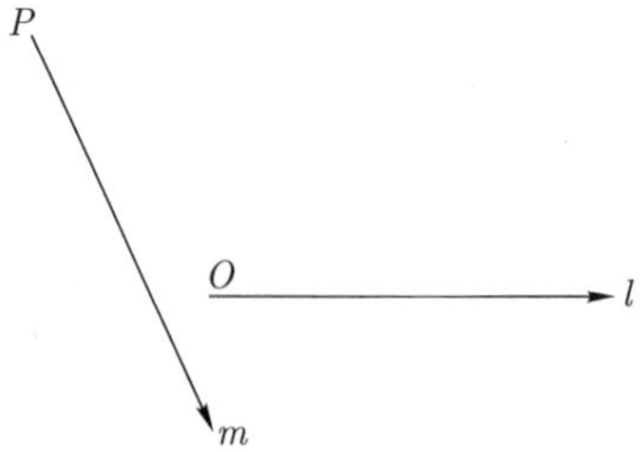

图 7.4

很重要, 因而应该恰当地区分名称. 无方向的线 l, 引起了两族过点 P 且与 l 不相交的有向线 (原图中的 l' 和 l''), 由它们的方向来区分 (左或者右). 为了保证平行线定义的唯一性, 有必要为每条有向线赋予其自身的方向.

90 现在 Gauss 可以讨论一个有向的平行线, 显然下一步的任务是推出与欧氏情形类似的平行线的性质.

Gauss 在更早的一篇文章中完成这一任务, 指出新定义的平行线具有自反性、对称性以及传递性, 并且定义中包含的点 P 没有实际意义 (事实上, 定义指的是平行的线, 两条线平行的话, 将会处处平行). 证明将作为习题, 须使用传统的几何方法.

习 题

7.1 给定有向线 l 和 m, 说明如果 l 平行于 m, 那么 m 平行于 l. 提示: 在 l 上取一点 A, 作 AB 垂直于 m, 垂足为 B, 任意作直线 AN, 与 l 在点 A 处所成的角为 α, 作直线 AC, 使其与 AN 所成的角为 $\alpha/2$. 有两种情形, 取决于 AC 是否与 m 相交.

7.2 给定三条有向线, l 平行于 m, m 平行于 n, 说明 l 平行于 n. 提示: l 或者在 m 和 n 之间, 或者不是.

Gauss 利用这些定理首次探索一个新的几何体系, 至少关于平行线的显然结论能够被得出. 但是在我们的新假设下, 欧氏几何的大部分定理都被否定了, 原因是不借助平行公设就能证明的定理少之又少. 接下来的任务, 是建立适合于非欧几何的新定理, 尽可能地与旧定理对应. 在 Gauss 关于平行线的第二个笔记中, 他引入了线束上对应点的概念.

在欧氏几何中, 有两种线束: (i) 过一点的线束; (ii) 与给定直线垂直的线束, 同时也是平行的线束. 在非欧几何中, 它们必须被区分开, 垂直于给定直线的线不再互相平行, 而是'超平行".

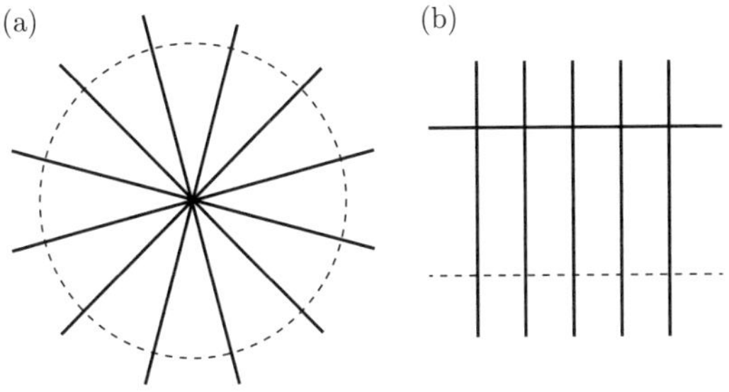

图 7.5

对于每一类型的线束, 我们在其中的一条线上取一点, 并在每一条线上找出它的对应点. 若线 l 上的点 A 和线 m 上的点 B, 使得 AB 与 l 和 m 所成的角相等, 我们说点 A 和点 B 关于线束对应. 这样的点的集合将是一条轨迹. 在欧氏几何中, 对于过定点的线束, 该轨迹是圆; 对于有公共垂线的线束, 该轨迹是另一条公垂线. 与欧氏几何相同, 在非欧几何中也存在两种轨迹, 对于平行线束, 轨迹是不同的, 被 Lobachevskii 称为极限圆 (horocycle). 极限圆不是圆, 其具有一个显著的性质, 即极 91
限圆上的任意三点不能确定一个圆 (见第十章). 极限圆在非欧几何中扮演着重要的角色, 但 Gauss 在这篇早期的文章中并未讨论其任何性质.

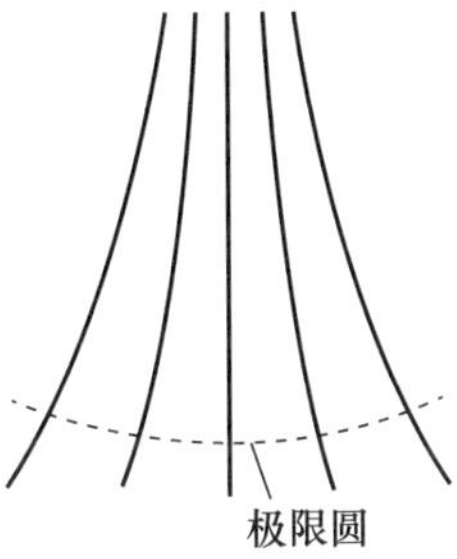

图 7.6

7.3 在欧氏几何中, 过不共线的三点 A, B, C 的圆的构造如下: 分别作 BC, CA, CB 的中垂线 p, q, r, 三者相交于一点 O (为什么?), 点 O 是所求圆的圆心, 原因是点 O 在 p 上, 与 B 和 C 的距离相等, 以此类推. 说明在非欧几何中, p, q, r 可能平行或超平行, 此时不能作圆周 (该结论是 F. Boyai 得到的).

第八章　三角学

对于古典几何, 除了传统的研究方式之外, 还有另一种被广泛使用的方 92
式, 即三角学. 球面三角学看起来就是可以解决平行线问题的数学分支, 原因是它十分适合解决球面上的问题, 而我们已经看到球与我们的主题密切相关. 事实上, 所有关于平行线问题的解决方法都使用了三角学, 这是它们与早期方法的第一个区别. 新的方法由于使用了下面要讨论的三角函数, 而被称为是分析的. 当然, 一般的三角函数并不是我们要使用的, 因为平面上的三角学得到的是欧氏几何的结果 (即直角假设), 在球面上的结果类似于已经被推翻的钝角假设. 然而, 在 1760 年之前, 数学家已经得到了正确的结果——所谓的双曲 (三角) 函数.

一般来说, 正弦函数和余弦函数首先被视为比率: $\sin A = BC/AB$; $\cos A = AC/AB$ (见图 8.1). 然而, 用于比测量更高阶的目的, 将它们当作每个角与一个实数对应的函数较为方便. 这样的方式记载于 Euler 的 *Introductio in analysin infinitorum* (1745, 1748, Lausanne) 中, 自此之后, Euler 的方式被广泛使用; 事实上, 三角函数的现代缩写方式就是从这本书中演变而来的——Euler 将其记作 sin., cos., tang.. 在这本书的第 7 章, Euler 引入了数 e, 将其定义为下列级数的和

$$1+1+\frac{1}{2!}+\frac{1}{3!}+\cdots,$$

其中, $3!=3\times2\times1$, $n!=n\times(n-1)\times\cdots\times2\times1$. 他将 e^x 定义为

$$1+x+\frac{x^2}{2!}+\frac{x^3}{3!}+\cdots,$$

其中, x 可以是实数、虚数或复数. 他接着讨论了定义为比率的三角函数, 并 93
寻求它们的幂级数展开式.

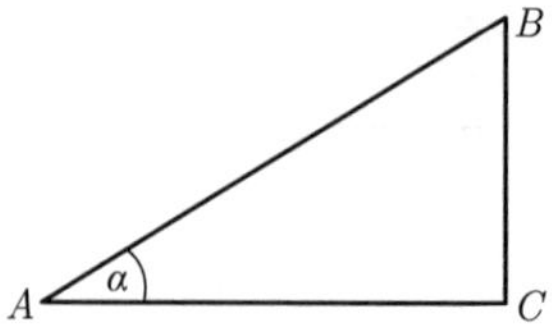

图 8.1

根据 Pythagoras 定理, $\sin^2 x + \cos^2 x = 1$, Euler 使用因式分解, 得到

$$(\cos x + \mathrm{i}\sin x)(\cos x - \mathrm{i}\sin x) = 1,$$

并指出, "尽管因子是虚的, 它们在正弦和余弦的相加和相乘方面有巨大的作用". 接着, 他证明了 de Moivre 的公式

$$(\cos x + \mathrm{i}\sin x)^n = \cos nx + \mathrm{i}\sin nx.$$

从中 Euler 得到了 $\cos nx$ 关于 $\cos x$ 和 $\sin x$ 的多项式表达式, 并给出 $\cos x$ 的以 x 为项的表达式, 即

$$\cos x = 1 - \frac{x^2}{2!} + \frac{x^4}{4!} - \cdots,$$

以及 $\sin x$ 的表达式,

$$\sin x = x - \frac{x^3}{3!} + \frac{x^5}{5!} - \cdots.$$

Euler 最终推导出

$$\cos x = \frac{\mathrm{e}^{\mathrm{i}x} + \mathrm{e}^{-\mathrm{i}x}}{2}$$

和

$$\sin x = \frac{\mathrm{e}^{\mathrm{i}x} - \mathrm{e}^{-\mathrm{i}x}}{2\mathrm{i}}.$$

为了得到 $\cos x$ 的幂级数表达式, Euler 令 x 为无穷小, 这样 $\sin x = x, \cos x = 1$, 接着令 n 为无穷大且 nx 有限, 设为 $nx{=}v$. 那么, 由于 $\sin x = x = v/n$,

$$\cos v = 1 - \frac{v^2}{2!} + \frac{v^4}{4!} - \cdots.$$

我们可以通过不同的方式推导这些公式. 例如, 可以这样定义

$$\cos x = \frac{e^{ix} + e^{-ix}}{2},$$
$$i\sin x = \frac{e^{ix} - e^{-ix}}{2},$$

用下列步骤推导 de Moivre 公式

$$\begin{aligned}\cos nx + i\sin nx &= e^{inx}\\ &= (e^{ix})^n\\ &= (\cos x + i\sin x)^n\end{aligned}$$

即为所证.

现在表达式 $\frac{e^x+e^{-x}}{2}$ 和 $\frac{e^x-e^{-x}}{2}$ 显然是很有趣的. 它们分别被记作 cosh 和 94
sinh (一般被称为 "cosh" 或双曲余弦, 以及 "sinh" 或双曲正弦). 将

$$\cosh x = \frac{e^x + e^{-x}}{2},$$

$$\sinh x = \frac{e^x - e^{-x}}{2}$$

称为双曲函数, 并且 $e^x = \cosh x + \sinh x$. 它们的性质与三角函数类似, 除了 $\sin \times \sin$ 要替换为 $-\sinh \times \sinh$ (注意前面的负号).

正是这种相似和奇特的转折使得突破发生. 只要已知三角学中的一个公式, 就可以写出双曲函数中对应的公式, 并且可以直接地证明该公式. 由于三角学公式是当时所有数学家熟悉的内容, 这样的类比节省了大量计算工作. 本章末的习题就是关于这种转变.

有趣的是, Lambert 是第一个以无穷级数引入双曲函数并且证明它们具有实数值的数学家之一. 然而, 他似乎并未在非欧几何中使用双曲函数.

Lambert 在他的文章 *Observations trigonométriques* (1768) 中给出了双曲函数这一名称以及其最佳的解释, 是源于其与等轴双曲线的关联. 图 8.2 引
自这篇文章 (1948, p. 247), 其中, Lambert 称 Cp 为双曲余弦, 称 pq 为双曲 95

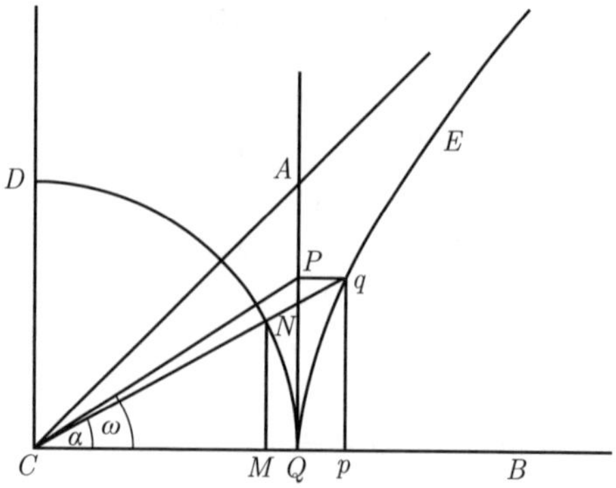

图 8.2

正弦, CM 和 MN 分别是角 ϕ 的圆余弦和圆正弦.

接着, 他充分利用双曲余弦和双曲正弦的指数表达式, 以及圆余弦和圆正弦的极为相似的表达式, 得到了双曲三角学中与普通三角学类似的公式, 并解释了它们之间的对应. 他甚至使用双曲函数去解决三角学的问题: 将其应用在解决球面三角学的问题, 尤其是天文学中天体在地平线下方的情形. (他使用了 $Cp = CP = 1/\cos\omega$, $pq = PQ = \tan\omega$, 其中 $\omega = \angle QCP$.) 这些问题可以通过在球面三角学中我们熟知的公式中将弧取纯虚数来解决. 这不仅刺激了圆函数到双曲函数的转移, 而且提供了在 Lambert 看来的虚半径球面的可能的例子: 其上的角是纯实数, 而三角形的边是纯虚数. 尽管 Lambert 并没有在任何地方明确解释虚半径球面的例子, 但一些作者指出了虚半径球面的意义 (如 Peters, 1961; Manning, 1975).

习　题

8.1　证明 $\cos^2 x + \sin^2 x = 1$. 以下是证明的两种方法:

(a) $\cos x = \frac{e^{ix}+e^{-ix}}{2}$.

因此

$$\cos^2 x = \frac{e^{2ix} + 2 + e^{-2ix}}{4},$$

$$\sin x = \frac{e^{ix} - e^{-ix}}{2i},$$

因此

$$\sin^2 x = \frac{e^{2ix} - 2 + e^{-2ix}}{-4},$$

所以

$$\begin{aligned}\cos^2 x + \sin^2 x &= \frac{e^{2ix} + 2 + e^{-2ix} - e^{2ix} + 2 - e^{-2ix}}{4} \\ &= 4/4 = 1,\end{aligned}$$

得证. 96

(b) $$\begin{aligned}\cos^2 x + \sin^2 x &= (\cos x + i\sin x)(\cos x - i\sin x) \\ &= e^{ix}e^{-ix} \\ &= e^0 = 1,\end{aligned}$$

得证.

8.2 证明: $e^{-ix} = \cos x - i\sin x$.

提示: $\cos(-x)$ 和 $\sin(-x)$ 是什么?

8.3 证明: $\cosh^2 x - \sinh^2 x = 1$.

8.4 证明: $\sin 2x = 2\sin x\cos x$.

8.5 证明: $\cos 2x = \cos^2 x - \sin^2 x$.

8.6 利用 de Moivre 公式计算 $\sin 3x$ 和 $\cos 3x$. 提示:

将 x 写作 $3x$,

$$e^{3ix} = \cos 3x + i\sin 3x,$$

两边同时取三次方,

$$e^{3ix} = (\cos x + i\sin x)^3.$$

利用 $a + bi = c + di$, 则 $a = c, b = d$.

8.7 计算 $\sinh 2x$ 和 $\cosh 2x$.

观察习题 8.4 和习题 8.5 的答案, 利用类比.

8.8 计算 $\sin(x+y)$ 和 $\cos(x+y)$. 当 $x = y$ 时, 答案将与习题 8.4 和习题 8.5 一致.

8.9 计算 $\sinh(x+y)$ 和 $\cosh(x+y)$, 并检验它们 (如何做?).

8.10 证明 $\cosh x \geqslant 1$. 提示: 利用习题 8.3 或定义. 注意: 对于固定的正数 a 和 b, 平面上的点 $(x,y)=(a\cos\theta, b\sin\theta)$ 的轨迹是椭圆, 方程为

$$\frac{x^2}{a^2}+\frac{y^2}{b^2}=1.$$

利用习题 8.3 说明点 $(x,y)=(a\cosh\theta, b\sinh\theta)$ 在曲线

$$\frac{x^2}{a^2}-\frac{y^2}{b^2}=1$$

上. 这条曲线是双曲线, 因此称为双曲函数.

8.11 证明 $\sin(\mathrm{i}x)=\mathrm{i}\sinh x$ 和 $\cos(\mathrm{i}x)=\mathrm{i}\cosh x$. 这证实了三角公式和双曲三角公式之间的类比.

第九章　第一个新几何

前面已经提到, Gauss 在通信中 (主要与天文学家的) 讨论了非欧几何的发现. 最早通过分析学方法研究该主题的两位数学家, 都与 Gauss 有过通信往来, 他们是: 马尔堡的法学教授 F. K. Schweikart, 以及他的外甥 F. A. Taurinus.

Schweikart 读过 Lambert 的书, 因为他在 1807 年的书[1] 中提到过, 但他也得出了新的结果, 尤其是他在 1818 年写给 Gauss 的信中提到的, 他称之为星空几何 (Astral Geometry) (*Werke*, VIII, p. 180):

等腰直角三角形的高随着底边的增大而不断增加, 但永远不会超过一个特定的长度, 我将其称为**常数**.

'因此正方形有以下形式'[2] (引自 Bonola, p. 76) (图 9.1(a)).

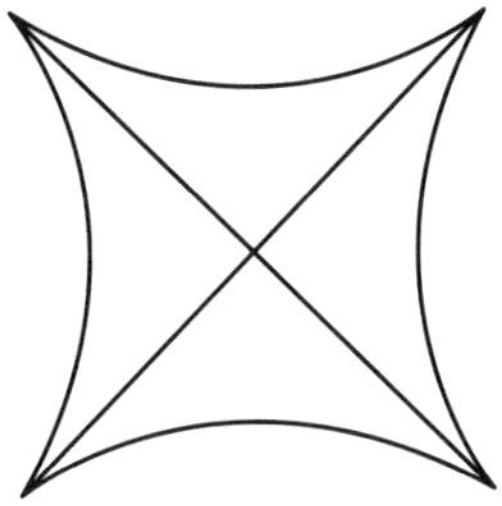

图 9.1(a)

Schweikart 通过马尔堡的数学家 Gerling, 将笔记寄给了 Gauss. 在 1819 年 3 月 16 日, Gauss 给 Gerling 回信 (*Werke*, VIII, p. 181):

Schweikart 教授的信给了我极大的乐趣, 对于他的工作我真的想说很多

[1] *Theorie der Parallellinien*, an orthodox treatment (见 Bonola, p. 77).

[2] 14 世纪的 Levi ben Gerson 也作过这样的正方形, 他指出此时对角线可以被边公度 (见 Toth, 1969).

好话……我只会指出，只要给定常数 C，我就能解决星空几何到目前发展中的所有问题.

特别地, Schweikart 注意到三角形的面积与角亏 ($2\pi -$ 内角和) 成比例,
98 渐近三角形, 即三条边彼此渐近的三角形, 其面积为 $\pi C^2/\{\log(1+\sqrt{2})\}^2$. Schweikart 的外甥 Taurinus 开始对平行线理论感兴趣, 并分别于 1825 年和 1826 年出版了两本书. 他能够将该常数与几何中的其他量联系起来, 然而他仍然坚持认为对于空间来说新几何的可能性不存在, 原因是长度的绝对度量将导致一些结论, 会破坏他的空间观念. 这是意志坚定的人如何证明他们所希望坚持的结论的一个例子. Taurinus 的两本著作具有迥然不同的特点. 他在 1825 年的著作中反对非欧几何, 认为其 "与所有直觉不相容", 并提出一些反对的论证. 不幸的是, 这些反驳都很肤浅, 反映了尝试建立新事物的人所承受的沉重压力. 相反, 在 1826 年的著作中, 我们发现 Taurinus 提出了 "对数球面几何", 他猜测这是一种新的几何, 但不可能在平面上.

Taurinus 的方法是将球面三角形公式按照以下方式改写.

第一个联系球面三角形的边和角的公式是

$$\cos\frac{\alpha}{K}=\cos\frac{\beta}{K}\cos\frac{\gamma}{K}+\sin\frac{\beta}{K}\sin\frac{\gamma}{K}\cos A,$$

其中, K 是球的半径, α,β,γ 和 A 是图 9.1(b) 所示的角. 用 $\mathrm{i}K$ 代替 K 在代数上是合理的, 原因是 $\cos\mathrm{i}K$ 和 $\mathrm{i}\sin\mathrm{i}K$ 仍是实数 (尽管这是一个令人怀疑的产生 "虚球面" 的几何手段). 该公式变成

$$\cosh\frac{\alpha}{K}=\cosh\frac{\beta}{K}\cosh\frac{\gamma}{K}-\sinh\frac{\beta}{K}\sinh\frac{\gamma}{K}\cos A, \tag{9.1}$$

为什么是负号的原因前面已经讨论过.

99 我们马上注意到, 三角形的内角和小于 180°; 简便起见, 我们选取等边三角形, 即 $\alpha=\beta=\gamma$, 可以得到:

$$\cosh\frac{\alpha}{K}=\cosh^2\frac{\alpha}{K}-\sinh^2\frac{\alpha}{K}\cos A.$$

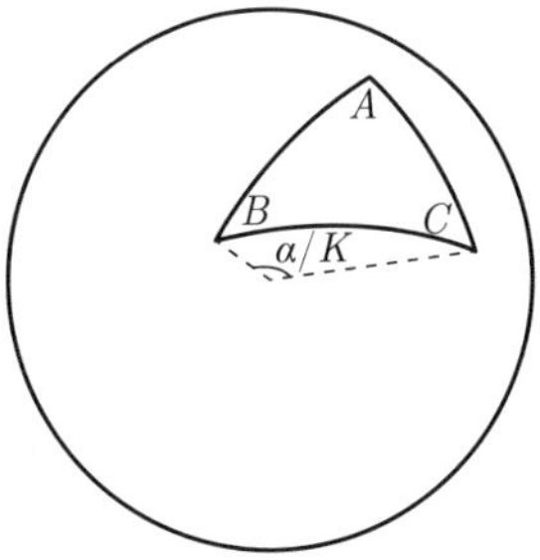

图 9.1(b)

因此

$$\begin{aligned}\cos A &= \frac{\cosh^2(\alpha/K) - \cosh(\alpha/K)}{\sinh^2(\alpha/K)} \\ &= \frac{\{\cosh(\alpha/K) - 1\}\cosh(\alpha/K)}{\cosh^2(\alpha/K) - 1} \qquad \text{(由习题 8.3)} \\ &= \frac{\cosh(\alpha/K)}{\cosh(\alpha/K) + 1},\end{aligned}$$

但由于 $\alpha \neq 0$, $\cosh(\alpha/K) > 1$, 因此

$$\cos A > \frac{1}{2},$$

$$\angle A < 60^\circ,$$

所以三角形内角和小于 180°.

进一步地, 随着三角形的边越来越小, 其内角会不断增大, 具体来说

$$\text{由于} \lim_{\alpha \to 0} \cosh(\alpha/K) = \frac{1}{2}, \text{所以} \lim_{\alpha \to 0} (\cos A) = \frac{1}{2}.$$

因此内角和趋于 180°, 小三角形的内角和与欧氏几何三角形的差别很小.

我们同样可以说明, 当 K 不断增大时会有相同的结果.

$$\lim_{K \to \infty} \cosh(\alpha/K) = \cosh(0) = 1,$$

所以

$$\lim_{K \to \infty} \frac{\cosh(\alpha/K)}{\cosh(\alpha/K) + 1} = \frac{1}{2}.$$

因此当 K 变得越来越大时, 所有三角形成为欧氏几何的.

事实上, (9.1) 的极限情形是

$$\alpha^2=\beta^2+\gamma^2-2\beta\gamma\cos A,$$

这是欧氏几何平面三角学的基本公式 (证明略长, 附在本章的附录中).

100 球面三角学中有另一个基本公式

$$\cos A=-\cos B\cos C+\sin B\sin C\cos\frac{\alpha}{K},$$

根据双曲函数, 可以变形为

$$\cos A=-\cos B\cos C+\sin B\sin C\cosh\frac{\alpha}{K}.$$

特殊情形下, 即 $\angle A=90^\circ$ 且 $\angle C=90^\circ$ 时,

$$1=\sin B\cosh\frac{\alpha}{K}$$

或

$$\cosh\frac{\alpha}{K}=\frac{1}{\sin B}.$$

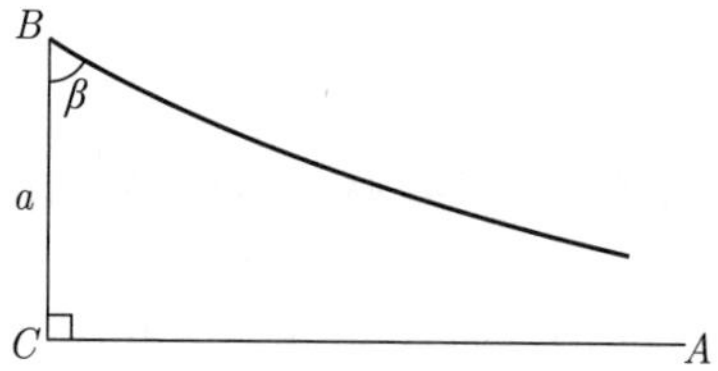

图 9.2

由该公式刻画的三角形中, 点 C 处的角是直角, BA 与 CA 渐近, 所以顶点 A '被移至无穷远". 最好将其当作极限情形, 而不是真实达到的. 公式给出了 $\angle B$ 和 α 的关系, 以此为我们所熟知的 Saccheri 和 Gauss 在锐角假设给出的图形, 赋予了新颖而清晰的解释. 从现在开始, 我们将称点 B 处的角为对于 a 的 '平行角" (angle of parallelism), 原因是过点 B 且与 BC 夹角为该角的直线与 CA 平行 (回顾本书第二章中 Proclus 的注解).

现在我们可以根据 Taurinus 的工作来推导 Schweikart 的常数——等腰直角三角形的高可能的最大值 (三角形 WXY 中的 WZ, 其中 $WX = WY$), 记作 K. 注意到, 根据对称性, $\angle ZWY = \angle ZWX = 45°$.

绘制等腰三角形如图 9.3 所示, 现在清晰的是, 当 WX 与 ZX 渐近时, ΔYWX 的面积达到最大值, 原因是随着点 W 逐渐增高, YZX 越来越大, 但如果 W 超过了使得 WX 与 ZX 渐近的位置, 要度量的三角形就不复存在. 这两条线渐近的位置是平行角为 45° 时的情形, 此时的 WZ 是 Schweikart 的常数, 我们将称其为 C. 作这样的图形 (作图形的一半即可), 我们得到了熟悉的图 9.2. 根据前文的讨论, 可得

$$\cosh\frac{C}{K} = \frac{1}{\sin 45°} = \sqrt{2}.$$

由此可得 101

$$K = \frac{C}{\log(1+\sqrt{2})}$$

(证明参见本章的附录), 由此将 C 和 K 联系起来.

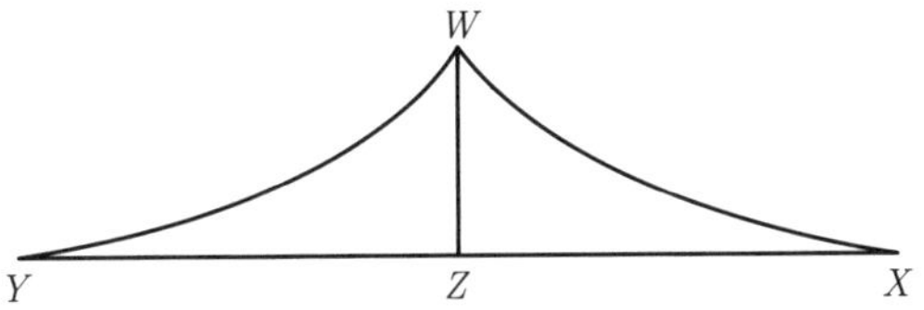

图 9.3

Taurinus 用同样的方式也得到了其他结果, 包括三角形的面积、圆的周长, 以及球的体积和面积等. 但比起他得到的结果, 我们更关注他所使用技巧的意义.

Taurinus 本人在 1826 年的书中 (§64) 这样评论道:

> 这本书早已经写好, 对我来说, 它仍是在陈述我关于几何真实本质的观点. 我终于确信我的答案确实被证实了. 从最初开始, 我猜想一种与球面几何相反的几何 (对数的几何) 可以存在, 它的所有公式都由球面几何的公式推导而来. 此外我感到震惊, 这一如此清晰且随手可得的事实没有被指出, 如此之

大的领域没有人去探索，直到我回想起，即使对于最有洞察力的人来说，每一个不证自明的事实经常隐藏很长时间. 进一步地，我认为先前推导的解析公式的所有内容，都没有涉及这种几何，公式在纯变换后仍然正确.

由于新几何与我们的空间观念矛盾，Taurinus 仍旧在坚持寻找 1825 年提出的反对新几何的理由，但他的推理是不充分的.

Taurinus 的方法完全是代数的，对虚半径球面的讨论几乎没有几何的意味. 因此，我们首次看到一种非图示而是纯形式的方法. 他写的等式是正确的，但它们描述了什么？你也许会觉得这是一次短途旅行，无疑是很愉快的，但与主题无关. 平面三角公式适用于三角形，原因是它们就是通过三角形精
102 心构造的. 如果我们通过某种巧妙的手法可以创造新的公式，这固然是好的，但是我们应该同时创造这些公式适用的几何. 虚球面是一个虚构，是 '不论何时将半径 k 替换为 ik' 这一指令单纯的改述，但没有实际意义.

普通球面几何的情形不同，它可以作为一个很好的例证. 我们可以像前述那样利用球面三角的两个基本公式，但此处不类比至双曲函数. 除了等边三角形的内角和必定大于 180° (因此，任意三角形也如此) 之外，我们通过代数的方式得到的结果都与上述结果类似. 我们有

$$\cos\frac{\alpha}{K} = \cos\frac{\alpha}{K}\cos\frac{\alpha}{K} + \sin\frac{\alpha}{K}\sin\frac{\alpha}{K}\cos A,$$

因此

$$\frac{\cos(\alpha/K)\left\{1-\cos(\alpha/K)\right\}}{\sin^2(\alpha/K)} = \cos A,$$

$$\frac{\cos(\alpha/K)}{1+\cos(\alpha/K)} = \cos A.$$

但现在 $\cos(\alpha/K) < 1$, 所以

$$\cos A < \frac{1}{2}, \quad \angle A > 60^\circ.$$

我们再一次发现球面几何上的小三角形接近欧氏几何的三角形. [1]

[1] Gauss 也证明了这一结论 (*Werke*, Vol. VIII, p. 255, 'Die Sphärische und die NichtEuklidische Geometrie').

然而, 渐近线并不是球面三角学中的图形, 关于第二个公式特殊情形的论证完全破裂了. 但关于三角形面积、圆周长, 以及球的面积和体积也有类似的结果.

公式所指的模型或图形是球面. 第一个指出球面几何与钝角假设对应的几何之间联系的数学家是 Lambert, 他还提出锐角假设的几何是虚球面上的几何. 尽管他本人同时也研究双曲函数, 至少知道 Taurinus 所知道的一些结果, 但他从未考虑过它们也许能描述一个非欧几何, 仅留下了一些猜想. 对于 Taurinus 来说, 他似乎想要一个他的公式能适用得更好的曲面 (真实的曲面), 但他从不认为这些公式描述的几何是平面上的几何. 这些公式与锐角假设相关, 但在几何上没有意义. 可怜的 Taurinus 似乎对自己的工作失去信心, 在 103
将一些复印本寄给朋友之后, 将剩余的都付之一炬 (Engel 和 Stäckel, p. 252).

尽管 Taurinus 的等式在形式上正确, 但我们能够想象锐角假设也可能会自相矛盾. 事实上这很容易, 因为在某种程度上, 钝角假设和球面几何这一相对显然的情形已被解决. 当借助于新奇的虚球面时, 我们还有多少余地? 如果出现了矛盾, 我们可能会认为这种新的球体毫无意义, 或者认为它是一个有效的研究对象, 但与手头的问题无关.

然而, 这个 ‘相反的情形’ 始终萦绕在研究者的脑海中, 或许也会困扰读者. 由于所有这些关于直线的不确定性, 几何开始显得非常可疑. 反之, 三角学是清晰且严谨的, 三角学的结论尽管新奇, 但比起建立在直觉上的会使我们误入歧途的传统结果, 它可能会使我们产生更多的信念. 难道新的几何学不是由公式建立的吗? 如果一个几何不是由公式建立的, 为什么另一个可以由公式建立? 不那么冒险的方法是仅能够接受虚半径球面, 而更加大胆的方法是同样也接受球面几何. 这留下了一个棘手的问题——Saccheri 和 Legendre 对钝角假设的反驳; 人们希望更多地了解欧氏几何的隐含假设, 知道能够驳斥这种 ‘反驳’. 几何开始显得模棱两可和晦涩, 而远远不是确定性的逻辑体系.

事实上, 不那么冒险的立场是最终被采取的那个. 人们逐渐开始思考, 锐角假设上的平面几何可能存在, 但对钝角假设的反驳仍然没有异议. 正是这些思想与非欧几何中两个最著名的名字联系起来——Lobachevskii 和 Janos

Bolyai.

附　录

(1) 我们有

$$\cosh\frac{\alpha}{K}=\cosh\frac{\beta}{K}\cosh\frac{\gamma}{K}-\sinh\frac{\beta}{K}\sinh\frac{\gamma}{K}\cos A.$$

因此

$$\left(1+\frac{\alpha^2}{K^2 2!}+\cdots\right)=\left(1+\frac{\beta^2}{K^2 2!}+\cdots\right)\left(1+\frac{\gamma^2}{K^2 2!}+\cdots\right)$$
$$-\frac{\beta}{K}\left(1+\frac{\beta^2}{K^2 3!}+\cdots\right)\frac{\gamma}{K}\left(1+\frac{\gamma^2}{K^2 3!}+\cdots\right)\cos A.$$

104 所以

$$\frac{\alpha^2}{2K^2}+\text{含有 }K^{-4}\text{ 及其他次幂的项}=\frac{\beta^2}{2K^2}+\frac{\gamma^2}{2K^2}+\text{含有 }K^{-4}\text{ 及其他次幂的项}$$
$$-\left(\frac{\beta\gamma}{K^2}+\text{含有 }K^{-4}\text{ 的项}\right)\cos A.$$

同乘 K^2 得

$$\frac{\alpha^2}{2}+\text{含有}K^{-2}\text{及其他次幂的项}=\frac{\beta^2+\gamma^2-2\beta\gamma\cos A}{2}$$
$$+\text{含有 }K^{-2}\text{ 及其他次幂的项}.$$

当 $K\to\infty, K^{-2}\to 0$ 时, 等式变为

$$\alpha^2=\beta^2+\gamma^2-2\beta\gamma\cos A,$$

即得所证.

(2) 证明最好是从后往前.

$$K=\frac{C}{\log(1+\sqrt{2})},$$

因此

$$\log(1+\sqrt{2}) = \frac{C}{K},$$

$$1+\sqrt{2} = \mathrm{e}^{C/K}. \tag{9.2}$$

同时

$$\log\frac{1}{1+\sqrt{2}} = -\log(1+\sqrt{2}) = -\frac{C}{K};$$

所以

$$\frac{1}{1+\sqrt{2}} = \mathrm{e}^{-C/K}, \tag{9.3}$$

但

$$\frac{1}{1+\sqrt{2}} = \sqrt{2}-1.$$

因此根据 (9.2) 和 (9.3),

$$1+\sqrt{2}+\sqrt{2}-1 = \mathrm{e}^{C/K} + \mathrm{e}^{-C/K} = 2\cosh\frac{C}{K},$$

$$\sqrt{2} = \cosh\frac{C}{K}.$$

我们可以将这样的论证倒过来以证明最后的结果, 无论如何我们都可以做到, 105
但是这看起来有一些迂回.

习 题

9.1 证明球面上圆的面积和周长公式, 其中圆的半径是 r (按照曲面的测地线测量), 球的半径是 R:

$$\text{圆面积} = 4\pi R^2 \sin^2\frac{r}{2R},$$
$$\text{圆周长} = 2\pi R\sin\frac{r}{R}.$$

第十章 Lobachevskii 和 Bolyai 的发现

Lobachevskii 和 Bolyai 的工作惊人地相似, 但在他们的工作被出版前, 106
两人都不知道对方的存在.[1] Bolyai 通过他的父亲了解了西欧数学家在非欧几何方面的工作, 尽管他似乎在很大程度上使用了自己的方式. Lobachevskii 则远离争论, 他在非欧几何上的最早工作于 1829 年发表在 *Kazan Messenger* 上, 被完全忽视了.

两人都是从解决平行公设问题开始, 并认为他们能找到替代公设的决定性的反驳. 这是通往绝望的路. Farkas Bolyai 劝告他的儿子:

> 你务必不要尝试解决平行线的问题. 我知道这条路的尽头. 我已经穿过这无尽的黑夜, 被剥夺了我人生中所有的光和乐趣. 我请求你, 放弃平行线……
>
> 当我看到没有人能够到达这黑夜的尽头, 我就折返了, 没有得到安慰, 并同情自己和所有人类.

他还写道:

> 我承认我对你字里行间的描述没有任何期待, 我似乎已经处于这些领域内; 我穿过这地狱般的死海中的所有暗礁, 回来时总是桅杆折断, 船帆撕破. 我性格的毁灭和堕落就是从这时候开始的. 我无所顾忌地冒着生命和幸福的风险——不为恺撒, 宁为虚空 (aut Caesar aut nihil). (引自 Meschkowski 1964, pp. 31, 32.)

Lobachevskii 和 Bolyai 都逐渐地改变了想法. 到了 1823 年, Lobachevskii 开始考虑一个想象的几何 (或虚几何, imaginary geometry), 1826 年, 他在喀山大学数学物理系做了一个报告, 根据过一点作两条直线与已知直线平行的

---

[1] Janos Bolyai 直到 1848 年才阅读了 Lobachevskii 的论文; 他的父亲在 1851 年的 *Kurzer Grundriss* 中比较了两人的工作.

假设勾勒出一个几何. 简单来说, 这是锐角假设对应的几何. 不幸的是, 报
107 告的草稿被遗失了, 但报告的内容包含在 Lobachevskii 1829 年的文章中. 他相继发表了一系列文章, 尤其是 1835 年的那篇极长的俄语文章.[1] 接着, 在 1837 年, 他在新成立的 *Journal für Mathematik* 上发表了一篇新几何的文章, 他一定是希望以此得到应有的关注. 遗憾的是, 这篇文章几乎不可能读懂, 一方面是因为他对一些在 1829 年的俄语文章中已得到的结果, 标注了 '正如我已经证明的', 另一方面, 他的文章从某种程度上以双曲三角学的公式出发, 缺失了从平行线理论出发的任何精确的推导. 能够体谅的读者为填补这一间隙可能会去寻找他 1835 年的工作, 即便如此, 他们也不能得到很大的帮助, 原因是 Lobachevskii 没有为他的平行线新定义做解释. 但是, 他论证道这是正确的, 从这一主题的本质上说, 他用公式描述了新几何. 这是一个深远的观点, 我们将在后文讨论, 但 Lobachevskii 本人并没有完全理解这一观点.

也许是意识到了这些问题, Lobachevskii 接着将其工作的梗概独立地出版, 希望被欧洲读者所知, 即 1840 年用德语写的 *Geometrical researches on the theory of parallels*. 我们将通过这本著作来考察 Lobachevskii 的工作. Bonola 的著作中附了 Halsted 的英文翻译及其对 Bolyai 文章的英文翻译和一些有价值的历史注解.

直到 1821 年, Bolyai 都确信平行公设必须成立, 而这一错误信念的坚定性或许解释了他后来探索相反观点的力量. 早在 1823 年, Bolyai 就认为自己即将成功, 在给他父亲的信中写下了以下惊人的文字:

> 我已经决定要发表平行线的工作……我还没有完成, 但我走的这条路使我几乎确信一定能达成目标, 如果这是完全可能的: 尽管目标还未达成, 但我已经得出的绝妙的发现几乎让我不知所措, 它们如果被丢失, 将会使我后悔不已. 当您看到它们时, 您也会认可它们. 目前, 我只能说: **我已从虚无创造了新的世界** (I have created a new universe from nothing). 到目前为止我寄给您的所有一切, 比起一座高塔来说, 只是一个纸屋. 我完全相信这会带给我荣

[1] Lobachevskii 最早的两篇文章在其 1840 年的文章中或多或少地被重述, 它们于 1899 年被翻译为德文. 与 1840 年的文章相比, 这两篇文章更加注重空间、接触 (contiguity) 和距离这些思想.

誉, 就像我已经完成这个发现一样 (1823 年 11 月 3 日).

我们可以想象到 Bolyai 的父亲得知这一消息时的兴奋. 他回复道:

> ……如果你真的已经成功地解决了这个问题, 抓住时机将其发表是正确的选择, 有两个原因: 首先, 想法很容易从一个人传到另一个人, 谁能预见到它的发表; 其次, 一个真相是, 许多事物都有一个时代, 在这个时代中, 它们可以在不同的地方被发现, 正如春天一到, 紫罗兰就到处盛开. 每一个科学上的争斗都是一场残酷的战争, 我们不知道和平何时到来. 所以当我们有能力的时候, 就应该去征服, 因为第一个征服者总是获益的.

1825 年, Janos 将其工作的梗概寄给他父亲和以前的教授. 1829 年, 尽管 Bolyai 父子对新几何还有一些怀疑, 但他们一致同意将其作为老 Bolyai 的书的附录出版, 即《写给好学青年的数学原理》(*Tentamen*). 这本书于 1831 年出版, 一个副本被寄给了 Gauss, 但从未到达目的地. 1832 年, 另一个副本被特派到哥廷根, Gauss 在收到此书后的几周回信给 Janos 的父亲 (1832 年 3 月 6 日):

> 如果我一开始就说我不能赞美 Janos 的工作, 你一定会感到惊讶. 但是 108
> 我无法说别的. 赞美它相当于赞美我自己. 事实上, 这一工作的全部内容, 你儿子所使用的方式, 他得到的结果, 几乎与我在过去的 30 到 35 年间思考的完全相同. 所以我也十分震惊. 就我自己的工作而言, 到目前为止, 我很少将其写在纸上, 我并不希望在有生之年发表它们. 实际上大部分人对于我们讨论的问题并没有清晰的理解, 只有极少数人对于我和他们在这个主题上的交流有特殊的兴趣. 要产生这样的兴趣, 首先需要仔细考虑要解决问题的真正本质, 在这件事上, 几乎所有的东西都是不确定的. 另外, 我本来打算将所有的一切都记下来, 至少它们不会随我而去. 因此你儿子的工作对我来说是个惊喜, 让我省下了做这件事的麻烦. 我很高兴正是我老朋友的儿子, 以如此卓越的工作优先于我. (*Werke*, VIII, p. 221; 引自 Bonola, p. 100.)

Farkas 很满意 Gauss 的回复, 但 Janos 并不如此, 而且从未真正地原谅几何王子 Gauss. Janos 对 Gauss 在他之前发现新几何深表怀疑, 他对剽窃之事深信不疑, 再也没有发表过任何论著.

奇怪的是,这些工作都湮没无闻,决定拯救这一切的是 Gerling (Schweikart 通过他与 Gauss 通信). Gauss 本人的评论和信件于 1860 至 1863 年出版在他第一版的全集中. Baltzer 的 *Elemente der Mathematik* (第二版, 1867) 以新的观点讨论了几何学, 突出新几何建立者的名字 (Bonola, §62). Baltzer 还鼓励 Hoüel 将原始文献翻译为法文, 它们于 1866 和 1867 年出版, 正如我们看到的那样, 这是恰当的时间. Hoüel 是非欧几何的慷慨的宣传者, 在接下来的十年间, 许多不同语言的译本大部分来自他 (英译本大多由 G. B. Halsted 提供).

现在, 我们来谈谈 Bolyai 和 Lobachevskii 的几何.

10.1 绝对几何

如果一个定理的正确性与平行公设无关, 我们说该定理是绝对的, 或者是绝对几何学的定理 (“绝对” 一词来自 Bolyai). 欧几里得《原本》的前 28 个命题就是绝对的.

之后我们将遇到更重要的绝对定理, 这些定理的推导或者与平行公设无关 (甚至没有潜在的关系), 或者通过分别假定公设和锐角假设而得到. 如果在定义平行线时保证各种几何都有意义, 那么由此得到的定理就是绝对的. 但是, 如果在这一过程中取一个特殊情形, 那么得到的定理或者仅在欧氏几何
109 中为真, 或者仅在非欧几何中为真, 如果我们进一步被迫接受一种特殊情形, 就可能找到能够推翻非欧几何的矛盾.

10.2 Lobachevskii 的 *Theory of parallels* (1840)

Lobachevskii 对平行线的定义 (*Theory of parallels*, §16, 以下简称 TP) 正是具有这种模糊性. 不出所料地, 他的定义如下: l' 是 l 的过点 P 的平行线 (向右的), 如果它是过点 P 但与 l 不相交线束的第一条线. 线 l' 与 p 所成的在点 P 处的角, 即 α, 被称为 l' 平行角, 取决于 p 的长度. 我们将记作 $P(p) = \alpha$.

表 10.1 Lobachevskii 的几何研究 *Theory of parallels* 的总结, 作为第十章的补充

(1) 在三维中的二维空间中给出平行线的定义 (p. 121).

(2) 给出空间中平行于一条给定直线的线束的定义 (p. 121).

(3) 证明了一些我们熟知的关于平行和三角形内角和的定理; 这些定理与平行线的定义独立, 被称为绝对定理 (p. 122).

(4) 证明了一个新定理: 如果三个平面相交, 且交线互相平行, 那么它们所成的二面角之和为两直角. 我们将称之为棱柱定理 (见 p. 122, 证明略). 该定理也是绝对定理.

(5) 引进了一条重要的曲线, 即极限圆或境界线. 在空间中的类比为一个曲面, 称为极限球 (p. 123). 介绍了极限圆的方程.

(6) 在极限球上引进了一个自然的几何 (p. 123), 证明了从极限球面到双曲平面上的自然映射 (p. 123).

(7) 根据棱柱定理证明极限球面上的几何是欧氏几何 (p. 124).

(8) (3) 式和 (5) 式, 以及从极限球面到双曲平面的映射 (6) 建立了双曲几何中双曲球面的方程 (p. 128).

(9) 用不同的方式说明这些方程与欧氏几何的方程相似 (p. 129).

欧几里得几何对应着 $\alpha = 90°$, 非欧几何对应着 $\alpha < 90°$. 因此, 在证明中如果我们说 $\alpha = 90°$, 所得的定理是欧氏几何的, 如果说 $\alpha < 90°$, 定理则是非欧几何的. 如果不能明确指出, 或者结果证明这并不重要, 原因是两种方式都可行, 那么我们的定理就是绝对的. 但是, 如果由于 $\alpha < 90°$ 会导致矛盾, 我们不得不在所有情形都假设 $\alpha = 90°$, 那么欧氏几何将是唯一可能的几何.

Lobachevskii 证明了重要的预备定理, 此外, 他还探究了三维的情形, 平行线束因此看起来像一个多刺的球 (见图 10.3). 接着他转向球面上的三角形, 以及球面三角形对着圆心的 "立体角" (solid angle). 立体角的度量是通过与 110 一点处的总转角 (total angle) 相比较而得出的, 总转角与球面的面积成比例, 所以最大的立体角的大小为 4π (类比平面角与圆的情形, 第五章). 如果立体角是 θ, 球面三角形的内角为 α, β, γ, 那么 $\theta = (\alpha + \beta + \gamma) - \pi$ (TP27). 该结果本质上揭示了球面三角形的面积与角亏 p 之间的关联, 正如我们在前文

中证明的那样. 我们用由赤道、0° 和 90° 的经线围成的三角形这一特殊情形来检验该公式. 此时 $\alpha = \beta = \gamma = \pi/2$, 立体角 θ 是球心处总转角的 1/8, 即

$$\theta = \frac{4\pi}{8} = \frac{\pi}{2} = (\frac{\pi}{2} + \frac{\pi}{2} + \frac{\pi}{2}) - \pi$$

(为了符合现代表达, 我们的单位是 Lobachevskii 所使用的单位的 2 倍). 接着, 他证明了棱柱定理.

10.3 棱柱定理

如果三个平面相交, 且交线互相平行, 那么它们所成的二面角之和为 $\pi = 2R$ (TP28). 两个平面之间的二面角是两个平面的垂线之间的夹角. 令平面相交于平行线 a, b, c, 此时平面本身是所成 '棱柱' 的壁.

接下来需要明确的是, 两平面的二面角可由垂直于这两个平面的任意平面所截得. 因此, 要得到相交于 l 的平面 P_1 和 P_2 之间的二面角, 只需要用与 l 垂直的第三个平面 P_3 截 P_1 和 P_2 即可. P_1 和 P_2 与 P_3 分别相交于 l_1 和 l_2, l_1 和 l_2 的夹角即为平面 P_1 和 P_2 之间的二面角.

假设三条交线 a, b, c 彼此平行. '棱柱' 的壁所成的角之和为 $2R$, 注意到这是一个绝对定理. 故事从此真正开始.

通常情形下, 三角形三边的中垂线相交于一点, 即圆周的中心 (见第七章). 在扩张的情形下, 还有一种结果, 即三角形三边上的中垂线都彼此平行; 只要三条中垂线中的两条平行, 那么第三条也平行 (TP30).

一条曲线上任意三点所形成的三角形, 其中垂线都彼此平行, 这样的曲线是什么样的呢? 这条曲线是我们在 Gauss 的工作中遇到的对应点所在的直线, Lobachevskii 将其称为极限圆或境界圆.

TP31 是极限圆的构造. 令 A 是一点, 且 BA 是过点 A 的线, 在极限圆上的一点 C 与 BA 所成的角为 $\alpha = P(AC/2)$, 其中 P 是前面已定义的平行
111 角函数 (第九章). 令圆周的中心在无穷远处 (即使得三角形变得扁平), 我们将看到半径不断增大的圆, 成为极限圆 (TP32).

图 10.1

BA 与以上构造的极限圆垂直, 极限圆的所有垂线都互相平行. 现在我们考察平行线渐近的精确方式 (TP33). 令 a, b 为极限圆 w 的两条垂线, 与极限圆分别相交于 A 和 B. 在 a 上取一点 A', 过该点作 a 的极限圆, 设其与 b 相交于 B'.[1] 我们有 $AA' = BB'$, 不妨设为 x.

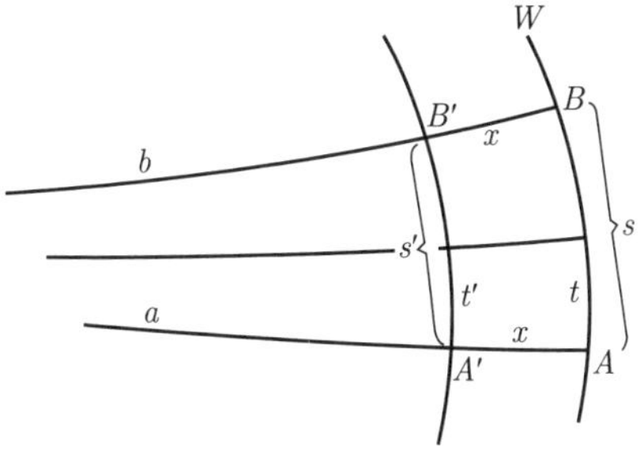

图 10.2

令极限圆弧的长度为 $AB = s$, $A'B' = s'$. 那么 $s' = s\mathrm{e}^{-x}$. 为证明这一结论, 假设比率 $s/s' = n/m$, 以此类推, 继续取极限圆的第三条轴 CC'. 令极限圆弧 AC 和 $A'C'$ 的长度分别为 t 和 t', 假设 $t/s = p/q$. 用轴将极限圆弧 AB 分为 nq 个相等的部分, 即 $s = nq$; 那么在极限圆弧 $A'B'$ 上将有 mq 个这样的部分, 即 $s' = mq$, 极限圆弧 AC 上有 np 个这样的部分, 即 $t = np$. 根据对称性, 这些轴也分割 $A'B'$ 和 $A'C'$, 所以 $t'/t = s/s'$, 只要 x 不变, 比率 t'/t 就与 t 无关. 因此, 如果 $x = 1$, 那么 $es' = s$, 一般地 $s' = s\mathrm{e}^{-x}$, 其中 e 是任意常数. 我们将该常数取为自然对数的底数 e. 当 $x \to \infty$ 时, $s' \to 0$, 这

[1] 该极限圆一定与 b 相交. 你能利用前文的构造说明为什么吗?

样就可以理解平行线事实上是渐近的.

在 Lobachevskii 的工作中起到关键作用的是极限球, 它由极限圆绕任一
112 轴旋转而得. (类比将圆绕半径旋转得到球的情形.) 由于对称性, 极限圆上两点 A 和 B 之间的弦, 将与这两点的轴有相同的夹角, 因此以任意轴旋转极限圆, 都得到同一个极限球 (TP34). 极限球同样是与三维平行线束上给定点相对应的点的轨迹, 可以通过在线束中任取一条平行线, 以及任意一个包含该平行线的平面, 以这条平行线为轴旋转该平面而得到. 一个平行线束与一个唯一的极限球相联系, 在后面的内容中, 记住这一点非常重要.

现在想象你有一个极限球放在桌上. 它的支撑点是 A, 过 A 的轴垂直于极限球和桌面, 其他的轴如图 10.3 所示散开. 其中的一些轴与桌面相交, 另一些不相交. 那些与桌面渐近的轴与极限球的交点在圆 Ω 上, 该圆并未引起 Lobachevskii 的特别关注, 而是在后来引起了数学家的注意. 当我们更加熟悉这幅图时, 如果把它放在一边, 就可以看到这样的渐近线.

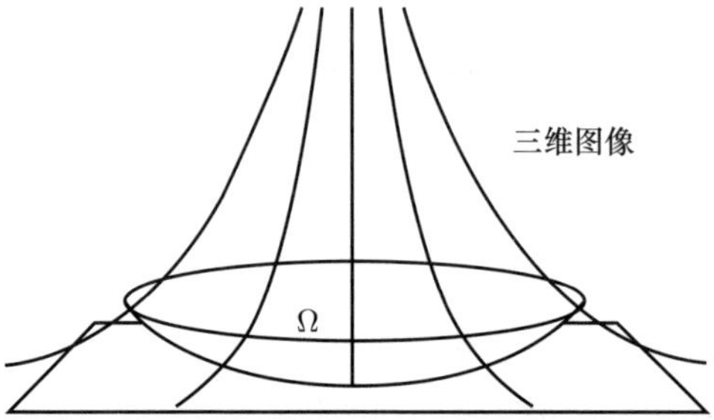

图 10.3

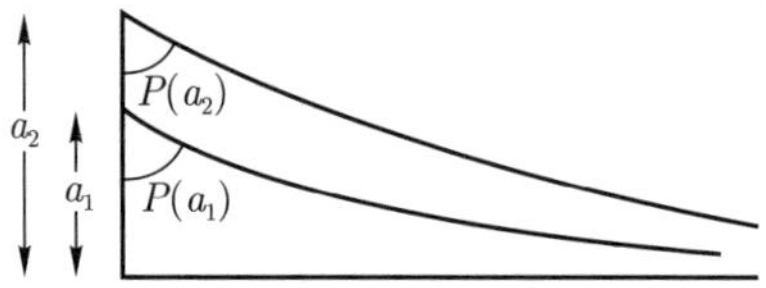

图 10.4

113 通过沿着轴向下我们将得到一个从极限球面到平面 (桌面) 的映射. 我们将这个映射称为投影映射. 在该映射下, 极限圆变成了直线. 因此, 如果我们将由三个极限圆构成的三角形称为极限球面三角形, 该三角形是三个平面与

极限球面相交而得, 我们可以利用投影映射来研究极限球面上的几何.

极限球面三角形的内角和是多少呢? 由于线束中的每条线与极限球面垂直, 任意两条线所在的平面与极限球面的交线是极限圆, 所以两个极限圆的夹角, 等于对应的两个平面的夹角. 因此这样的三角形是由三个平面以棱柱的形式构成, 我们已经知道棱柱壁之间的夹角之和为 $2R$. 极限球面上的几何是欧氏几何![1]

接着, Lobachevskii 用以下方式在欧氏几何、球面几何, 以及新几何之间切换 (TP35) (图 10.5).

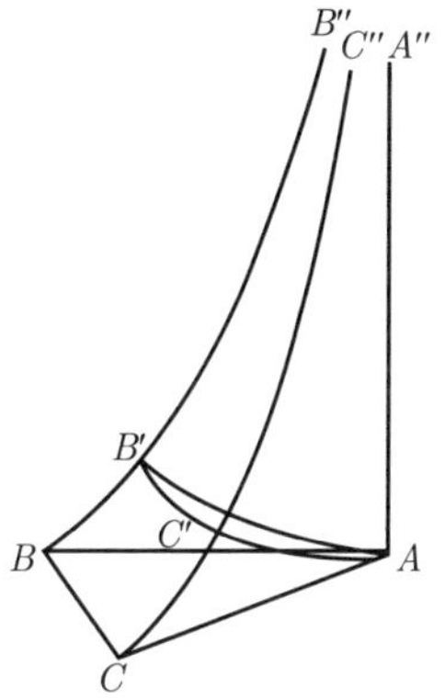

图 10.5

$A''A, B''B$ 和 $C''C$ 是极限球的三条轴 (未展示出); A, B', C' 在极限球面上, A, B, C 在平面上. 三角形 ABC 在点 C 处的角是直角, 三角形的三边为 $AB = c, BC = a, CA = b$. 内角为 $\angle BAC = P(\alpha)$, $\angle ABC = P(\beta)$.

以 B 为球心作单位球, 得到一个球面三角形, 记作 $A'''B'''C'''$, 其三边 114
为 p, q, r, 其中 $p = B'''C'''$, $q = C'''A'''$, $r = A'''B'''$. 我们将确定该球面三角形的边和内角. 各边的大小等于其所对的顶点为球心 B 的角, p 对着 $\angle B'''BC''' = \angle B'BC$, 由于 $B'B$ 与 $C'C$ 平行, 所以根据平行角的定义, $\angle B'BC = P(a)$. 类似地, $r = P(c)$. q 对着 $\angle A'''BC'''$, 我们已将该角称为

[1]这是 F. L. Wachter 和他的导师 Gauss 在 1816 年都知道的结果. 但是 Wachter 很快去世了, Gauss 似乎并不欣赏他的发现.

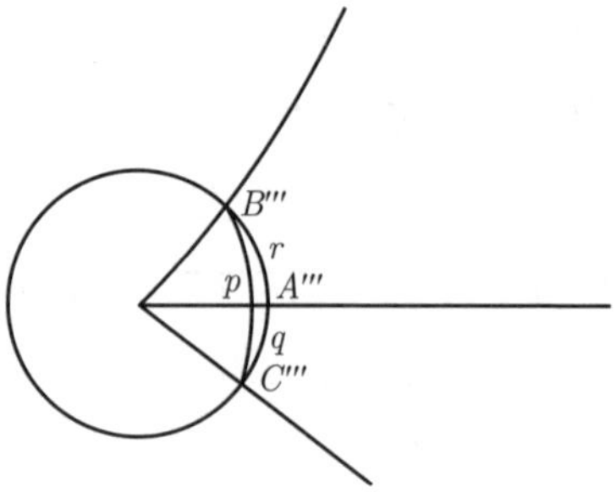

图 10.6

$P(\beta)$, 所以我们有 $q = P(\beta)$. 总结起来:

$$p = P(a), \quad q = P(\beta), \quad r = P(c).$$

接下来我们确定球面三角形的内角. 可将 $A'''B'''$ 的切线与 $A'''C'''$ 的切线所成的角考虑为 $\angle A'''$. 这些切线与半径 BA''' 垂直, 所以它们在垂直于 BA''' 的平面上, BA''' 也是平面 $B''BAA''$ 和平面 CBA 的交线. 根据棱柱定理, 可以得出这两个平面的二面角就是切线的夹角. 但由于 $A''A$ 垂直于平面 ABC, 所以平面的二面角是直角, 即 $\angle A''' = \pi/2$. 同样, 点 B''' 处的角是平面 $B''BAA''$ 与平面 $B''BCC''$ 的二面角, 同时也是极限球面上的 $\angle AB'C'$ (由于平面与极限球面的夹角是直角), 所以

$$\angle B''' = \frac{\pi}{2} - P(\alpha) = P(\alpha').$$

最后, $\angle C'''$ 在与 BC''' 垂直的平面上, 由于 $\angle BCA = \pi/2$, 在与 $C''CAA''$ 平行的平面上, $\angle C'''$ 一定等于 $\angle C''CA = P(b)$. 总结起来:

$$\angle A''' = \pi/2, \quad \angle B''' = P(\alpha'), \quad \angle C''' = P(b).$$

115 (Halsted 在附于 Bonola 的书后的翻译本中有两个错误. BA, BB''', BC 的交点被标记为 m, n, k, 它们应被记为 n, m, k. 在图 29 的第一个三角形中, b 与 c 的夹角被错误地写为 $P(a)$, 应该是 $P(\alpha)$.)

我们因此有了一个从平面到球面的映射, 将一个直线三角形 ABC 与一个球面三角形 $A'''B'''C'''$ 联系起来, 这一过程也可以反过来, 将一个球面三

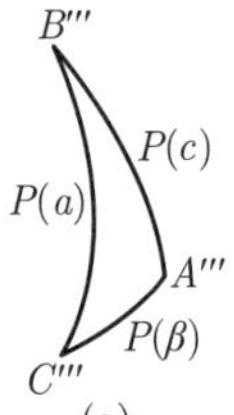

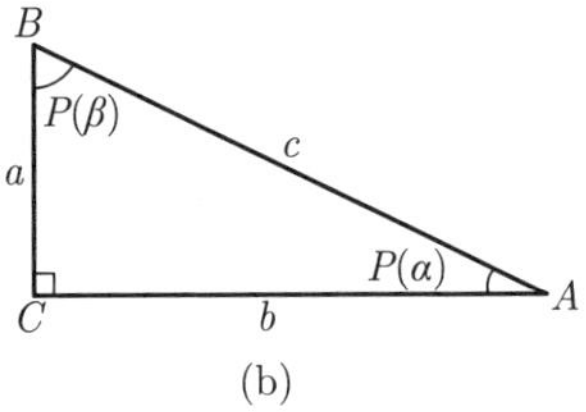

图 10.7

角形映射到一个特殊的直线三角形. Lobachevskii 得到了这个有意义的结果, 即球面三角形的公式在绝对几何中是正确的, 换句话说, 它们与平行公设无关. 这是很有技巧性的, J. Bolyai 的更简单的证明在本章的附录中. 这使得 Lobachevskii 可以使用接下来的步骤. 平面上的图形被转换到球面上, 一些推导可以参考球面三角形的公式. 注意到这并不会产生绝对定理, 原因是在转换到球面之前已经做了关于平行线的假设. 球面直角三角形的基本公式现在可以被用来解释非欧直角三角形的相关关系, 还可以进一步被用来求函数 $P(x)$ 的解析式.

Lobachevskii 考虑了角 $P(x-y)$ 和 $P(x+y)$ $(y \leqslant x)$, 如图 10.8 所示 (见 TP36), 其中 AA' 与 $B'C$ 平行, AC 与 BC 垂直. 令 $BC=a, AC=b, \angle BAC=P(\alpha), \angle ABC=P(y), \angle C=\pi/2$. 取 $AD=x, BD=y$, DD' 垂直 AB, 因此平行于 AA'. $\angle A'AD=P(x+y)$, 但 $\angle CAD=P(\alpha)$, 所以 $P(x+y)+P(\alpha)=P(b)$. 类似地, $P(x-y)=P(\alpha)+P(b)$.

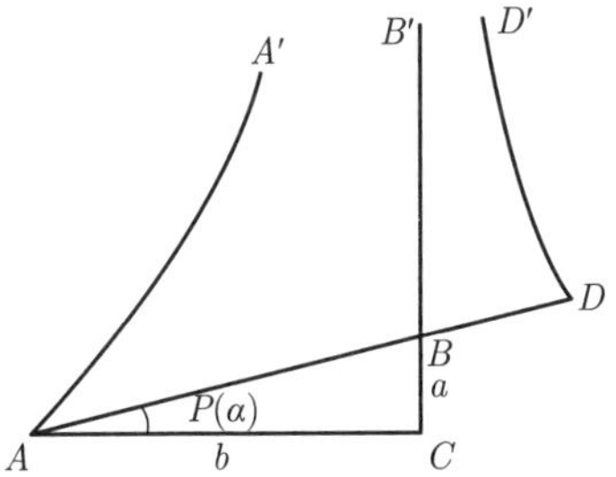

图 10.8

一系列类似的论证使得 Lobachevskii 证明了以下结论:

$$P(b)=\frac{1}{2}\left\{P(x-y)+P(x+y)\right\},\quad \cos P(b)=\cos\tfrac{1}{2}\left\{P(x-y)+P(x+y)\right\}$$

以及

$$P(\alpha)=\frac{1}{2}\left\{P(x-y)-P(x+y)\right\},\quad \cos P(\alpha)=\cos\tfrac{1}{2}\left\{P(x-y)-P(x+y)\right\}.$$

116 因此, 由于球面三角学公式

$$\frac{\cos\{P(b)\}}{\cos\{P(\alpha)\}}=\cos P(x)=\frac{\cos\frac{1}{2}\{P(x-y)+P(x+y)\}}{\cos\frac{1}{2}\{P(x-y)-P(x+y)\}},$$

所以

$$\tan\left\{\frac{P(x)}{2}\right\}^2=\tan\left\{\frac{P(x-y)}{2}\right\}\tan\left\{\frac{P(x+y)}{2}\right\}.$$

但唯一满足 $\{f(x)\}^2=f(x-y)f(x+y)$ 的连续函数是 $f(x)=\mathrm{e}^{-x}$, e 是某个大于 1 的常数, 所以一定有

$$\tan\left\{\frac{P(x)}{2}\right\}=\mathrm{e}^{-x},$$

这是非欧几何的基本公式 (TP36, end).

Lobachevskii 根据上述基本公式给出了一系列公式的变形 (TP37), 这些公式很有趣. 因为对于所有的 θ, 有

$$\tan\theta=\frac{2\tan(\theta/2)}{1-\tan^2(\theta/2)},$$

$$\tan P(x)=\frac{2\mathrm{e}^{-x}}{1-\mathrm{e}^{-2x}}=\frac{2}{\mathrm{e}^{x}-\mathrm{e}^{-x}}=\frac{1}{\sinh x}.$$

可以通过以下步骤得出 $\cos P(x)$,

$$\tan\theta=\frac{\sin\theta}{\cos\theta}=\frac{1}{\mathrm{i}}\frac{\mathrm{e}^{\mathrm{i}\theta}-\mathrm{e}^{-\mathrm{i}\theta}}{\mathrm{e}^{\mathrm{i}\theta}+\mathrm{e}^{-\mathrm{i}\theta}}=\mathrm{e}^{-x},$$

117 其中 $2\theta=P(x)$, 原因是

$$\mathrm{e}^{-2\mathrm{i}\theta}=\frac{1-\mathrm{i}\mathrm{e}^{-x}}{1+\mathrm{i}\mathrm{e}^{-x}},$$

所以

$$e^{2i\theta} = \frac{1 + ie^{-x}}{1 - ie^{-x}},$$

所以

$$\cos 2\theta = \frac{e^{2i\theta} + e^{-2i\theta}}{2} = \frac{e^{x} - e^{-x}}{e^{x} + e^{-x}} = \frac{\sinh x}{\cosh x},$$

或者

$$\left.\begin{aligned} \cos P(x) &= \tanh x \\ \sin P(x) &= \tfrac{1}{\cosh x} \end{aligned}\right\}. \tag{10.1}$$

它们能够对非欧几何三角学的基本公式进行解释, 从而使 Lobachevskii 的公式与前文所述的 Taurinus 的公式具有相同的形式. 得到了直角三角形的公式, 推导一般三角形的公式就不是难事了, 正如 Lobachevskii 所做的那样 (TP37). 他得到的典型结果 (TP37, 方程 8) 包括:

$$\sin A \tan P(a) = \sin B \tan P(b)$$

以及

$$\cos A \cos P(b) \cos P(c) + \frac{\sin P(b) \sin P(c)}{\sin P(a)} = 1,$$

Bonola 将后者当作基本公式. 这些公式可以改写为

$$\frac{\sin A}{\sinh a} = \frac{\sin B}{\sinh b}$$

以及

$$\cos A \tanh b \tanh c + \frac{\cosh a}{\cosh b \cosh c} = 1,$$

或者

$$\cos A \sinh b \sinh c + \cosh a = \cosh b \cosh c,$$

正如我们所看到的, Taurinus 也使用过这个公式. 顺便一提, Lobachevskii 和 Bolyai 都没有提及 Taurinus, 他们似乎不知道后者的工作.

除了建立公式 (10.1) 之外, Lobachevskii 还总结了他的论文: 118

方程 (8) 本身已经是考虑虚几何可能性的充分基础. 因此除了天文观测, 没有能够用来判断一般几何计算中的精度的方法.

这种精确性具有深远意义, 我已在一篇文章中提到, 我们可以实现边长度量的三角形, 其内角和事实上与两直角几乎没有区别, 只差百分之一秒[1].

10.4 Janos Bolyai

1823 年, Bolyai 已得到平行角函数的表达式

$$e^{-a/K} = \tan \frac{P(a)}{2},$$

这是非欧几何的关键公式.

Bolyai 继续进行非欧几何的工作, 直到 1831 年, 这些工作由他负责出版, 这时候 Bolyai 父子对这些工作不完全满意, 原因是上述公式中存在一个不可理解的常数 K. 尽管直到 1860 年 Bolyai 去世, 他都在继续几何的研究, 但 Gauss 对 Bolyai 工作出乎意料的反应, 使得他没有再次发表他的工作. Bolyai 与 Lobachevskii 研究的区别很小, 最主要的区别在于, Bolyai 倾向于更直接地处理绝对的结果[2].

Bolyai 经过一系列的阐述和推导, 得出了极限圆和极限球的绝对定义, 他分别将二者称为 L 和 F (*Science absolute of space*, 1831, §11, 以下简称 SA): 给定线 AM 上的一点 A, 点 B 在 L 上, 当且仅当 B 在 AM 的平行线 BN 上, 且 $\angle NBA = \angle MAB$ (F 的定义是对应的三维情形).

Bolyai 致力于说明所有的点 B 的轨迹 L 是绝对的存在. 当然, 这一轨迹是平行线束中点 A 的对应点 (Gauss), Lobachevskii 也知道极限圆的弦的这一性质.

以下是我们熟悉的定理:

(1) 在 L 或 F 上, 没有共线的三点 (SA §16).

---

[1]本章末论述了 Lobachevskii 对空间本质经验主义的态度, 依据 Daniels (1975) 的工作.

[2]译者注: 即在欧氏几何和非欧几何都成立的结果.

(2) 如果平面包含轴 (例如 AM), 则与 F 的交线是 L, 否则交线是一圆 (SA §18).

(3) L 的轴 BN 的切线 BT 与 L 相切 (SA §19).

接着, Bolyai 顺利地得出以下定理: 119

(4) F 上任意两点能确定一条 L, 在 F 中与 L 相交的 L_1 和 L_2 所成的角, 是与 F 的交线为 L_1 和 L_2 的平面之间的二面角. 因此, F 上三角形的内角和是 π (SA §21).

这意味着 F 上的几何是欧几里得的, 这是绝对几何的一个定理 (SA §21).

这时, Bolyai 以与 Lobachevskii 类似的方式推导出公式 $s' = s\mathrm{e}^{-x}$ (见前文), 因此不需要重复. 常数 K 体现在我们对 e 的选择上.

Bolyai 接着得出了球面三角公式绝对的本质 (SA §26), 利用微积分的方法, 求出了一些常见图形的长度和面积. Lobachevskii 在 *Theory of parallels* 中没有涉及几何图形的度量, 这些内容包含在他的其他著作中; Taurinus 也在一定程度上对此进行了阐述, 我们将在后面讨论这部分内容. 这标志着数学家对于几何研究态度的重要转变, 与 Gauss 在一般曲面论的研究类似.

然而, 如前所述, Bolyai 所有的公式都包含了一个任意常数 K. 他评论道 (SA §33), 在非欧几何为真的情形下, 一个唯一的度量将确定这个常数. 否则, 将有一系列同样不真实但可以理解的非欧几何, 彼此之间的差别仅取决于常数的大小. 这可以用极为相似的方式来解释: 只有一种可能的球面几何, 其上的度量取决于球的半径. 但是, Bolyai 并未对他的任意常数找到直观意义.

(在球面几何中, 三角形的面积与它的角盈 $\angle A + \angle B + \angle C - \pi$ 成比例. 比例系数为球半径的平方. 因此两个具有相同角盈的三角形 ABC, 在不同的球面上, 显然有不同的面积.)

最后, Bolyai 在非欧几何中解决了几何的经典问题——化圆为方, 即构造一个与给定圆面积相等的正方形 (SA §43). 当时并不知道该问题能否在欧氏几何中被解决, 对该问题的第一个不可能性证明是 1882 年 Lindemann 在证明 π 是超越数时给出的. 说来也怪, Lambert 是第一个用无穷级数证明 π

是无理数的数学家[1)]，他的证明依据《原本》第 10 卷的第 2 个命题. 但是, π 的无理性与它在几何上的不可构造性并不相同. 事实上, Bolyai 指出了他的证明在欧氏几何中不能奏效. 如果我们说明了证明过程, 你将会明白为什么.

120 正方形的面积取决于其内角, 正如我们在前文看到的那样 (第四章), 一个多边形的面积同样与它的角亏成比例. 我们可以将圆的面积取为 πC[2)]，所以要求的正方形满足 $\pi C = (2\pi - 4\alpha)C$, 即 $\alpha=\pi/4$. 照这样, 我们将问题化归为, 构造一个面积为所求正方形面积 1/8 的三角形 ABC. 能否进行这样的构造, 取决于是否能够构造作为三角形底边的长度为 a 的线段.

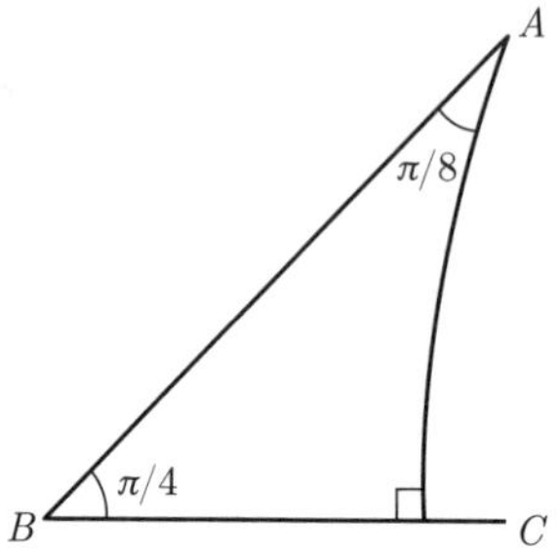

图 10.9

根据前面得到的三角公式

$$\cosh\frac{a}{K} = \frac{\cos(3\pi/8)}{\sin(\pi/4)},$$

也许这样写能够更加熟悉:

$$\frac{\pi}{4} = 45°, \frac{\pi}{8} = 22°30', \frac{3\pi}{8} = 67°30'.$$

然而, 给定由任意两条线 a 和 b 所成的锐角, 我们可以构造一条平行于 a 且垂直于 b 的线 l, 如图 10.10 所示.

121 线段 $YZ = x$ 是唯一的, 我们将其称为对应于角 β 的线段, 其中 β 是对

---

1) J. H. Lambert, Mémoire sur quelques propriétés remarquables..., *Opera Math.* II, 2, (1761, 1768, 1767). Struik(1969) 中有一些摘录.

2) 这是一般面积公式 $2\pi K^2(\cosh r/K - 1)$ 的特殊情形, 参见第九章附录.

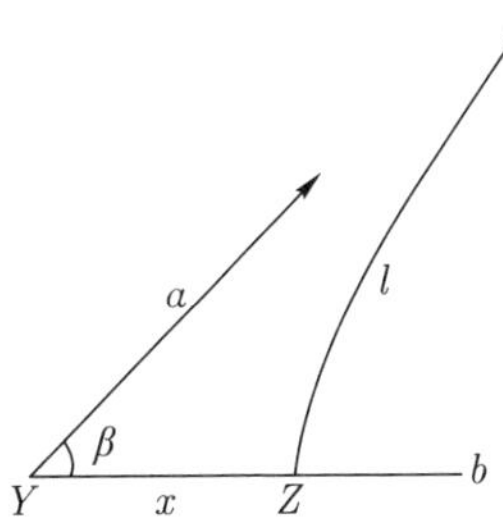

图 10.10

应于 x 的平行角, 且

$$\cosh\frac{x}{K}=\frac{1}{\sin P(x)}.$$

由此构造对应于 $3\pi/8$ 和 $\pi/4$ 的线段, 分别设为 b', c', 注意到

$$\cosh\frac{b'}{K}=\frac{1}{\sin(3\pi/8)},\quad \cosh\frac{c'}{K}=\frac{1}{\sin\pi/4}.$$

因此

$$\cosh\frac{a}{K}\cosh\frac{b'}{K}=\cosh\frac{c'}{K}.$$

但是, 在斜边为 c' 且一边为 b' 的直角三角形中, 另一边 a' 满足

$$\cosh\frac{a'}{K}\cosh\frac{b'}{K}=\cosh\frac{c'}{K},$$

所以 $a'=a$. 这个三角形是完全可以构造的, 所以通过构造 a 我们构造了面积为 π 的正方形.

这在很大程度上总结了 Bolyai 的研究.

在最后一段, Bolyai 评论了欧氏几何 Σ 和另一种几何 S:

最后, 还需要做的是……证明先验地确定 Σ 或某个 S (以及哪一个) 是否存在的不可能性 (在不做任何其他假设的条件下). 但这要保留在更恰当的场合来做.

就目前所知, Bolyai 没有尝试这一工作.

10.5 总结

Bolyai 和 Lobachevskii 阐述的是非欧几何在数学上是可能的. 二者用相同的方式宣称了这一点.

他们将平行线定义为线束的分界线, 证明了关于平行线的基本性质; 定义了与平行线束相关的轨迹或曲面——极限圆和极限球. 极限球面上的几何是欧氏几何, 这个结果是绝对的. 通过球面三角的公式 (绝对的), 他们得到了非欧氏几何在空间或平面上的公式. 教科书常常忽略从研究平面几何到立体几
122 何的勇敢跨越, 但这是重要的, 原因是它为在欧氏概念主导思维的欧氏三维空间中, 对非欧 "平面" 的模糊的探索画上了句号. Bolyai 和 Lobachevskii 的工作隐含地用内蕴的方式处理了几何概念.

然而, 这并没有最终确定非欧几何在数学上的存在性; 如果平行线只能是欧氏的, 那么极限圆将衰退为直线, 极限球衰退为平面, 公式将成为不能描述任何事物的分析上的事实. 所有能够确立的是, 如果假设非欧几何存在, 它是以一种易于理解的方式进行的, 正如用精确的公式描述两条平行线的渐近性质那样. 事实上, Stäckel 指出 (引自 Bonola, p. 112) Bolyai 仍然希望找到非欧几何的矛盾[1)].

尽管如此, 非欧几何三角学的等式似乎仍是说明相信虚几何可能存在的充分基础. 困难的是, 从一个错误的初始假设却得到了正确的结果. 因此, 解析的公式不能被认为是确凿的. 然而, 非欧几何中的自相矛盾显然也会使整个分析陷入危机——这不是容易面对的景象. 这个两难问题是由下一代数学家努力解决的, 这些努力包括逻辑和纯数学两方面.

[1)] Bolyai 被共面的五个点的距离计算中的失误误导了.

10.6 现实

描述空间的另一种可能的几何一旦存在, 人们很自然地会问, 哪一种是描述我们所处空间的真实几何. Janos Bolyai 没有做过实证研究, 而 Lobachevskii 指出可以利用星球的视差, 即通过求由一个星球与地球在轨道直径的两端点构成的三角形内角和与两直角的差. 如果欧氏几何为真, 那么星球离我们越远, 该三角形的内角和越接近两直角, 并能够与该极限值任意接近. 但如果非欧几何为真, 离我们任意远的星球所确定的这个三角形, 其内角和小于两直角 (内角和由地球轨道的直径和常数 K 的值确定). 所以如果非欧几何是真实世界的几何, 视差对应的角度将有一个大于零的最小值. Lobachevskii 测量了波江座 29、参宿七和天狼星的视差[1], 但得出的结果确认了建立在欧氏几何 123
的计算具有更高的精确性. (注意到, 由于测量误差, 这只能确定空间的几何是否是非欧的, 但绝不能说明空间的几何是欧氏的.) Gauss 的天文学家朋友, Bessel, 利用天鹅座 61 做出了不确定的测量.

一些学者, 如 Kline(1972, pp. 872–873), 断言 Gauss 在汉诺威测量大地时, 也利用三座有名的高峰探究了空间的欧几里得本质. 这是没有可靠根据的传说, A. I. Miller (1972) 首先提出质疑, 最近, Breitenberger (1984) 也做了彻底的研究. 这是一个有趣的故事. Gauss 对大地测量有着永恒的热情, 他认为这是有用的, 而他的更加抽象的数学却不是那么有用; 大地测量需要借助他复杂数值计算的能力, 并将他引至创新的灵感, 尤其是内蕴微分几何的想法, 我们将在下一章讨论. 但是他观测的理论目的并不是检验空间的本质, 而是以制图的目的去判断如果将地球当作球或者略微扁平的椭球的话, 会有什么程度的误差——他的答案是几乎没有关系[2]. 这一传说似乎来源于在 Gauss 后半生与他交谈的各类人士, 谈话经过许多次转述被曲解. Breitenberger 总结道: ‘这个传说……就像是在明确事实的基础上富有幻想的润色.” 事实上,

---

[1] Ueber die Anfangsgrunde der Geometrie, 1829, = *Zwei Geometrische Abhandlungen*, p. 23.

[2] 见 Gauss 的 Untersuchungen über Gegenstände der höhern Geodaesie, 1844, = *Werke*, IV, p. 282.

很难相信 Gauss 会在欧氏几何的精确性显然十分高的情况下使用任何大地三角形；他应该知道只有天文观测能够奏效，原因是早在 1829 年 Bessel 就向他指明了这一点 (Gauss, *Werke*, VIII, p. 201).

10.7 优先权

现在应该考虑优先权的问题. 看起来 Gauss 是第一个思索非欧氏的几何的人，但他从未像 Lobachevskii 或 Bolyai 那样系统地研究非欧几何. 也许对于他这样富有才华的头脑来说，这些公式来得如此自然，以至于他可以把自己限定在评论或扩展他朋友的工作上. 几乎没有任何理由去假设 Lobachevskii 在完成了大部分工作之前了解 Gauss 的任何想法. 如果有联系，应该是通过 Gauss 的朋友 Bartels, Gauss 于 1807 年与 Lobachevskii 在一起，直到 1817 年都与他保持通信. 然而，直到 1823 年，Lobachevskii 才开始考虑尝试证明
124 平行公设的可能性，他给圣彼得堡提交的关于初等几何的手稿中提到了这一点. 所以如果他真的知道 Gauss 的例子，也不算什么.[1] 然而，Gauss 确实在 1842 年成功地将 Lobachevskii 推荐给了哥廷根科学院.

至于 Janos Bolyai, 无论他的父亲和 Gauss 的交情有多深，他在得知 Gauss 宣称早已知道自己的工作内容时十分生气，因此认为他了解 Gauss 之前的想法是没有道理的. 我们也许能得出结论，三者的发现是彼此独立的，我们必须着眼于别处，寻找他们是如何发现非欧几何的. 事实上，我们将会看到，真正的历史谜题比单纯的优先权更加有趣和复杂.

Farkas Bolyai 在 1832 年当选为匈牙利科学院数学部的通讯会员. 他和他的儿子在 1837 年参加了一个解释复数本质的国际竞赛，但都失败了. Farkas 于 1856 年 11 月 20 日去世，按照他的遗愿，他的墓碑没有任何标记. 四年后的 1 月 27 日，他的儿子 Janos 去世. 1894 年匈牙利数学物理学会在 Maros-Vasarhely 的墓前立了一座纪念石.

---

[1] May(1972) 认为 Gauss 的影响在整体来说是滞后的. Biermann(1969) 在 Gauss 和 Bartels 的通信中没有发现任何关于影响的证据.

Lobachevskii 在喀山的团体中是被十分尊敬的成员，但不是因为非欧几何的发现. 他是一个成功且勤奋的大学校长，在 1830 年的霍乱流行期间，他对学校实行了严格的隔离政策，这对挽救学生和教职人员的生命起到了很大的作用. 1842 年，他从吞没大学的大火中，拯救出了图书馆和天文仪器，之后他还监督执行了有力的重建计划. 由于当时规定教授的任职年限不超过 30 年，1846 年，Lobachevskii 辞去了教授和校长的职位，随即被任命为整个喀山地区主管教育的负责人. 在他去世前一年，他以俄语和法语出版了 *Pangéométrie*，以此作为喀山大学 50 年校庆的成果. 1856 年 2 月 24 日，Lobachevskii 去世，在他去世 100 周年之际，喀山大学将他的工作出版.

几何王子 Carl Friedrich Gauss 去世于 1855 年. 他的笔记揭示了更多的数学知识，但由于思想保守，他没有勇气将这些数学发表.

习 题

10.1 验证 Bolyai 构造面积为 π 的正方形的步骤 (10.4 节). 你能理解那些未给出详细证明的构造吗?

10.2 证明 '棱柱定理' (10.3 节). 125

10.3 证明非欧几何中的 'Pythagoras 定理'，即对于三边为 a, b, c 的三角形，其中边 a 的对角为直角，有 $\cosh a = \cosh b \cdot \cosh c$. 通过考虑 cosh 的幂级数展开式的前几项，说明当三角形十分小时，这一结果与欧氏几何的 Pythagoras 定理一致.

10.8 附录

10.8.1 球面三角学

由于任何三角形都可以划分为两个直角三角形，可以从直角三角形的三角公式推导出一般平面三角公式. 在得出球面三角公式时也可以使用同样的方式.

首先考虑在点 A 处为直角的球面三角形的情形. 选择恰当的笛卡儿坐标系，使得点 A 的坐标为 (1,0,0)，点 B 的坐标为 $(\cos c, \sin c, 0)$，点 C 的坐标

为 $(\cos b, 0, \sin b)$. 取球半径为 1, 所以 $AB = c, AC = b$. 首先我们得到, BC 等于角 COB.

如果弦长 $BC = x$, 那么根据勾股定理, $x^2 = (\cos b - \cos c)^2 + \sin^2 c + \sin^2 b$, 所以 $x^2 = 2 - 2\cos b \cos c$, 但在大圆中, 用经过圆心 O 的半径平分 BC, 可得 $x/2 = \sin a/2$, 所以

$$x^2 = 4\sin^2 \frac{a}{2} = 2(1 - \cos a)$$

$$\cos a = \cos b \cos c. \tag{10.2}$$

接下来我们求角 A. 过点 O, A, B 的平面的方程为 $z = 0$, 过点 O, B, C 的平面的方程为 $x - y\cot b - z\cot c = 0$. 这两个平面的夹角 B 可由下式得到:

$$\cos^2 B = \frac{\cot^2 c}{1 + \cot^2 b + \cot^2 c}.$$

利用公式 (10.2) 可以推出以下公式

$$\cos b = \cos c \cos a + \sin c \sin a \cos B.$$

类似地, 我们可以得出

$$\cos c = \cos a \cos b + \sin a \sin b \cos C.$$

126 以同样的方式, 我们能推出

$$\cos A = -\cos B \cos C + \sin B \sin C \cos a.$$

由于 $\angle A = \pi/2$, 上述公式变为

$$\cos B \cos C = \sin B \sin C \cos a.$$

此时, 可以得到

$$\cos^2 B \cos^2 C = \sin^2 B \sin^2 C \cos^2 a,$$

也就是

$$\cos^2 B \cos^2 C(1 - \cos^2 a) = (1 - \cos^2 B - \cos^2 C)\cos^2 a.$$

练　习

验证公式

$$\cos B=-\cos C\cos A+\sin C\sin A\cos b,$$

当然, 该公式可以化为

$$\cos B=\sin C\cos b.$$

最后我们验证以下公式

$$\frac{\sin a}{\sin A}=\frac{\sin b}{\sin B}=\frac{\sin c}{\sin C},$$

在直角球面三角形的情形下, 上述公式化为 $\sin a=\sin b\Big/\sin B$.

现在我们从直角三角形的公式得出一般球面三角形的公式, 将一般三角形看成由两个直角三角形拼接而成. 取球面三角形 $\tilde{B}CD$, 作 $\tilde{B}A$ 垂直 DC, 从而将三角形分为两个球面直角三角形 $A\tilde{B}C$ 和 $A\tilde{B}D$. 我们有

$$\angle D\tilde{B}A=\angle B',\quad \widehat{DA}=b',\quad \angle A\tilde{B}C=\angle B,$$

$$AC=b,\quad \widehat{\tilde{B}D}=a',\quad \angle D\tilde{B}A=\angle B+\angle B'.$$

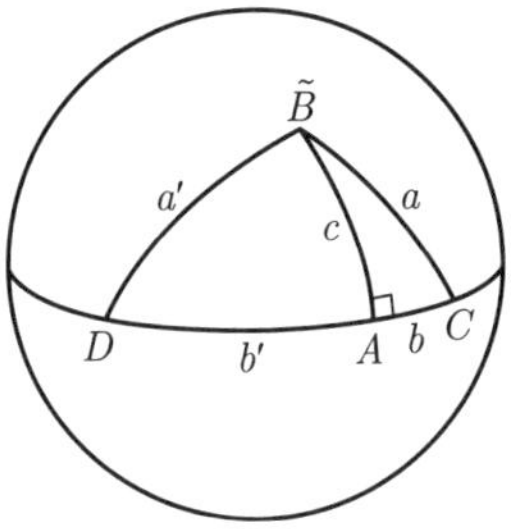

图 10.11

我们必须从前述公式以及类似的公式, 如三角形 $D\tilde{B}A$ 中的 $\cos a'=\cos b'\cos c$ 建立类似于这样的公式

$$\cos(b+b')=\cos a'\cos a+\sin a'\sin a\cos(B+B').$$

该公式的左右两边分别是

$$\begin{aligned}
\text{左边}&=\cos b\cos b'-\sin b\sin b',\\
\text{右边}&=\cos b\cos^2 c\cos b'+\sin a\sin a'(\cos B\cos B'-\sin B\sin B')\\
&=\cos b\cos b'\cos^2 c+\sin a\sin a'\cos B\cos B'-\sin b\sin b',
\end{aligned}$$

127 因此

$$\cos b \cos b' = \cos b \cos b' \cos^2 c + \sin a \sin a' \cos B \cos B',$$

即

$$\cos b \cos b' \sin^2 c = \sin a \sin a' \cos B \cos B'.$$

由于

$$\cos a = \cos b \cos c, \quad \cos a' = \cos b' \cos c,$$

所以

$$\cos b \cos b' \sin^4 c = (\sin a \sin c \cos B)(\sin a' \sin c \cos B').$$

10.8.2 球面三角学公式的绝对成立

为了展示 J. Bolyai 的工作, 以下是 Bolyai 证明的总结, 他的证明比 Lobachevskii 的简单一些. 他已经明确了一些关于极限圆 L 和极限球 F 的定义和定理, 并说明极限球面上的几何是欧氏几何. 接着, 他在锐角假设下说明了:

(1) 在任意直线三角形 ABC 中, 如果我们用 $C(a)$ 表示半径为 a 的圆的周长, 那么

$$C(a) : C(b) : C(c) = \sin A : \sin B : \sin C;$$

(2) 在任意球面三角形 ABC 中,

$$\sin a : \sin b : \sin c = \sin A : \sin B : \sin C.$$

128 Bolyai 对于 (1) 的证明本质上是棱柱定理 (SA §25). 对于直角三角形 ABC, 这个结论是很容易证明的, 其中顶点 C 处的角是直角, 可参考图 10.5 中的三角形 ABC. 作直线 AA' 垂直 ABC, 作 BB'、CC' 垂直于 AA'. 由于 $\angle C = 90°$, 棱柱的侧面 $AA'CC'$ 和 $CC'BB'$ 互相垂直. 现在考虑由这三条平行线定义且经过点 A 的极限球 (Bolyai 将极限球经过了点 B, 但这没什么差别). 设该极限球与 BB' 相交于 D, 与 CC' 相交于 E, 那么 $\angle DEA = 90°$.

这是充分的. 由于 BDE 是欧氏三角形, 平面三角形公式可以适用, 我们可以推出

$$AD:1 = DE:\sin\angle DAE, \quad 所以 \quad AD:DE = 1:\sin\angle DAE.$$

但是, $\angle DAE = \angle BAC$, 由于极限球面上的几何是欧氏几何,

$$\frac{AD}{AE} = \frac{C(AD)}{C(AE)}.$$

由于平面 ABC 与除以 CC' 为轴的任意极限球面的交线为圆弧, 所以

$$\frac{C(AD)}{C(AE)} = \frac{C(BA)}{C(CA)}.$$

为了证明 (2), Bolyai 的论证如下 (SA §26):

"$\angle ABC =$ 直角, CDE 垂直于球的半径 OA. 我们将有 CED 垂直 AOB, 由于 BOC 垂直 BOA, CD 垂直 OB. 而 (根据 §25) 在三角形 CEO, CDO 中, $C(EC):C(OC):C(DC) = \sin\angle CDE:1:\sin\angle COD = \sin AC:1:\sin BC$; 同时也有 (§25)$C(EC):C(DC) = \sin\angle CDE:\sin\angle CED$, 而 $\angle CDE$ 是直角, 且 $\angle CED = \angle CAB$. 因此, $\sin AC:\sin BC = 1:\sin A$."

此即所需证明的结论.

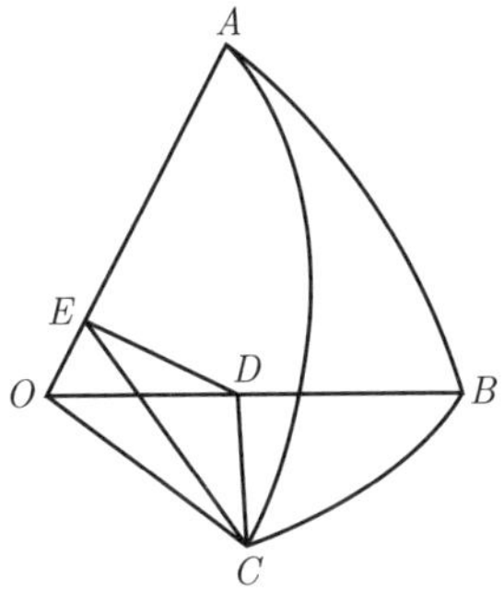

图 10.12

第十一章　曲线和曲面

过了三十年, 人们才充分认识到 Lobachevskii 和 Bolyai 工作的影响, 直 129
到它们被阐释地更容易理解, 才引起数学家的关注. 开拓者的分析技巧缺乏使人信服的力量, 是 Riemann 和 Beltrami 的工作最终使得非欧几何成为有效合法的研究对象, 由此也改变了我们对几何与世界的理解. 他们创造的思想趋势最终使得相对论成为可能.

Riemann 是二者中更伟大的那位, 这一点没有人会质疑, 原因在于, 他是真正的现代数学创始者之一. 1854 年, 他为哥廷根的普通听众汇报了那篇著名的文章 *On the hypotheses which lie at the foundations of geometry*. Gauss 选择该主题作为 Riemann 就职演讲的考核, 后来他告诉 W. Weber, Riemann 思想的深刻性给他留下了深刻的印象 (Freudenthal 1975). 然而, 这篇文章以非技术的形式呈现, 对当代读者来说, 大大地增加了文章的难度. 我们最好通过讨论为文章做铺垫的工作, 来研究这篇文章.

11.1　曲线

我们可以在纸上画出无数条线, 其中只有少数线有自己的名字, 如圆、椭圆、摆线, 以及各种各样的外摆线. 一些曲线通过简单的构造与其他曲线建立了联系; 由此, 一个圆沿直线滚动时, 圆的边界上一点的轨迹就是摆线. 为了更好地研究一般曲线, 第一步就是确定它们的参数, 为曲线上的每个点赋予一个记号, 通过时间来描述曲线 (曲线上一点的记号为绘图工具到达这一点的时间). 我们可以以这样的方式确定任意曲线的参数, 由于参数 t 可能取正数, 也可能取负数, 通常考虑曲线为实数到平面的映射.

同一条曲线可以按不同的方式确定参数, 例如, 根据作图工具的速度, 所以必须将曲线的性质 (与参数选择无关) 和由特定选择的参数带来的附加性质区分开来. 这里的细节问题不应该耽搁我们很长时间, 我们只需要注意到这个问题即可. 这将在后文中讨论.

11.2 空间曲线

130 曲线也可以被作在三维空间中, 沿着 Clairaut 的 *Recherches sur les courbes à double courbure* (1731), Euler 和其他数学家在 18 世纪对空间曲线做了深入的研究. 空间中一条曲线上的点, 可以用某个参数确定, 如 t, 且可以参照通常的坐标 x, y, z 来确定位置.

我们将点在时刻 t 的位置记作 $P(t)$, 更精确地, 其坐标表示为 $x(t), y(t), z(t)$. 显然, x, y, z 随着 t 的变化而变化, 由此可以得到曲线的一个确切的表达式. 我们已经有曲线上点 P 处切线现成的图, 它表示在时刻 t 点移动的方向. 逼近点 P 的点的轨迹尽管不是圆, 但也在球面上运动. 沿着从点 P 向球心的半径, 有一条单位向量, 被称为主法线. 平面曲线的情形如下.

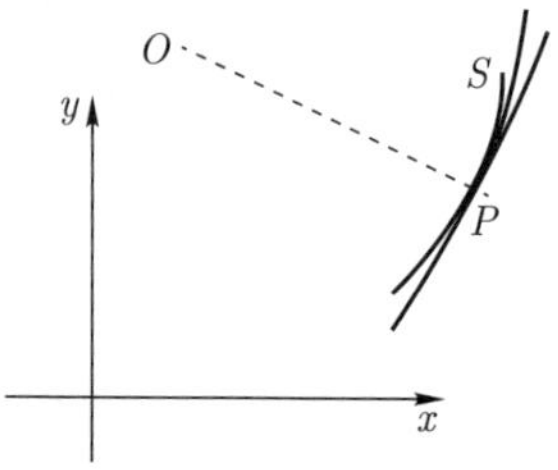

图 11.1

圆 S 与点 P 处的曲线十分接近, 该圆被称为曲率圆, OP 被称为曲线在点 P 的曲率半径. 相反地[1], 曲率被定义为曲率半径的倒数, 通常记作 κ. 曲线在某点的曲率表明, 曲线与在该点处切线偏离的方式. 三维的图形是类似的, 然而, 我们需要知道如何度量曲线与法平面和切线的偏离程度 (见图 11.2). 这个度量被称为挠率, 记作 τ, 通过沿与法平面垂直的线度量.

---

[1] 球面越小越 ‘弯曲’, 即, 球的半径越小.

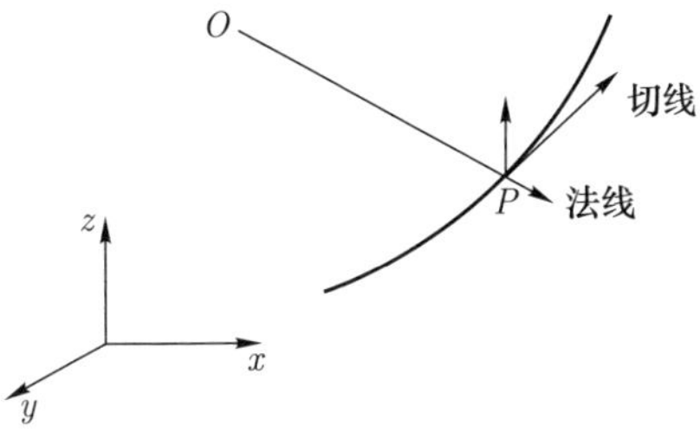

图 11.2

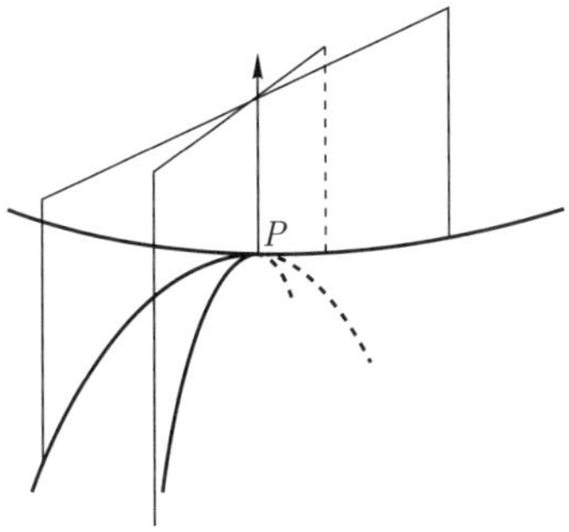

图 11.3

Monge[1] 和 Lancret 对空间曲线首次开展了较好的探究, 我们现在用来描述曲线的术语, 最早由 Frenet (1847 年) 和 Serret (1851 年) 提出. 人们发现仅仅考虑曲线上点的曲率和挠率, 就可以得到整个曲线的描述; 例如, κ/τ 131 是常数的曲线是螺旋线[2].

11.3 曲面

从曲线到曲面是一个自然的步骤, 通过两种方式可以实现这样的转换. 一种是通过研究测地线 (11.5 节). 问题是: 在曲面上的两个固定点之间最短的路径是什么? 在某种程度上, 最短路径在曲面上所有路径中具有特殊地位; 沿

[1] 见 G. Monge, *Applications de l'analyse à la géométrie* (1807).

[2] 该定理由 Monge 的学生 Lancret 于 1802 年提出, 首次被 B. de Saint Venant 证明, *J. Ec. Polytech.* 30, 26(1845).

着曲面拉紧的线占据了测地线的位置, 本质上源于没有倾斜的力作用在这条线上. 另一种转换到曲面的方式, 是利用平面取截面, 这样能得到曲线. 这是 Euler 在 1760 年以后的工作中独自采用的方式[1]. Euler 选取了曲面上给定点 P 的法线所在的那些平面, 研究了由这些平面截得的曲线. 那些在代数上
132 更难以处理的用任意平面截曲面的问题, 留给了 Meusnier. Euler 特别研究了曲面上这种类型的所截曲线的曲率. 他发现, 一般来说, 在给定曲面上过一点 P 的这类曲线中, 确切地有曲率最大和曲率最小的曲线. 这些曲线是过点 P 的主曲线. 进一步地, 它们在点 P 的交角是直角. 这是一个十分令人惊奇的结果, 我将用 Meusnier 的方式[2] 去讨论它, Meusnier 的证明比 Euler 的更加优美和现代.

在曲面上取一点 P, 考察过点 P 与曲面相切的平面. 我们可以令该切面的坐标为 (u, v), 然后将点 P 附近的曲面的方程, 以曲面在切面上方或下方的高度来表示. Meusnier 指出, 如果 r 是曲面在点 P 的曲率半径, 即在点 P 处与曲面十分接近的球的半径, 那么由在平面 $v = 0$ 上过点 P 且半径为 r 的圆的一部分旋转而成的曲面, 具有一个显著的特征, 该曲面与原曲面具有相同的主曲率, 只需要满足一个特定的宽松的条件. 新曲面是一个圆沿着一条线旋转所得的一部分, 因此是圆环的一部分 (见图 11.5). 本质上, 在圆环上只有两种类型的点: 在底部的点 P_1, 以及在凹陷处的点 P_2, 我们的新曲面与之相符. 在这两种类型的任意点处, 正如圆环上所有点, 主曲线的夹角为直角. 因
133 此, 根据 Meusnier 的论证, 原来平面上的主曲线的夹角也是直角. 进一步地, 我们发现所有 (非退化) 的曲面在局部上看起来, 或者像朝上或朝下的碗, 或者像马鞍, 因为这是圆环上所有可能的形状.

---

[1] 例如, L. Euler, Recherches sur la courbure des surfaces. *Acad, Sci. Berlin*, pp. 119–143 (read 1760, published 1767).

[2] G. Meusnier, 'Mémoire sur les courbure des surfaces', *Mem. Savants Étrangers*, 10, 477–501 (read 1776, published 1785).

Euler 也是第一个注意到曲面本质上仅由两个参数确定的数学家, 但这一结果的全部意义是由 Gauss 发现的[1].

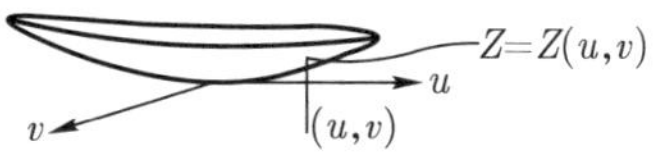

图 11.4

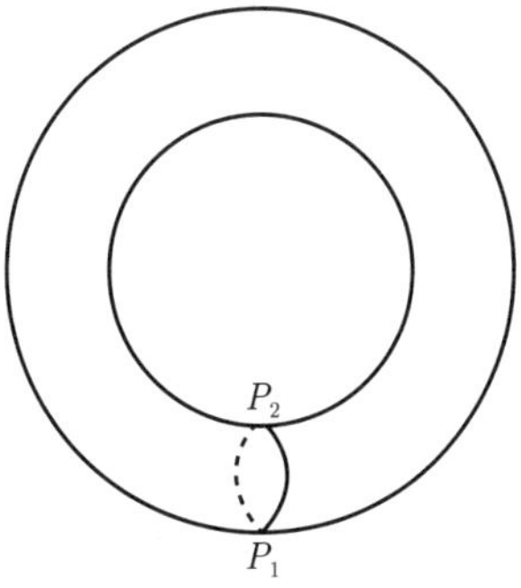

图 11.5

11.4 曲面上的坐标

我们通常用两种方式考虑大地: 一是将其看作我们走在上面的曲面, 可以用两个坐标 (例如纬度和经度) 来描述; 二是将其看作起伏升降的曲面, 且由此引入了第三个维度即高度.

在一个平坦的曲面上的矩形网可以由相同面积的正方形组成. 然而, 如果这样的网覆盖在一座山上, 它将不得不被拽紧, 其上的正方形网格不仅会变形, 而且不再具有相等的面积. 这就是为什么医用弹性绷带比普通的绷带更适合在关节和膝盖处使用.

如果要在曲面上放置坐标, 我们考虑将其看作一个网. 每个点由两个数值确定, 如图 11.6 中的 u 和 v, 就像可延展的方格纸覆盖在曲面上一样. 当我们用第二种方式去看待一座山, 正如三维世界中的曲面, 我们将给予点三个坐标, 但仅仅是特定的组合, 原因是 x 与 y 共同决定了高度 z.

(u, v) 的描述是内蕴的, 对于那些不得不住在曲面内的 ‘居民’ 来说, 这是 134
唯一可用的描述. E. A. Abbott 的 ‘平面人’ 是欧几里得的, 他那本吸引人的

[1] 见 L. Euler, *Opera posthuma*, Vol. 1, p. 494 (1862).

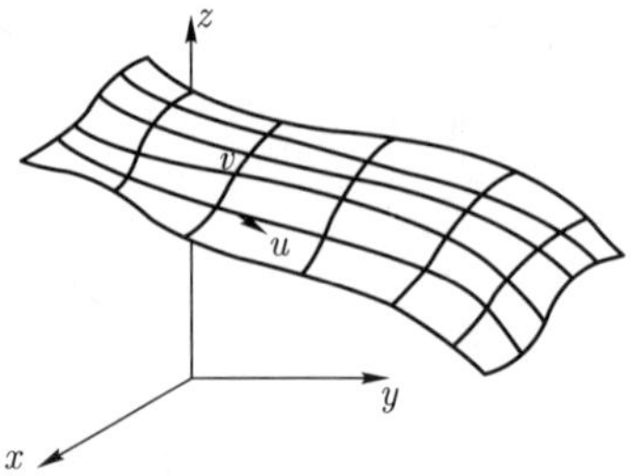

图 11.6 曲面的内蕴描述与外蕴描述

数学奇幻小说[1] 为我们留下了深刻印象, 即我们所使用的三维世界的内蕴描述, 当然, 他的外星人是三维的, 它们将二维曲面看作是**外蕴的**, 这是因为它们站在曲面之外 (在曲面的上方或下方). 曲面的描述既可以是内蕴的, 也可以是外蕴的, Gauss 在建立这两种描述上做出了充分的研究.

曲面上一点的曲率为

$$\lim_{A,B,C\to P}(\text{面积 } A'B'C' : \text{ 面积 } ABC),$$

其中 ABC 是包含点 P 的三角形, $A'B'C'$ 是在由曲面法线 AA', BB', CC' 确定的球面上的三角形. 以外蕴的方式, 我们容易看到, 当考虑由上述方法确定的曲线时, 曲率与主曲线之间就建立了有趣的联系. 除退化情形之外, 曲率 K 等于主曲线的曲率 k_1 与 k_2 的乘积 k_1k_2. 在两条主曲线存在的条件下, 这个结论为真 (一些典型的退化情形在本章的附录中). 例如圆柱面, 它的截面是圆, 有最陡的曲率. 最平坦的曲线是纵轴, 是一条直线. 因此圆柱面的曲率是零, 圆柱面被认为是弯曲的, 但没有拉伸的. 的确如此, 因为把一个圆柱在平坦的带有墨迹的方格纸上滚动, 圆柱上将出现一些矩形网格, 这些网格与方格纸上的没有任何区别. (在大范围上, 网格将与自身重叠, 但这不影响局部的几何.)

对于马鞍面, 如图 11.7 所示的点 P 处的曲线是主曲线, 它们的方向相反.

---

[1] E. A. Abbott, *Flatland— a romance of many dimensions— by a square* (1884). 译者注: 小说描述了二维世界平面国, 即无限欧几里得平面, 平面国上的居民是几何形状的生物——线、三角形、正方形、六边形、圆. 作者以正方形为主人公, 讲述了主人公从低维世界到高维世界的旅行故事.

一条曲线的中心在 P 的上方, 另一条曲线的中心在 P 的下方, 所以 k_1 与 k_2 符号相反, 因此马鞍面在点 P 的曲率是负的.

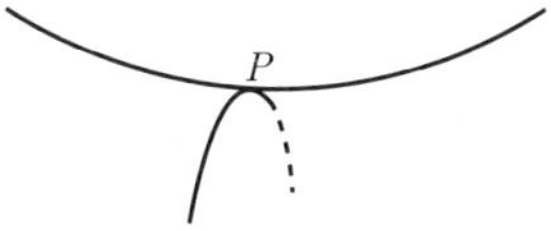

图 11.7

11.5 (内蕴的) 曲率

密切球面和主曲线都是被外蕴地确定, 原因是它们的中心和半径都不在曲面上, 所以对于仅在曲面上居住的居民来说, 它们是难以理解的. 但我们认为曲率在某种程度上是内蕴的, (u, v) 网格的本质将为我们的曲面居民揭露了曲率的内蕴性质. 在 1827 年之前, Gauss[1] 就发现了这一性质, 他在一个定理中几乎是偶然发现的, 原因是在很多例子中都有这一性质 (这是 Gauss 常用的发现方法, 他像许多大数学家一样, 沉迷于计算例子). 他对这个定理的发现十分兴奋, 甚至给它起了名字, 绝妙定理, 这个名字至今仍在使用. 在数学上, 如果曲率是内蕴的, 那么它一定不仅仅能够用 x, y, z 表示, 而且可以用 u, v 单独表示. 注意到 k_1 和 k_2 是不能以这样的方式写的. 绝妙定理说明 K 实际上可以由 u, v 单独表示. 135

内蕴地居住在曲面上的居民能够以各式各样的方式确定曲率. 假想他们希望在一座山上铺设一个正方形的坐标方格. 如果他们在每个顶点都标出一个固定的距离, 与上一个距离成直角, 那么他们将陷入麻烦, 原因是他们构造的不是一个正方形, 而是一个有开口的图形. 为了使正方形封闭, 他们必须将其中的一条边缩小, 或者改变一个内角的角度, 得到的图形让我们联想到 Saccheri 和 Lambert 的四边形. 在极限情况下, 随着边越来越小, ‘正方形” 不

[1] Gauss 关于这一主题的主要工作在他的《关于曲面的一般研究》中 (*Disquisitiones generales circa superficies curvas*, 1827); *Werke*, IV, 217–58.

能闭合的程度是曲面曲率的一种度量.

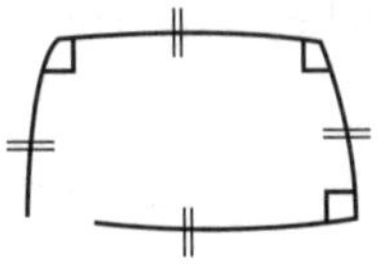

图 11.8

非欧几何的前期工作与曲面研究之间更深刻的联系体现在下一个定理中. 该定理由 Gauss 得到, 将曲面的曲率与在其上做的三角形的角亏联系起来. 对于一般曲面, 每一点处的曲率 K 都不相同, 因此定义了一个曲面上的函数. 在由侧地线围成的三角形 ABC 的区域上对该函数求积分, Gauss 证明了

$$\iint_{\triangle} K\mathrm{d}S = \alpha + \beta + \gamma - \pi,$$

136 其中 α, β, γ 分别是 A, B, C 处的角. 特别地, 当 K 为常数时 (曲面具有常曲率)

$$\iint_{\triangle} K\mathrm{d}S = K(\triangle ABC\ \text{面积}) = \alpha + \beta + \gamma - \pi$$

或者

$$\text{面积}\ (\triangle ABC) = \frac{\alpha + \beta + \gamma - \pi}{K},$$

这说明了面积与角亏的联系, 或更具体地, 是在这样的曲面上的三角形的角亏.

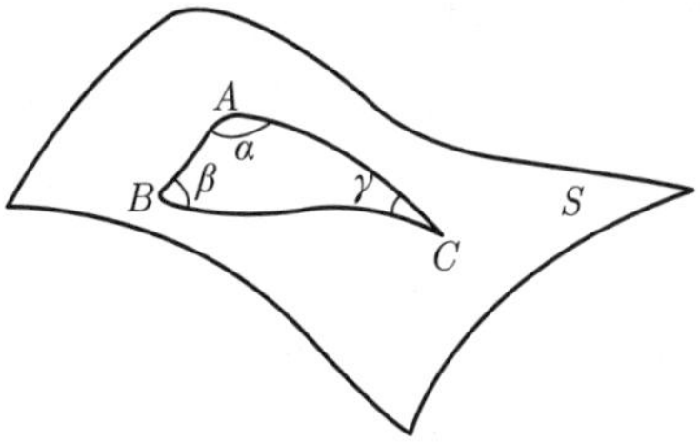

图 11.9　三角形 ABC 由曲面 S 上的测地线围成

Gauss 的工作建立了内蕴的语言, 通过这种语言可以对曲面进行描述和分析. 其他数学家将 Gauss 的技巧应用到新的问题中, 微分几何就这样开始

发展起来. 当然, 所有曲面中最简单的就是平面, 在我们理解平面几何中起到核心作用的, 是直线的概念. 自然地, 我们希望对曲面定义一个类似的概念, 并且我们的确几乎可以做到. 我们从平面情形抽象出直线的性质, 即直线是连接两点之间的所有曲线中最短的那条线. 例如, 在球面上, 两点间最短的距离, 是过这两点的大圆上的那部分. 但是在更一般的曲面上, 不能指望如此幸运; 可以徒劳地寻找最小长度的曲线[1]. 在平面的中心挖去半径为单位 1 的圆盘, 没有连接两个相对的点的测地线. 随着越来越接近圆盘的边缘, 更短的路径将连续地被发现, 但是没有最小长度的路径. 即使我们通过随意的许可将这些令人不愉快的曲面排除在外, 还存在第二个问题. 从连接两点的所有曲线中选取长度最短的曲线, 这一问题需要计算的技巧, 即众所周知的从相邻的值中局部地选取最大值和最小值的方法. 这样曲线 $y = x^3 - 3x$ 在 $x = 1$ 137
处有局部最小值, 在 $x = -1$ 处有局部最大值, 但显然不能得到整体上的最小值或最大值. 以类似的方式, 如图 11.10 所示的曲面, 其上的测地线是图中所示的曲线 AB, 但还有其他测地线, 其中显示了一种在表面周围环绕一次并且在这些路径中长度最小的测地线. 我们只能说微分几何比平面几何更奇怪.

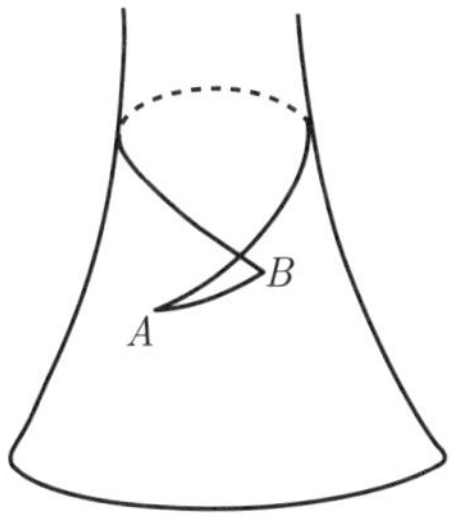

图 11.10

松紧带是测地线的一个很好的物理类比, 这种类比深入到力学研究, 在 19 世纪, 这是一个活跃的研究领域. 在两点之间拉伸的带子总是具有最小能量的结构. 在平面上, 带子在一条直线上, 在球面上, 它位于一个大圆之上. 对于更一般的曲面, 它将尽量沿着测地线, 但注意到在圆盘的例子中, 这样的带

[1] 这条曲线被称为测地线.

子不在曲面上也是有可能的. 为上述曲面选取一个松紧带, 将会帮助你确信缠绕的曲线也是测地线.

11.6 Minding 曲面

19 世纪 30 年代, H. F. Minding 研究了具有两点间存在多重测地线这一性质的曲面[1], 他的研究被遗忘了三十年. Minding 的曲面是负常曲率曲面. 正如我们不能在平面上做某些没有出现自相交的点的曲线 (如纽结), 类似的曲面也在三维空间中存在着. Minding 曲面通常由奇异点构成的圆作成, 这些点处的作图是非常不精确的. 曲面由一条曳物线绕其纵轴旋转而成. 曳物线的名字是 Leibniz 给出的, 指的是牵狗的绳子的形状[2]. 在线 l 上的一点 Q
138 通过一条给定长度的曲线与点 P 相连, 点 P, 即小狗, 在主人 Q 身后被拉着, 主人沿着线 l 行走, 点 P 的轨迹被称为曳物线. 这样的散步通常从 PQ 垂直于线 l 的位置开始, 即在图 11.11 中 P_0Q_0 的位置. Minding 的曲面由曳物线绕着线 l 旋转而成, 我用 S 来标记, 有时被称为伪球面; P_0 经过旋转形成了一个由奇异点构成的圆.

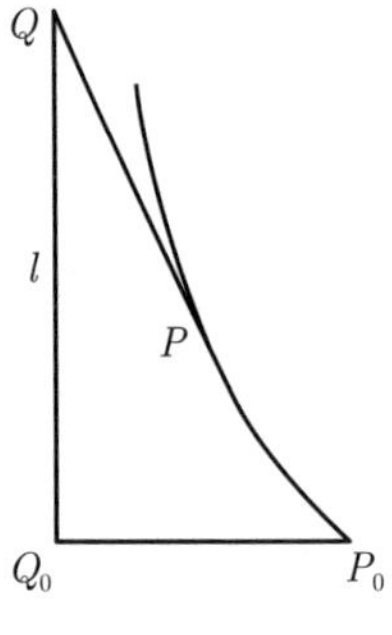

图 11.11

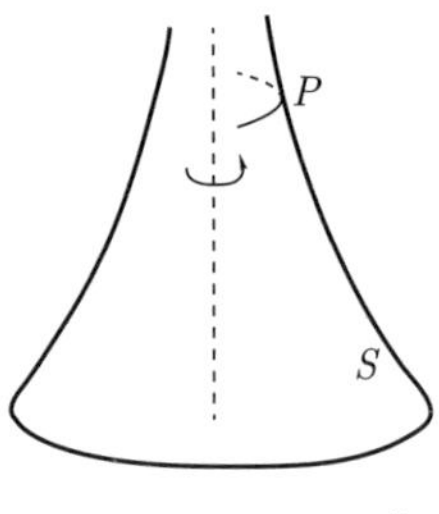

图 11.12　Minding 曲面

在任意一点 P, 曲面局部看起来像马鞍面; 最陡的上升的线是主曲线, 过

[1] H. F. Minding 的文章见 *Journal für Mathematik* (1839, 1840).

[2] Acta Euiditorum, 1693= *Math. Schriflen*, 5, pp. 294 – 301; 该问题最早由 Claude Perrault 提出.

点 P 的水平的圆也是主曲线. 因此它们的弯曲程度分别是正的和负的, 它们的乘积, 即主曲率在任意点处是负的. 进一步地, 曲面的主曲率处处为常数, 简单来看, 当我们将 S 上移, 纵向的主曲率减小, 水平的主曲率增大, 所以它们的乘积保持不变, 而向侧面移动显然没有任何变化.

Minding 的曲面上的几何由测地线构成的图形描述, 测地线即在曲面上被拉紧的线. 当然它们一定始终位于曲面的表面上, 而不会像地下的隧道一样跳跃地穿过曲面. Minding 感兴趣的是那些在度量上相同的曲面, 至少在小区域上, 例如圆柱面和平面, 原因是圆柱面可以沿着平面滚过. 他注意到弯曲不改变几何, 而拉伸可以, 这就是为什么将纸包在一个弯曲的物体外后纸会 139
变皱, 窗帘只能折叠起来. 要将一个本质上平坦的曲面覆盖在弯曲的曲面上, 可能需要一定的延展和变形, 像皮肤一样. 他还认识到一个常曲率曲面的重要性质, 在常曲率曲面 (如平面、球面、伪球面) 上的任何图形, 在曲面上移动时形状保持不变. 这也反映了曲率和延展之间的紧密联系. 为了理解这一点, 我们回到之前说明在弯曲的曲面上无法作正方形的论证——如果四边形的内角为直角, 那么边将不能连在一起. 现在使图形变形, 直到边可以彼此连接, 接着尝试将其移动. 如果你将曲率看作使得原始正方形裂开的力, 那么曲率的变化将使得你现在移动的图形裂开. 因此, 唯一允许全等图形不变形地移动的是常曲率曲面.

(根据 Saccheri 和 Gauss, 曳物线和它的轴类似于渐近平行线; 这种类似不是偶然的. Gauss 知道 S 曲面, 他在写于 1823—1827 年之间的未发表的笔记中将其看作是球面的反面旋转而成的曲面, 但他似乎没有将这种曲面与非欧几何联系起来 (*Werke*, VIII, p. 264).)

11.7 附录

Meusnier 的定理说明曲面在局部上十分接近于碗或者马鞍面. 如果破坏定理的条件, 在给定点附近曲面的形状可以是其他形式. 首先考虑非退化情形, 一平面与过碗状曲面上一点的切平面平行, 该平面与碗状曲面相交于一条闭合的曲线, 这条曲线可近似地看作椭圆, 在一般曲面上这样的点被称为椭圆的. 在鞍状曲面上的点被称为双曲的, 原因是在这种情形下, 与切平面平行的平面与曲面的交线 (近似地) 是双曲线. 介于二者之间, 存在一种退化的情形, 即抛物的点的情形. 在水平放置的圆环面上, 位于圆环面顶端和底端的两个由抛物点构成的圆, 将椭圆点和双曲点分割开来. 只有球面是所有点都是抛物点的曲面. 关于主曲线的论证通常在抛物点处失效, 事实上球面上过一点的每个大圆都是主曲线.

一个更有趣的退化情形是猴鞍面, 在这个曲面上, 三条主曲线相交于退化点. 曲面的方程是 $z = x^3 - 3xy^2$; 因为这个鞍状曲面的三个向下的部分中, 有两个适合放猴子的双腿, 一个适合放猴子的尾巴 (图 11.13), 所以称之为猴鞍
140 面.

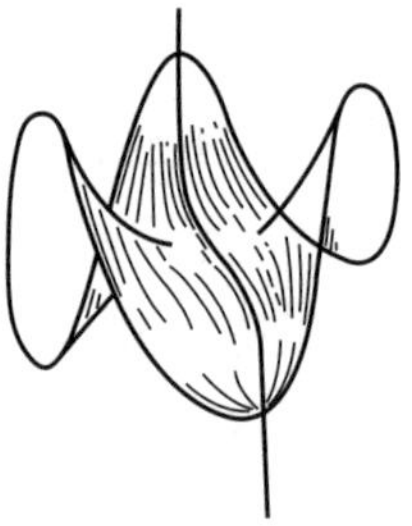

图 11.13

关于测地线作为直线的正确定义, 值得注意的是 Heron 的定义 (*Metrica*, 4)——直线是最大程度拉伸的线, 以及 Galileo 在他的 *Dialogue concerning the two chief world systems* 中的评论 (Stillman Drake 译, 1967, p. 16, University of California Press, Berkeley):

……简单的线, 只有直线和圆形的线, ……我也不想在柱状螺旋线上吹毛求疵, 它的所有部分都是相似的, 因此似乎应归在简单线中.

第十二章　Riemann 论几何学基础

正是在这种背景下, Riemann 创作了他的研究论文, 目的在于澄清几何学中的困惑. 我将复述 Riemann 的这篇论文, 并在方括号里面给出解释性的评论. 虽然 Riemann 表达的内容晦涩难懂, 但它相当重要. 这是有史以来第一次使用比 Euclid 更为基本的几何术语, 从而克服 Euclid 几何系统中的模糊之处与困难. Riemann 之后的数学家逐渐认识到 Euclid 隐含地做出了一些没有直接表达出来的假设; 例如, Euclid 隐含地假设了直线可以无限延长 (见本书第十四章). 进而, 人们可以通过去除欧氏几何的性质并添加新的性质来设计各种非欧的几何, 实际上现在的物理学尤其是相对论中经常出现这些新的几何. 所以, 让我们来看看 Riemann 这篇重要的论文. 需要指出的是, Riemann 在这篇论文中并未提到非欧几何的名字, 但是他的同行可以很容易看出该论文涉及非欧几何. 文章开头指出, 从 Euclid 到 Legendre 关于空间本质的认识都是含糊的, 为了解释说明, Riemann 考察了常曲率曲面, 还指出欧氏几何中的平面是常曲率曲面的特例. 接着, 他注意到如果曲面上的图形可以自由移动而不发生扭曲, 则有: 141

……那么曲率处处是常数; 当一个三角形的内角和已知的时候, 任意三角形的内角和都被确定 (*Hypotheses*, III, 1).[1)]

我们前面称该定理为 "三个火枪手定理".

Riemann 指出, 几何学总会预先假设一些用于建构空间的基本概念, 这些基本概念是没有定义的, 它们之间的关系通过公理确定下来. [因此通常的几何学中点和线没有定义, 相应的公理是过两点有唯一一条直线.] 这些假定之间的关系仍然处于黑暗之中: "人们看不清楚这些假设是否以及在多大

[1)] 这里引用 Riemann《论几何基础之假设》, 简称《假设》(*Hypotheses*). 出版于 *Abhandlungen K. Ges Wiss. Göttingen*, vol.13, 1867 或者 Riemann *Werke* (1876, Dover 1953), 272-287.

范围上是必需的，也看不清楚这些假设是否可能.”他提出，应当讨论空间. 他阐述道，我们生活的这个世界是“多重延伸量”的一个特例，多重延伸量由量的一般概念扩展而成. 于是，这样的量可以容许不同的度量关系，其中之
142 一就对应于我们生活的世界. 而到底哪个是我们的世界“只能通过经验获得”(*Hypotheses*, Plan.).

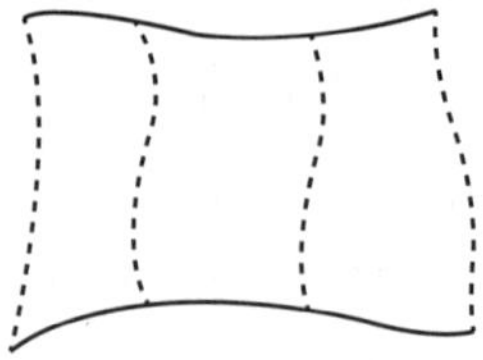

图 12.1

一个 n 重延伸量，或者流形，通过以下方式定义. 若经过一个给定的路径而且“测量的模式连续地变化”[颜色或者沿着直线的距离]，则得到一个 1 维流形 (例如光谱). 对 1 维流形中做变形，使得每一点对应于另一个 1 维流形中的一点，进而得到一个二重延伸量或称为 2 维流形，以此类推. 在 1 维流形的情形，只有向前或者向后的运动，而在 2 维流形的情形，需要两个不同的方向来描述运动，诸如此类. 类似地引入 3 维流形或者更一般的 n 维流形的概念.

也可以反过来，从 n 维流形得到 $n-1$ 维流形. [一个恰当的例子是地图中的等高线. 一个山丘的表面是 2 维流形，等高线则都是 1 维流形.] (*Hypotheses*, I, 3) Riemann 甚至愿意思考无穷维流形，当时超过 3 的维度都是很少被考虑的. 这里我们跳过.

接下来，他面临在 n 维流形中引入度量的问题；我们这里仅仅使用 3 维流形，Riemann 指出空间就是一个 3 维流形. 我们将考虑某种独立于位置的几何量. 每个点都有 x_1, x_2, x_3 坐标，3 维流形上的一条曲线可以参数化为 $(x_1(t), x_2(t), x_3(t))$，其中 t 属于某个区间. 沿着曲线连续地运动，将 t 改变 $\mathrm{d}t$，而 x 改变 $\mathrm{d}x$ [这里是 Riemann 使用的无穷小语言].

在合适的条件下，线元的平方，即 $\mathrm{d}s^2$，是 $\mathrm{d}x_1$, $\mathrm{d}x_2$ 和 $\mathrm{d}x_3$ 的二次函数. 例如，它可以像 Pythagoras 定理一样表达为 $\mathrm{d}s^2 = \mathrm{d}x_1^2 + \mathrm{d}x_2^2 + \mathrm{d}x_3^2$，而且一

般地这个二次函数处处都取正值. (于是, 在开平方根的时候不用担心虚的距离.) 通过这种方式, 一个三重延伸量 (沿着 x_1, x_2, x_3 三个方向延伸) 中确定曲线长度的基础知识就已经给出了.

假设取定一点, 并在这一点附近做出不同的最短线. 这些最短线呈现放射状, 附近的点都对应某一条最短线的某个长度 (*Hypotheses*, II, 2). 这些极坐标可以转换为 x_1, x_2, x_3 坐标[1], 而且线元平方转换为用 $\mathrm{d}x_1$, $\mathrm{d}x_2$, $\mathrm{d}x_3$ 表示, 并同时可能含有 x_1, x_2, x_3 的函数. [后面我们会给出二维的情形中, (x, y) 与 (r, θ) 的转换.] 如果测地线沿着坐标不弯曲, 则 $\mathrm{d}s^2$ 中不含 x_1, x_2, x_3 (例如三维欧氏空间中 $\mathrm{d}s^2 = \mathrm{d}x_1^2 + \mathrm{d}x_2^2 + \mathrm{d}x_3^2$, 最短线是 "直" 的). 143

[假设一条线段不改变长度地到处移动, 与假设一个图形可以不改变形状地四处移动, 第一个假设比第二个假设弱很多, 因为它允许曲面可以不是常曲率的.]

考虑不同于欧氏平面的一个 2 维流形或者曲面, 它具有不同的度量. 一点处的线元平方 $\mathrm{d}s^2$ 的表达式中的系数与 Gauss 曲率有关 (*Hypotheses*, II, 3). 特别地, Riemann 指出, 在常曲率曲面上一小片图形可以不伸缩地移动, 甚至在平面和球面的情形还能够不伸缩而且不弯曲地移动, 而伪球面不可以 (*Hypotheses*, II, 4).

该研究报告以 "对空间的应用" 结尾. 如果曲率处处为零, 则是欧氏几何. 不过, 如果假设图形可以不损坏地移动, 我们所生活的世界一定是一个常曲率空间, 其曲率可以通过考察三角形的内角和来确定.

Riemann 区分了无界与无限两个概念. 一条曲线可以是没有端点 (无界) 但有限的 —— 例如一个圆 —— 所以空间可以是无界的, 但不一定是无限的. 实际上, 它可能具有正的常曲率, 并因此具有有限的半径 (*Hypotheses*, III, 2).

这篇论文的最后是方法的总结, 从小处到大处, 从流形的局部性质过渡到流形的整体性质, 并明确地从数学过渡到物理.

Riemann 说了什么呢? 我们用曲面解释他的观点; 高维的情形放在本书

[1] 注意 x_1, x_2, x_3 是坐标轴的名称, 而非特定点的坐标.

最后一部分处理. 一个曲面是一个 2 维流形, 如图 12.2, 在任意一点 P 有两个基本方向, 其他任意一个方向都是这两个方向的组合. 两个基本方向可以作为 P 点附近的局部坐标系的坐标轴. 这些方向的选择没有唯一性, 因为任
144 意其他两个方向都可以, 只是会带来完全不同的坐标网.

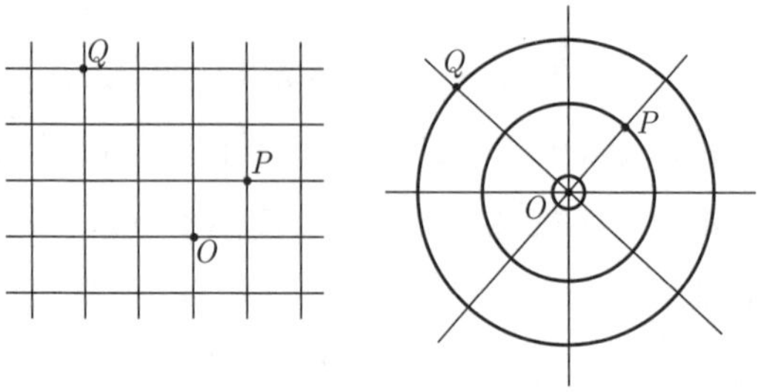

图 12.2

两个常见的平面上的坐标网是直角坐标网和极坐标网. 极坐标网由原点放射出来的直线以及以原点为中心的圆组成, 所以, 与直角坐标网不同的是极坐标网中原点是一个特殊的点. 这里我们需要假设 P 点不是原点.

Riemann 接着讨论如何在曲面上度量距离, 这隐含地涉及一些重要的微积分知识. 对我们的目的而言, 只需知道一条曲线的长度能够被确定下来即可, 于是可以找到点 P 与点 Q 之间的最短线或者测地线. 前面我们看到, 这不是一定可以做到的; 而当点 Q 位于点 P 附近时, 可以做到. 具有通常的欧氏度量的平面上 (当然平面可以具有其他度量), 测地线是直线, 在此时可以区分直角坐标网和极坐标网的区别. 在直角坐标网中, 每一条坐标曲线都是测地线, 但是极坐标网中的情形不同: 从原点出发的放射线是测地线, 而同心圆作为坐标曲线不是测地线.

接着 $\mathrm{d}s^2$ 与 $\mathrm{d}x_i^2$ 要发挥作用了. 在直角坐标的情形, 从点 P 到点 Q 的无穷小移动由沿着 x_1 移动 $\mathrm{d}x_1$ 以及沿着 x_2 移动 $\mathrm{d}x_2$ 组成, 合成的运动 $\mathrm{d}s = \sqrt{\mathrm{d}x_1^2 + \mathrm{d}x_2^2}$ 是三角形的斜边. 这里与 Pythagoras 定理类似的形式特别简单, 因为坐标网由测地线组成. 但是, 在极坐标的情形, 从点 $P = (r,\theta)$ 到点 $Q = (r + \mathrm{d}r, \theta + \mathrm{d}\theta)$ 的运动, 由径向的运动 $\mathrm{d}r$ 和绕圆的运动 $\mathrm{d}\theta$ 组成, 绕圆的运动距离为 $(r + \mathrm{d}r)\mathrm{d}\theta$. 通过一些计算可以得到总距离为 $\mathrm{d}s = \sqrt{\mathrm{d}r^2 + r^2\mathrm{d}\theta^2}$.

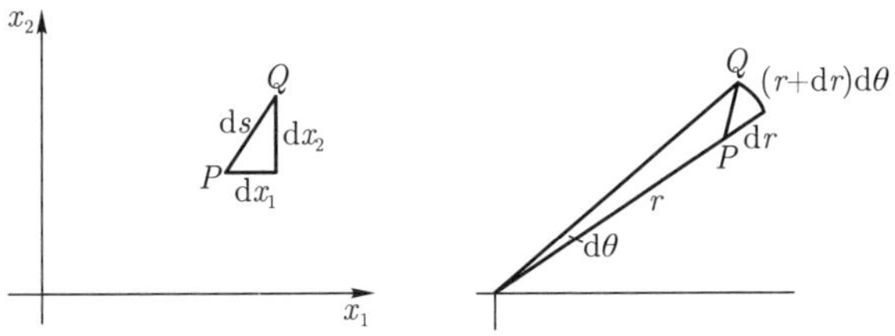

图 12.3

这个模糊不清的措辞 ‘测地线相对于坐标弯曲” 是指, 在极坐标网中绕同心圆运动看起来很自然, 而沿着测地线运动就显得不自然了. 如果某个极坐标网是我们看世界的自然方式, 那么测地线的弯曲将是直线留给我们的感觉. 表达式 $\mathrm{d}s^2 = \mathrm{d}r^2 + r^2\mathrm{d}\theta^2$ 中的 r^2 就是弯曲坐标的数学表达. 实际上, 是极坐标网的坐标曲线弯曲了, 而非是曲面本身.

但是, 我们最感兴趣的不是具有不同内在度量的曲面的不同参数表示. 更 145
重要的是不同曲面所具有的不同度量这一观念, 最简单的例子是三种常曲率曲面. 在每种曲面上, 测地线的几何被建立起来; 对平面来说是欧氏几何. 在球面上是球面几何, 它与欧氏几何有相似, 但很大的区别是任意两条直线 (即大圆弧) 相交两次而非一次 (表面上相似的局部性质导致了整体性质的不同, 这是用微分方式研究几何的典型). 在伪球面上, 我们得到 Lobachevskii-Bolyai 几何, 遗憾的是两点之间有很多条测地线. 我们首次可以有一种方法来说明各种几何, 而不用做出关于平行线的回避问题的假设.

Riemann 的深刻洞见是, 几何学的基础在于位置的概念, 而且位置与位置的关系可以由方向和距离来表达. 通过这些基本概念, 我们可以刻画所有的经典几何, 还可以发明一些在物理学等领域有意义的新几何.

为了证实 Lobachevskii-Bolyai 几何确实存在, 我们需要在一个曲面上定义度量, 而且该度量使得测地线可以是渐近的. 在不使用分析学的情况下我们没法做到这些, 但是我们可以给出两种供参考的证明思路. 一种方式是从坐标网出发, 一束相互平行的直线以及与它们相对应的所有极限圆分别是两类坐标曲线. 这是一种极坐标网. 另一种方式, 回到 Lobachevskii 使用的经典映射, 将欧氏平面的坐标网 (即碗状的极限球面) 映射到非欧平面上.

如果两个过程之一可行, 那么就可以说明 Lobachevskii 和 Bolyai 的公式是合理的, 这些公式成为 Riemann 意义下的几何公式. 然而在此之前他们的工作缺乏分析基础, 将 K 换成 $\mathrm{i}K$ 的意义是不清楚的, 现在可以将新度量的引入解释清楚. 这里的分析只需具有一致性, 就可以完成整个图景.

146 令人开心的是, 我们终于可以知道图 12.5 中的三角形的边中哪些是弯曲的、哪些是直的, 答案虽然简单但并不显然, 在不同的几何中是否是直线依赖于曲面及其度量. 直与弯曲这两个直观性的概念由更基本的概念确定, 即距离的概念, 这是不同于旧的 ‘纯几何” 的方式, 这也是为什么 Riemann 可以回答一些问题而之前的几何学家不能回答的关键.

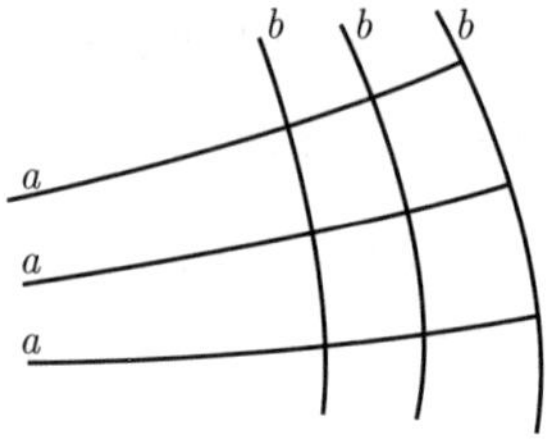

图 12.4

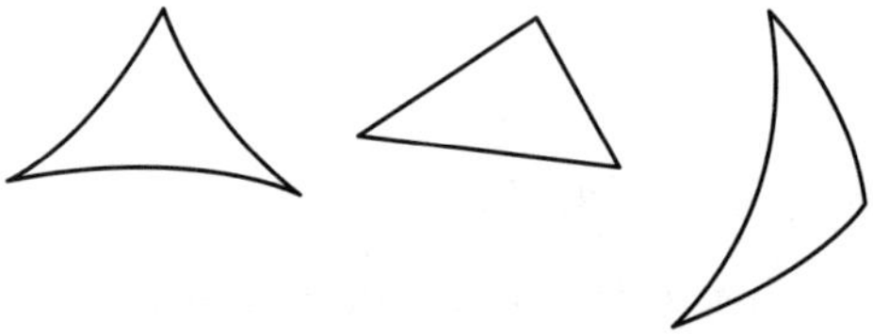

图 12.5

第十三章 Beltrami 的想法

Riemann 的思想缓慢地传播着. 1868 年, Beltrami 发表了关于 Lobachevskii 工作的解读, 他在 Lobachevskii 工作的基础上独立地到达了一个与 Riemann 相似的位置. 令我们感到庆幸的是, Beltrami 的工作是描述性的, 远比 Riemann 的更直观. 同时, 他的工作也能够澄清几何学的正确性意味着什么. 147

考察平行公设的一个等价形式: 相似三角形存在. 两者之等价可能带来以下回应:

(1) 现实中存在相似三角形, 所以平行公设得证.

(2) 并非如此. 该定理只是说明相似三角形的存在性等价于平行公设, 但这个奇怪的结果使得我们倾向于反对其他替代的几何.

(3) 前一条中的倾向是不公平的; 因为数学都是不可置疑的. 但是, 我们可以通过实验来确定我们生活的世界是哪一个 (因为不存在相似三角形意味着三角形内角和与面积相关联).

在 Lobachevskii 和 Bolyai 所处的从 (2) 到 (3) 的转变过程中, 数学的真理性这个恼人的问题出现了. 数学可以分为两部分, 一部分是实证的, 其他的是另一部分. 对于世界的其他无穷多种可能性, 如何看待其描述的逻辑位置呢? Lobachevskii 通过绝对球面三角学从欧氏几何过渡到非欧几何的方式给该问题以启示: 相对相容性的想法. Beltrami 的模型则首先证明了, 如果旧几何是相容的, 则新几何也是相容的, 他的方法是: 若新几何中有矛盾, 则导致旧几何中也有矛盾.

让我们回到 Bolyai 和 Lobachevskii 经典的投影映射, 一个曲面位于另一个曲面上方. 底部曲面上的直线满足非欧几何的公理. 下方的整个平面都是上方曲面的一个圆形区域的像, 严格地说, 是圆形内部区域的像, 因为其边界 Ω 由与底面渐近的线定义. 如果我们做出圆形区域内部, 将得到整个非欧平面的一个易于处理的图景. 位于下方的非欧平面中, 直线对应着极限圆的一些部分.

想象光线从桌面出发, 沿着线束的路径向上射出. 在这种方式中, 整个桌面投影到碗状曲面的一部分, 尽管两个曲面上的距离是不同的. 通过这种方式, 我们能否使用欧氏平面的一部分来描述非欧几何的图景? 首先, 在这个映射中直线和三角形具有什么性质? (这个图景就是非欧几何的一个模型.)

148

假设直线 a 与直线 b 相交, 而直线 a 与直线 d 不相交. 如果你将直线 a 与直线 d 向圆外延长, 它们将会相交, 但我们称它们不相交, 因为在经典的映射中圆盘外面的点在非欧平面上没有像. 边界 Ω 上的点也是如此, 所以在我们的模型中, 直线 a 与直线 c 不相交. 它们是平行线, 而直线 a 与直线 d 是超平行线. 如果我们希望追随 Riemann 的方式, 则需要在 Ω 内部区域引入度量进而获得那些非欧几何的公式, 实际上 Beltrami 正是这样做的, 让我们继续跟随 Beltrami, 尝试用经典几何的语言来表达我们的结果.

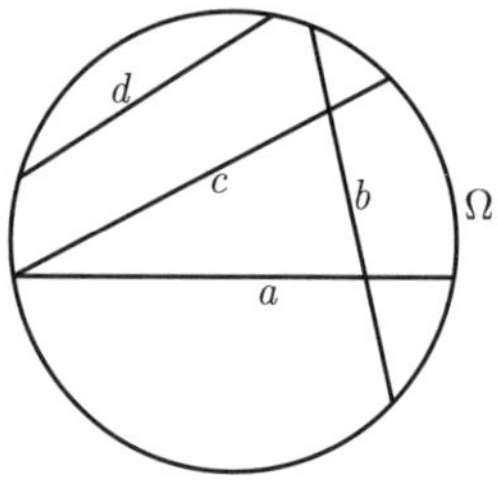

图 13.1

我们需要定义点、直线, 并检查除了平行公设以外的所有公理. 很容易检验全部公理, 它们在新几何中的正确性依赖于它们在旧几何中的正确性. 设想我们试图检验两点确定一条直线: 只需在欧氏平面上做出过两点的直线并保留 Ω 内部的部分. 如此构造的过两点的直线是唯一的, 因为, 假若过两点有两条直线, 那么移走 Ω 便给出了欧氏平面上过两点的两条直线.

我们能否不考虑圆盘上的某种巧妙的度量, 而是考察三维空间中的某个曲面具备的自然的度量呢——就像球面那样? 可以, 但是不能做到完美. Beltrami 通过 Minding 的伪球面来说明他关于非欧几何的映射所具有的一些性质. 在伪球面上, 距离由测地线的长度定义出来. 伪球面上的三角形由测地线

段组成, 我们可以验证它们符合一些特定的三角学公式.[1] 这些三角学公式是 149
Taurinus、Lobachevskii 和 Bolyai 的公式, 所以伪球面上的几何就是新几何. 其中之不完美在于, 伪球面就像一个圆柱一样, 伪球面上环绕着的测地线相互有交点. Beltrami 的圆盘与伪球面的关系, 正是普通平面与普通圆柱的关系.

在 Beltrami 的论证中隐含了一个惊人的结论, 在很久以后才被明确地提出来: 欧氏几何与非欧几何是相对相容的. 换句话说, 或者两者分别都是逻辑上相容的系统, 或者两者都不是. 因为, 任何证明非欧几何中有矛盾的方法都需要: 某种图形存在, 同时某种图形不存在. 但是圆盘中的任意图形都可以解读为欧氏几何中的图形, 所以关于圆盘的任何命题依然可以严格地用欧氏的术语表述. 因此, 如果非欧几何中有矛盾, 这将导致欧氏几何也是矛盾的, 即这两个几何相对相容.

奇怪的是, 难以确定是谁最早得到这个结论. 在本书第一版中, 我和 Greenberg (1974, p. 183) 一样将该结论归功于 Beltrami, 并将模型中的度量归于 Felix Klein. 实际上这个观点来自 Bonola, 他在其专著中多次强调, Beltrami 和 Klein 的工作表明平行公设是无法得到证明的. 但是, 证明非欧几何的相容性与证明非欧几何与欧氏几何相对相容并不是一回事, 因为前者需要对非欧几何给出欧氏微分几何的描述. 当然, Beltrami 通过给出特定曲面的内蕴几何已经证明了新几何是可能的. 其他人, 例如 Klein, 则在射影几何的背景下证明非欧几何是相容的. 或者说, 他们证明了如果欧氏几何 (对 Klein 而言则是射影几何) 是相容的, 那么非欧几何也是相容的. 相对相容性中的额外部分是, 如果欧氏几何是不相容的, 则非欧几何也是不相容的. 而人们在很长时间内都未得到这个结论, 原因是人们普遍相信欧氏几何的正确性. 实际上, 这个相对相容的结论是以公理方式研究几何时才会提出的. 现在我认为 Bonola 本人在给自己专著的英文版添加的附录中首次提出相对相容性陈述. 事实上, 我认为, 正是由于 Bonola 深受意大利学派以及 Hilbert 将公理化精神引入几何的影响, 他对 Beltrami 和 Klein 的工作给出错误的解读, 在

[1] Beltrami 这里借用 Codazzi 1857 年的论文来说明伪球面的内蕴几何恰好是双曲几何. 但是 Codazzi 错过了伪球面与非欧几何的关系, 因为他不知道 Riemann 的工作.

150 我看来他夸大了 Beltrami 和 Klein 对于相容性问题的贡献.

回到 Beltrami 的工作, 欧氏平面上的一个区域可以展示新几何的性质, 于是新几何的相容性依赖于旧几何. 这种方式被称为构建公理模型, Beltrami 的非欧几何模型是这种方式的第一个例子. 为了完成这个模型, 还需要在 Ω 内部定义符合条件的度量, 这种度量可能会很奇特. 圆盘的弦必须是测地线, 而且弦在非欧几何中的长度必须是无穷大. Beltrami 做出了这些 (见下文). 现在我们需要给出一个更为重要的哲学论点.

常常有人不恰当地争论说, 新几何的发现抑制了特定的关于数学真理的 Kant 式的观点: 数学是关于世界的**先验**真理. 由于只有一个世界, 所以 Kant 式的观点导致关于世界只有一种真正的几何学. 一个更加中肯的评价是, 数学家们相信他们的工作是真理而且这个世界可以被数学描述. 但是, 在这两种观点中数学都被现实固定下来, 数学的真实性常常由于可以描述自然而得到强化. 只要假想的世界是平凡而怪异的, 人们就不用担心. 随着对非欧几何世界的描述越来越多, 它们一开始就引起了反对的情绪: 在危机中数学家们相信他们所处的世界是唯一的世界. 这个危机发展得很深, 危机之解决也带来了如此深远的影响 (至此我们尚未探索其影响), 以至于关于数学真理的 Kant 式观点无法站得住脚. 难以置信的是, 世界有无穷多种可能性, 而我们栖居于其中特定的一个 (上帝怎样知道选择哪个世界呢?). 更精确地说, 数学如何能揭示属于这个世界而不属于其他世界的特定真理呢? 如果承认数学客观公正地描述所有可能的世界, 那么如何看待数学的真理性呢? 我们不能通过实验证明数学, 如果它在不同的物理世界中都一致成立. 曾经有段时间, 证明新数学关于旧数学相对相容就可以作为这个问题的回答, 但是这个解答是不完整的.

或许, 全部数学的真理性都有待怀疑. 如果旧几何都成问题, 那么新几何的正确性依赖于旧几何就不足以说明问题了. Beltrami 的模型是在两个数学之间建立相对的相容性, 只有当旧数学为真的时候, 他才能够得到新数学也是真的. 但是, 这恰好是不确定的. 那么怎样获取真理呢? 如果你相信科学真理, 就像 19 世纪的人们那样, 那么第一个方向就开启了. 对于现实世界的科学研究构成了可供接受的基础, 而相对相容性的证明网络则可以为数学提供真实性与意义. 我们生活在某种特定类型的世界 (可能 $K = 0$, 即欧氏的), 还有一些其他的世界也是真实的但我们无法进入. 它们在数学上可能是成立的, 但是并不存在. 数学于是成为我们理解它们的唯一方式. 151

第二个方向更明智, 可以将数学的不同分支建立等级, 于是欧氏几何建立在一些更为基础的分支之上, 我们也可以尝试发现在等级底部的不容置疑的真理. 一个显然的资源是希腊人所认知到的: 逻辑学. 或许可以证明数学与逻辑学相对相容, 而否认逻辑学是没有意义的.

这里需要强调, 模型的方法比传统的演绎方法更具有创新性. 一个模型是一个公理集合 (包括随之而来的演绎推理) 以及它与另一个公理集合之间的联系. 正如几何学中的例子一样, 两个不同的公理集合可能是相互矛盾的. 然而相对相容性是指, 如果第一个集合中有矛盾, 那么第二个集合中也会有矛盾. 我们或者接受平行公设, 或者否定它并固定下来某个 $K \neq 0$. 我们不能同时接受两者, 但是我们可以断言, 如果 $K = 0$ 会出现问题, 那么 $K \neq 0$ 也会出现问题.

第一个方向使得数学真理成为经验真理, 即一个数学陈述是否描述了经验世界的问题. 第二个方向试图为数学寻求无懈可击的逻辑的或者其他形式的基础, 以 Russell 和 Hilbert 为代表的一些数学家在这个方向上做出尝试. 这些尝试的奇特而又出人意料的命运在其他书中有记载 (例如 Körner 1971), 这个故事太长我们只能略过. 结果是这个方向无法获得令人满意的实现, 至少无法满足其原始倡导者提出的满意标准. 即使我们避开这些基本问题——人们确实思考过是否有必要讨论这一类基础 (例如, Lakatos 1976 和 Putnam 1974)——仍然存在着哪些数学推理是合理的这样吸引人的问题. 前面我指出过, Bolyai 与 Lobachevskii 论证的独特威力根植于分析技术中, 而非传统几何学中. 现在几何学的微分几何表达已经给出, 那些分析技术值得再次审视.

Lobachevskii 本人似乎也在几何学与分析学之间建立了一些联系. 可以说, 他通过给出新几何到分析学公式的过渡, 努力尝试建立新几何与分析学的相对相容性. 这样的模型更难建立, 而且需要比 Lobachevskii 所掌握的更为清晰的基本概念, 但是 Lobachevskii 的工作有这种倾向.

152 每一种几何学实体都可以成为一种分析学实体, 例如一个变量或者一个函数. 每个几何性质都成为分析学上的关系 (相等, 不相等, 或者恒等)(见下面的例子). 必须证明几何学中的矛盾 (例如, 假设平行线不唯一, 但最终得到平行线是唯一的) 导致分析学的矛盾 (例如, 两个数量之间既存在严格的不等关系, 又有相等关系). 但是, Lobachevskii 没有做到这些. 尽管 Lobachevskii 给出了一些漂亮的公式, 但是这是不够的. 新几何可能是错误的, 但同时拥有一些漂亮的公式, 因为错误可以推导出正确的内容. 逻辑所禁止的只是从正确的推导出错误的, 所以 Lobachevskii 应当尝试的是从他的公式中获得矛盾, 或者更好的情况是, 通过分析学刻画他的几何进而证明他的公式不会有矛盾, 即列出一系列公式并分别从更基本的分析学将这些公式都推导出来. 但是, 这需要更多的数学知识, 可是当时的数学群体在一段时间内并不具备. 直到 1898—1899 年才由 David Hilbert(可参见 Wolfe, 1945) 给出欧氏几何的完备公理刻画, 于是整条实数轴也被并入了几何学——这也许显得有些贪婪. Blumenthal(1961) 评论说: ‘Hilbert 的公理系统的相容性如同实数集的算术一样. ”

欧氏几何的分析学模型

在 Lobachevskii 可以理解的意义上, 笛卡儿几何或者坐标几何是欧氏几何的一个模型. 平面上每一个点可以对应一对实数 x 和 y, 即 (x, y). 平面是所有这样的实数对 (x, y) 的集合. 一条直线可以表示为实数对 (x, y) 的一个集合, 存在某对 a 和 b, 使得:

$\frac{x}{a}+\frac{y}{b}-1=0$, 或者更一般地, $bx'+ay+c=0$.

$-\frac{b}{a}$ 被称为是直线的斜率. 当且仅当两条直线不相交时, 两条直线平行. 当
153 $a'b-ab'\neq 0$ 时, 两直线 $\frac{x}{a}+\frac{y}{b}-1=0$ 与 $\frac{x}{a'}+\frac{y}{b'}-1=0$ 的交点为:

$$x=\frac{aa'(b-b')}{a'b-ab'},\quad y=\frac{bb'(a-a')}{ab'-a'b},$$

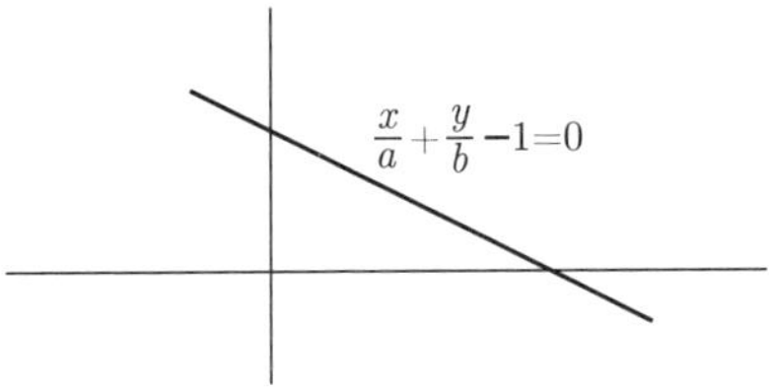

图 13.2

当 $a'b-ab'=0$ 时, 两直线有相同的斜率. 因此, 过点 P 而且平行于直线 $\frac{x}{a}+\frac{y}{b}-1=0$ 的直线是唯一的, 它是过点 P 且具有斜率 $-\frac{b}{a}$ 的直线.

如果我们跟随 Riemann 的思想, 我们需要定义度量

$$d\{(x_1,y_1),(x_2,y_2)\}=\{(x_1-x_2)^2+(y_1-y_2)^2\}^{1/2}$$

并且证明 $\frac{x}{a}+\frac{y}{b}-1=0$ 是测地线的方程. 我们也可以推导两条直线夹角的公式, 但这里不推导了. 可以观察到, 不同的度量导致不同的测地线 (直线), 因此导致关于平行线的不同结论.

我们考虑 Lobachevskii 为双曲几何建立的双曲三角学公式. 他是在非欧几何成立的假设下推导的, 这里我们不做这些假设而仅仅从与分析学一样正确的公式开始. 可以这样理解它们, 从欧氏平面 (不论是极限球面还是平面) 到曲面的映射既定义了欧氏平面的三角形, 又定义了曲面上的度量. 因此, 这些公式本身已经足够了, 但是如果让 Lobachevskii 认识到这些, 需要在他精彩的工作之外加上 Beltrami 概念性的发现. 不过, 我们可以想象, Lobachevskii 直觉地感到这条路径是正确的. 他认为, 几何就是研究度量和几何量之间的函数关系, 因此需要用分析的语言恰当地描述. 这种观念与方法显然已经突破欧氏几何的方法. 一旦这样看待几何学, 合适的背景就是 Beltrami 的思想与 Riemann 的思想. Lobachevskii 工作的接受过程是很尴尬的, 这种与欧氏几何不同的几何学的正确性问题需要在公理化思想下表达出来. 这位俄国数 154
学家去世时, 不仅他的几何体系的相容性未被证明, 而且他试图从几何角度说明的该几何的合理性也在一代人之后才被接受.

第十四章 新的模型与旧的论证

非欧几何学历史阐述的重点通常被放在了过直线外一点有无穷多条直线 155
与已知直线平行的几何. 还有一种替代性的几何, 即不存在平行线, 而这种可能性被 Saccheri、Legendre 等数学家否定了. 但是球面几何自始至终都存在着 (球面上的大圆作为直线), 而且其中确实没有平行线. 通过对几何学的重构, 我们回到这个矛盾并把它解释清楚. 从历史上看, Riemann 是第一个做这件事的; 关键的想法来自《假设》第三章第 2 节, 其中 Riemann 指出直线可以是无界但有限的. 直线与球面上的大圆类似, 如果接受这个提议, 我们就可以用微分几何学的方法进行研究. 不过, 球面几何有一个小的污点安慰着 (或误导着) 1854 年之前的数学家: 球面上任意两个不同的大圆相交于某一条直径的两个端点.

走出误解的方式, 不是由 Riemann 提出而是由 Felix Klein 提出的,[1] 即不考虑整个球面而只考虑半个球面. 对于球面上的点, 每一组对径点只取其中一个, 不妨只取上半球面上的点 (注意只取赤道的一半). 我们不再有大圆, 而只有大圆的一半, 而且任意两个半圆恰好相交一次. 通过这种方式, 我们获得了一种几何, 其中把半圆作为直线. 为了完整地描述该几何, 我们必须定义曲面上的度量, 但这是简单的. 我们可以使用熟知的曲面距离, 并考虑航海式的大圆. 在一个半径为 R 的球面上, 两点的球面距离正比于连接球心所得的球心角, 我们使用该角作为距离的度量.

对应的三角学就是通常的球面三角学, 通过这种方式可以把球面几何理解为正常曲率曲面上测地线的几何. 它的名字可以是射影几何, 或者严格地说, 椭圆几何, 但不可以叫作 Riemann 几何, 因为后者指的是对具有某种度量

[1] F. Klein, Über die so-genannte nich Euklidische Geometrie, I, §11, *Math. Ann.* 4 (*Ges. Math.*, Abh. I, 16) (1871). Klein 用微分几何学术语考虑了测地投影.

的流形的研究.

直线的有限性是它最新颖的特征; 所有的直线长度都小于 πR (参见第五章). 一旦接受该特征, 这种几何就好处理了. 例如, 该几何中以 E 为中心、以 ρ 为半径的圆是什么样的? 圆上的一点 F 位于与 OE 呈倾斜角 ρ 的某一条半径上. 该曲线位于以 O 为顶点、以 ρ 为倾斜角的圆锥上, 可以在图形中看
156 出圆锥与球面的交线正好是圆形的. 在椭圆几何中, 两条曲线的交角为它们在欧氏空间中的切线的夹角.

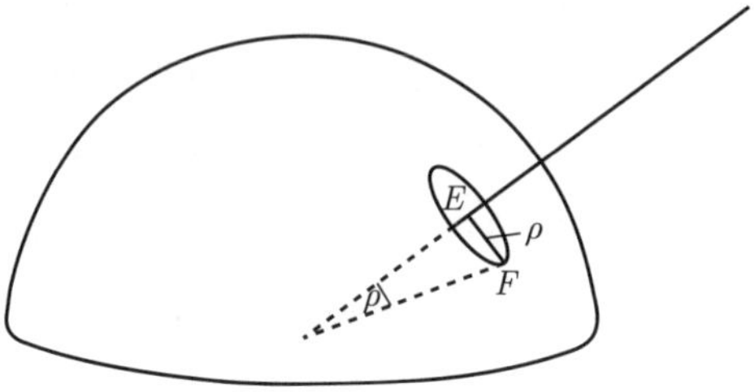

图 14.1

关于椭圆几何的历史, 有趣的是, 人们很晚才获得这种关于非欧几何的简单描述. 人们不能较早地发现它, 可以归因于对几何学基础的主流观点; 只有在 Riemann 的框架之下, 这些论证才能被理解为几何论证, 这个简单的模型才能被认为描述了与欧氏空间几何类似的几何. 由于球面几何中任意两条 '直线' 围出一块面积, 所以 Lambert、Kant 以及 Taurinus 都反对把球面几何作为空间的一种几何.

为了重新解读从 Saccheri 到 Legendre 的几何学工作, 有必要建立一种比我们目前阐述的双曲几何模型更好的一个模型. Beltrami 模型的缺点是, 它缺乏视觉直观. 这里有一个深层的原因, Riemann 之后 50 年数学家才发现. 球面几何的度量是容易找到的, 因为我们可以在三维欧氏空间中把整个球面画出来. 但是如 David Hilbert 1901 年论证的,[1)] 对双曲几何无法做到同样的事情. Minding 的曲面是具有负常曲率的旋转曲面, 可以在三维欧氏空间中以

[1)] D. Hilbert, *Über Flächen von konstanter Gauss'scher Krümmung* (transl. *Am. Math. Soc.*), pp. 86–99 (1901); *Grundlagen der Geometrie*, pp. 162–75 (1898–9).

不同的方式画出它, 但是总会有奇点, 即总有一个测地线无法穿过的区域, 于是该二维流形 (或曲面) 有边界. 在三维欧氏空间中尝试作出该曲面却发生了意外, 其原理正如纽结在二维欧氏空间会自相交. 所以, 无法给双曲几何定义一个具有视觉直观的自然度量.

不过, 我们还是可以对模型进行改进. 可以坚持在欧氏空间的一个圆形
区域上给出双曲几何模型的想法, 于是度量肯定是某种奇怪的度量, 因为双曲 157
直线的长度是有限的. 但是, 我们能够通过合适方式定义角度, 使角度具有视觉直观. 该方式是 H. Poincaré 在 1881 年发现的, 它依赖于球极投影. 我们这里给出一个等价版本 (见他的全集, 第 2 卷, p. 1).

想象将一个球放在一个平面上, 球面的北极在正上方. 连接北极和球面上任意一点并延长, 将球面投影到平面上. 在该映射中, 北极没有对应的像, 但是我们只需要考虑球面上一部分区域的映射即可. 这个映射的本质特征是, 它具有保角性和保圆性 (见图 14.2).

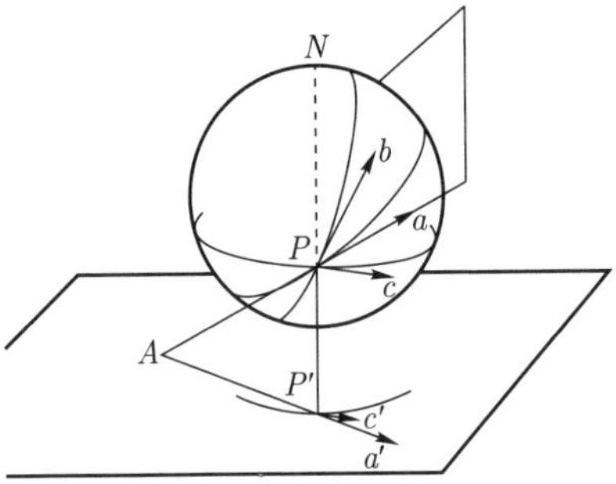

图 14.2

球面上两个大圆之间的交角等于它们在交点处切线的夹角, 于是我们将图 14.2 简化为图 14.3. 先看图 14.3(a). 由 NP 和点 P 处的切线确定的平面 a 与底面相交于 a', 设 a 与 a' 相交于点 A. 记 a 与 c 的夹角为 α, 它们在底面的投影 a' 与 c' 的夹角为 α'. 下面只需证明 $\alpha = \alpha'$, 同理可证 $\beta = \beta'$, 从而 $\alpha - \beta = \alpha' - \beta'$ 即为所求. 为了证明 $\alpha = \alpha'$, 首先注意所有纬度圆的投影都是同心圆, 而且 NP 与 c 的夹角以及 NP' 与 c' 的夹角都是直角. 因此, 观察由 NP 与 c 确定的平面, 由于对称性可知 $AP = AP'$, 从而 $2R - \alpha = 2R - \alpha'$,

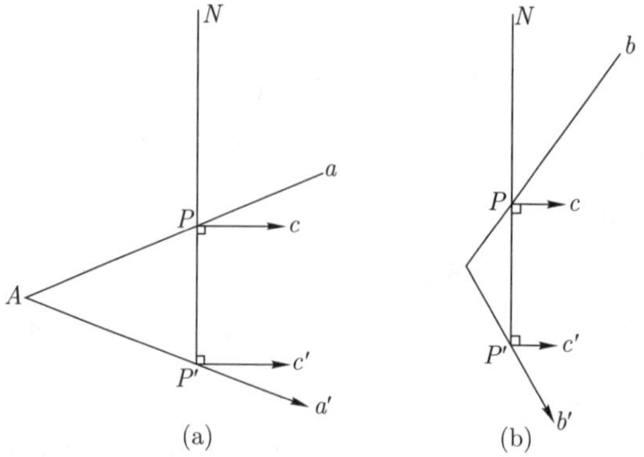

图 14.3

158 进而 $\alpha = \alpha'$ 命题得证.

现在通过两个映射的叠加, 从 Beltrami 的圆盘模型推演 Poincaré 的双曲平面模型. 如图 14.4(a), 在平面上具有半径 r 的圆形区域 m 上作出 Beltrami 的模型. 如图 14.4(b), 在 m 正上方放置一个具有半径 r 的球. 如图 14.4(c), 通过竖直的投影, 将 m 映射到球面上, m 的边界映射为赤道, 区域 m 映射为南半球面. 如图 14.4(d), 从北极作球极投影, 将南半球面映射回平面上. 映射的像的集合是一个以 R 为半径的圆形区域 M, 它覆盖了 m. 我们将把区域 M 作为双曲平面的模型. 在这些映射的过程中, 非欧的直线变成了什么呢? 最初一条直线是 m 中的一条弦, 在第一个映射之下它成为球面上与赤道成直角的一个圆 (不需要是大圆弧). 在球极投影之下, 这个圆被映射为平面上与 M 成直角的圆. 因此可以通过与给定的圆交角为直角的圆, 给出双曲直线的模型. 可以证明, 这里双曲几何的角度恰好是其欧氏角度.

如果你不想从 Beltrami 模型开始, 也可以直接建立 Poincaré 模型. 我们可以把给定的圆周 S 内部任意与圆周 S 垂直的圆称为双曲直线. 现在证明过任意两点有且仅有一条直线. 在 S 内部任取点 A 和点 B, 考察所有过 A 和 B 的欧氏圆. 其中一些圆与 S 不相交, 有一些相交, 例如相交于 A_i 和 B_i. 圆
159 在 A_i 和 B_i 处和圆 S 的夹角, 分别记为 $\angle A_i$ 和 $\angle B_i$. 记圆 A_iABB_i 的圆心为 C_i, 则它和圆 S 都关于 OC_i 对称, 所以 $\angle A_i = \angle B_i$. 进一步, 两个圆的交角随着 A_i 和 B_i 在圆上的位置而改变, 取值最多为 $2R$ 最少为 0, 所以一定可

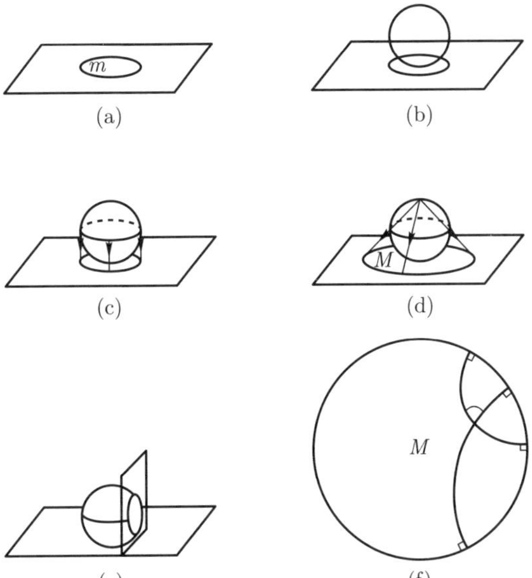

图 14.4

以在某处取到直角 R. 从而证明了, Poincaré 模型中两点确定唯一直线.

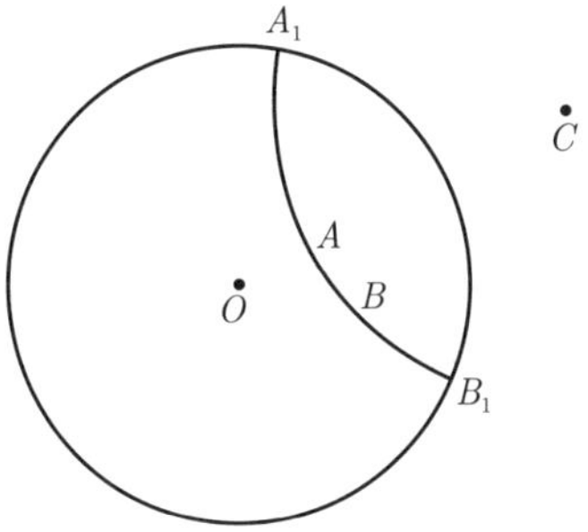

图 14.5

作为该模型的一个说明, 我们证明三角形和内角和小于 180°. 前面讲过, 在任意非欧几何中, 只要有一个三角形的内角和小于 180°, 则所有的三角形都是这样. 因此, 不妨在 Poincaré 模型中取如下三角形, 它的一个顶点是圆盘 M 的中心 O; 我们得到图 14.6 中的图形. 边 AB 是与 M 边界垂直相交的欧氏圆的一部分. 容易知道, 边 AB 向着圆心的方向弯曲凸出, 所以三角形 A、B 两点处的顶角分别小于欧氏三角形 OAB 的顶角. 所以, 这个双曲三角形的内角和小于 180°.

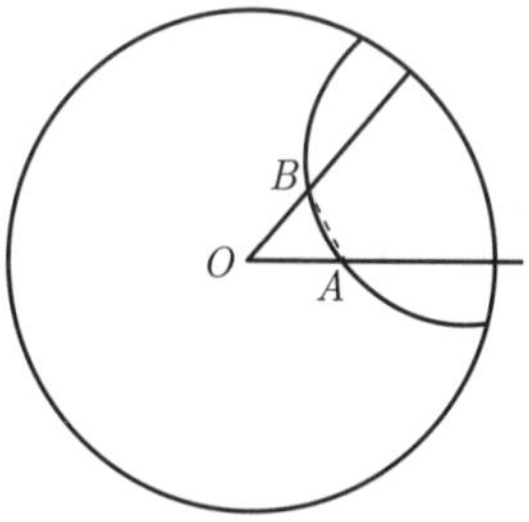

图 14.6

Poincaré 模型上的距离仍然难以可视化. 平行线仍然是在边界上相交的
160 直线, 但边界意味着无穷远处. 平行线是渐近线, 而不相交直线则逐渐相互远离. 我们只能想象一个非线性的距离尺度, 欧氏距离等于定值的两点, 越接近边缘它们在双曲几何中的距离越大, 而且发散 (见本书第二十章).

通过 Poincaré 的双曲模型和 Riemann–Klein 的椭圆模型, 我们可以重新解读早期的几何学工作, 并看清楚其中的错误.

重读经典几何学

一些证明平行公设的最早尝试, 目标是证明与直线 l 等距的曲线 c 也是直线. 但这是错误的. 在椭圆几何中, 等距曲线是一个圆; 在双曲几何中, 直线的等距曲线是一个欧氏圆, 但该欧氏圆与边界的交角不是直角. 在 Wallis 的相似三角形构造中, 其错误更加有趣. 在椭圆几何的情形, 过点 B 的直线 a
161 与过点 A 的直线 b 一定以某种方式相交, 设交点为点 C. 如图 14.7, 不妨假设 AB 所在的直线穿过区域的 "中心", 过点 B_1 作直线交 AC 于 C_1 使得交角 $\beta_1 = \beta$, 但是此时可以证明顶角必然不相等. Wallis 所构造的三角形的顶角随着面积的改变而发生改变, 所以相似三角形并不存在.

接下来, 我们完全跟随 Saccheri 的思路重新描述非欧几何. 我们从他试图寻找矛盾的目标中解放出来, 重新表述他的工作. 椭圆几何的基本图形是四边形 $ABCD$, A 和 B 处的角为直角, 而且 $AD = BC$. 方便起见, 可以设 AB 是赤道的一部分, AD、BC 是两条经线. DC 作为直线, 是一段大圆弧, 可以看到 $\angle D = \angle C \geqslant 90°$. 进一步, $AB \geqslant DC$, 而且所有的四边形的内角和都

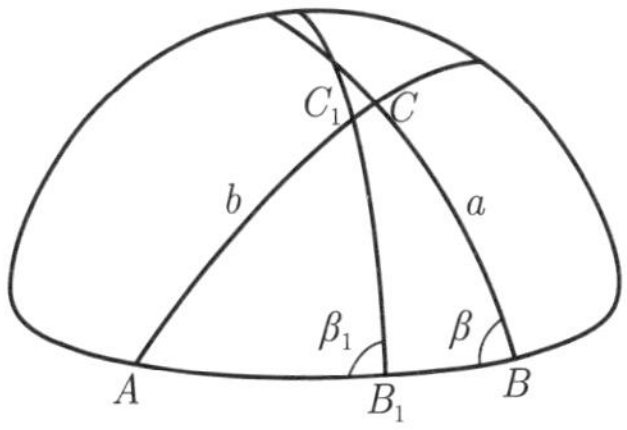

图 14.7

大于 360°.

Saccheri 对这种几何的反驳基于以下结果: 一条直线垂直于给定直线, 则它与任意倾斜于给定直线的直线都相交. 由此证明, 两条直线被一条直线所截, 同旁内角小于 $2R$, 那么两条直线一定相交. 这是 Euclid 平行公设的最初形式. 我们注意到, 在椭圆几何中, 这个结论并没有错, 而且它显然成立.

那么, Saccheri 的构造回避了什么呢? 在椭圆几何中, 即使 $\alpha+\beta=2R$, l 与 l' 也相交. Saccheri 应当知道这个结论, 因为在他关于钝角假设的上述论证中稍做改进即可得到. Saccheri 的论证思路如下:

(1) 做钝角假设.

(2) 推导出 Euclid 的平行公设.

(3) 从 (2) 推导出三角形内角和为 $2R$, 这与 (1) 矛盾.

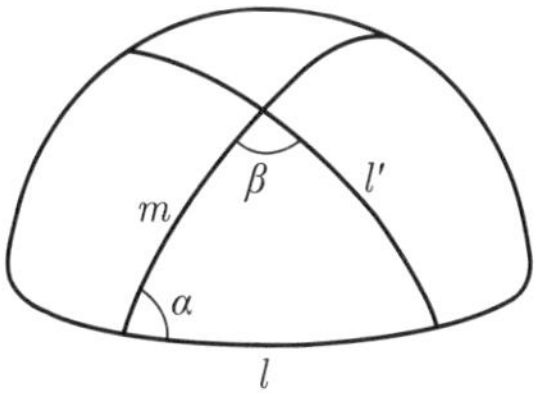

图 14.8

第三步进行如下. 平行线是不相交的直线, 并且基于三角形的任意两个内角之和小于 $2R$ 的命题 (《原本》第 1 卷命题 17), Euclid 构造出平行线 (l 与 l' 被第三条直线所截, 同旁内角互补). 原因是, 如果使 $\alpha+\beta=2R$, 它们不可能是同一个三角形的两个内角. 如何证明同一个三角形的两个内角之和小于 $2R$ 呢? 根据《原本》第 1 卷命题 16, 外角大于任意的内对角. 但 162

是, 在椭圆几何中这个结论是错误的, Euclid 如何证明这个结论呢? Euclid 使用了如下构造. 在三角形 ABC 中, 不妨设 $\angle B \geqslant \angle A$, 考察 $\angle C$ 的外角. 设点 D 是 BC 的中点, 连接 AD 并延长到 E 使得 $AD = DE$ (a). 连接 EC, 则三角形 BDA 与三角形 CDE 全等, 于是 $\angle B = \angle ABC = \angle DCE$. 然而 $\angle DCE < \angle DCY = \angle BCY$, 所以 $\angle C$ 的外角大于 $\angle B$, 又有 $\angle B \geqslant \angle A$, 所以命题得证.

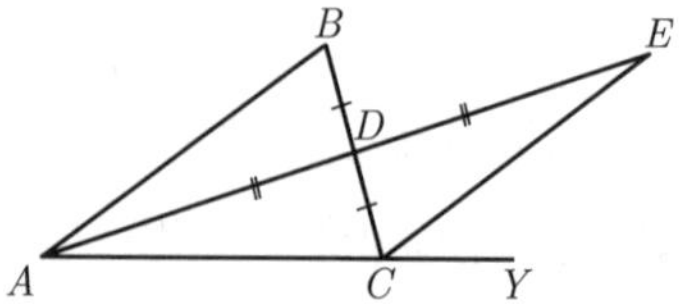

图 14.9

步骤 (a) 后面的陈述在椭圆几何中都是正确的. 但是, 通过对 AD 长度加倍构造 AE, 这在椭圆几何中不一定可以做出来. 图 14.10 给出了一个示例. 注意, 在这个例子中, $\angle C$ 的外角小于两个内对角 $\angle A$ 与 $\angle B$.

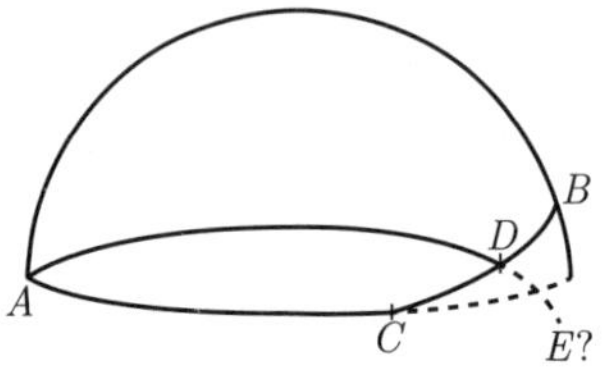

图 14.10

可以看到, Euclid 要求线段可以通过延长使得长度加倍. 于是, 在他的几何中直线是无限长的. 然而, 椭圆几何中的直线长度是有限的. 有人认为 Saccheri 在他论证的第 (2) 步也隐含地使用了直线长度的无限性 (见第四章). 他确实用了, 但并不是必需的; 在椭圆几何中, 与一条直线垂直, 且与另一条直线相交的直线一定存在. 实际上, 被 m 所截的 l 与 l' 确实相交; 椭圆几何中任意两条直线都相交, 并不存在平行线. Saccheri 对直线长度无限性的根本
163 使用是在步骤 (3) 中, 其中用到 Euclid 的那些定理完全不依赖于平行线.[1]

[1]Bonola 对这一点给出了很好的讨论, 见 Bonola(1912) 第 30、120、144 页关于 Saccheri 和 Dehn 的工作.

Saccheri 发现的是, Euclid 并未知道的关于长度、角度以及平行的一些深层关联. 这些关联的存在导致需要对 Euclid 的前提假定进行彻底的检查, 这个任务在 Hilbert 的工作中到达顶点. 我们可以换种方式重新陈述这个道理. 定义平行线需要先证明其存在性, 而其存在性又依赖于直线可以无限延长 (正如 Riemann 看到的). 因此, 否定平行线的存在性, 需要否定证明其存在性的途径中的至少一个命题. 而双曲几何中的情形显著不同, 你希望否定的不是存在性而是唯一性.

图 14.11 所示的是双曲几何中一个处于对称位置的 Saccheri 四边形. 图 164
中关于相等和不等的初等性质都很显然, 例如 $AB < DC$. 但是, 给定直线 l 与直线 m 倾斜, 求作直线 l' 与直线 l 垂直且与 m 相交, 却未必不一定能够实现. 在图 14.12 的 Poincaré 模型中, 直线 m 上的相等增量在边缘方向越来越拥挤. 从直线 m 到直线 l 的 '最后一条' 垂线是不存在的, 在 n 右侧不存在这样的垂线. 通过这种方式知道, 恰如 Saccheri 正确地总结的, 钝角假设的论证对于锐角假设不成立.

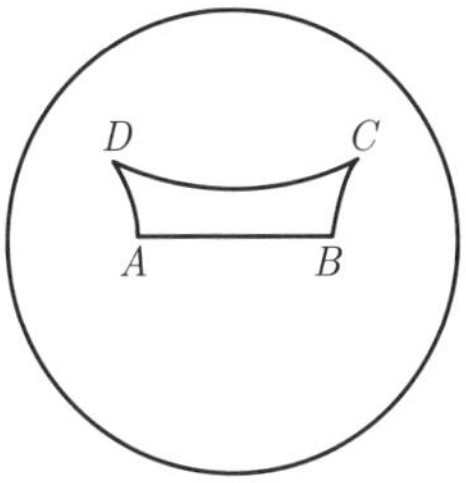

图 14.11

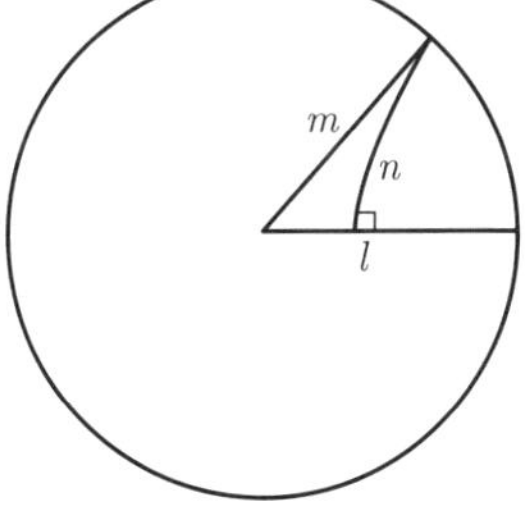

图 14.12

Saccheri 还考察了渐近直线, 也就是新几何中的平行线. 他由此获得了我们熟知的关于平行线的图形, 图 14.13 是该图形在 Poincaré 模型中的形状.

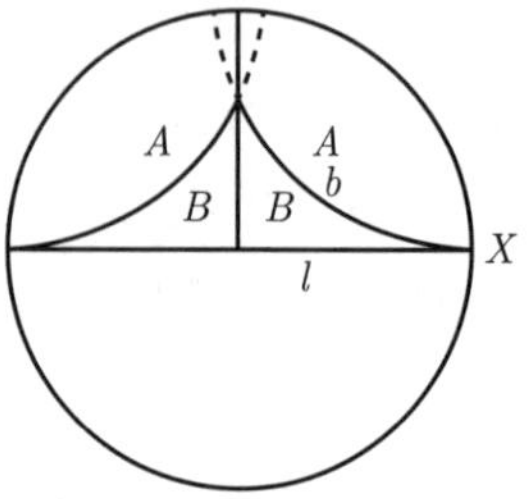

图 14.13

165 A 中的直线与 l 逐渐远离, B 中的直线与 l 相交. 如果反向延长左右两侧的平行线, 则延长线与 l 逐渐远离. A 中的任意直线与 l 有公垂线. 设 b 是右平行线, Saccheri 有一个结论是 l 与 b 的公垂线在无穷远处. 虽然它是没有意义的, 但是你可以想象将 A 中的一条直线逐渐滑动到 b 的位置, 可以观察公垂线的运动. 公垂线最终收缩到 X, 正如 Saccheri 所说.

我们最后要考察的是 Legendre 对平行线问题的研究. 他对于三角形内角和小于等于 $2R$ 的证明, 显然要求长度可以加倍以及直线长度的无限性. 在他的关于三角形内角和不能小于 $2R$ 的论证中, 错误更加有趣. 它依赖于如下构造: 过角内部的一点, 作直线与角的两侧都相交. 如图 14.14 所示, 在 Poincaré 模型中可以看到, 只有当 P 点位于阴影部分时才能作出所求直线, 阴影部分的右边界是与角的一边渐近的直线.

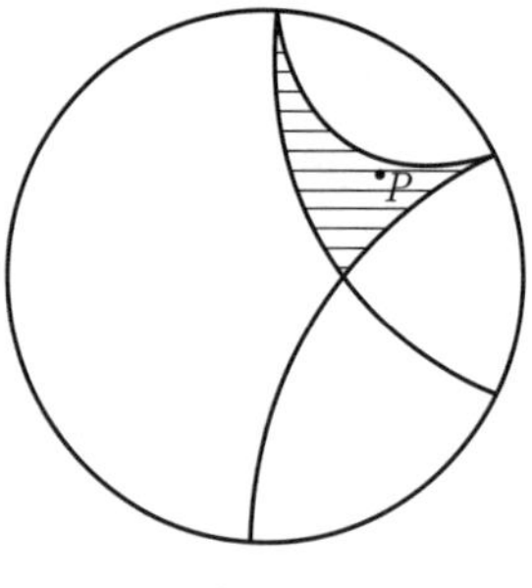

图 14.14

有趣的是, al-Gauhari (见本书第三章) 与 13 世纪的阿拉伯数学家 Attir

Eddin al Abhari (见 Jaduiche 1986) 都犯了与 Legendre 同样的错误, 尽管他们对该问题也进行了研究. al Abhari 认为, 如果 LA 是 $\angle BAC$ 的角平分线, 那么过 LA 上任意一点作垂线, 都同时与 BA 和 AC 相交. 后来的 T. Cullovin 独立地发现同样的论证, 并于 1895 年将其发表于 *Quarterly Journal of Mathematics*, 与之一同发表的是 Cayley 对该论证的错误反驳, 以及 A. E. H. Love 对该论证的正确的反驳. [1)]

最后, 我们在 Poincaré 模型中给出极限圆的漂亮形式. 前面讲过, 极限圆与一束相互平行的直线垂直地相交. 在 Poincaré 模型中, 汇聚于点 X 的一束相互平行的直线是容易作出来的, 需要注意的是过点 X 的直径也是平行线的一条. 这些平行线都垂直于边界, 所以其他线都与过点 X 的直径相切于点 X. 如图 14.15 所示, 极限圆一定与直径 d 垂直. 考察与边界相切于点 X, 并以 d 的一部分为直径的任意一个欧氏圆, 以下证明这个欧氏圆与平行线束中的每一条线的交角都是直角, 从而它就是极限圆. 设 a 是平行线束中的任意一条, 作为两个欧氏圆, a 与 C 在两个交点处的交角相等, 而它们在 X 处的交角为直角, 于是它们在圆盘内部交点处的交角也是直角. 所以, C 一定是极限圆. 其中, 注意 Poincaré 模型中的 X 不是实际的点, 而是无穷远点. Beltrami 1868 年的 *Saggio* 中有关于极限圆的类似描述. 166

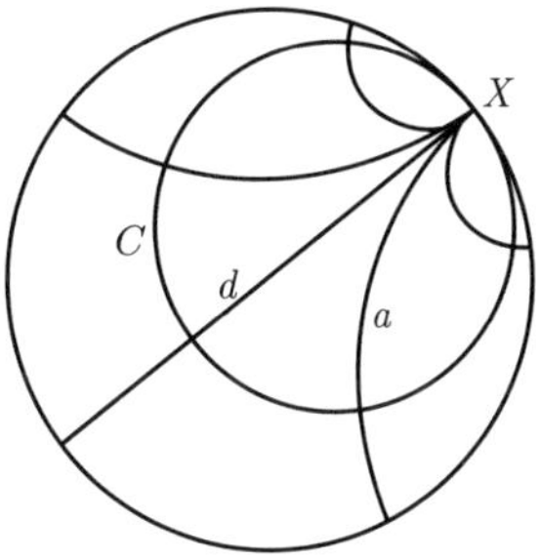

图 14.15

关于平行线与渐近直线的讨论, 巴尔扎克 (Balzac) 的《高老头》(*Le Père*

[1)] 关于本段的内容, 感谢伦敦伯克贝克学院 (Birkbeck College) 的 Mehdi 博士, 他最早引起我对这段材料的注意.

Goriot) 中有一段有趣的文字: “Rastignac 决定从两个平行的方向上向命运发起挑战, 即知识与爱情, 他要成为一名有学问的法学博士, 同时成为一个精通世故的人. 他还是太幼稚! 这两条直线可以相互接近, 但是永远不会相交. ” (翻译自 M. A. Crawford 的英文译本, Penguin, 1951, p. 106.) 其中认为平行线是渐近直线, 越来越接近但永不相交, 该观点令人震惊. 除了 Balzac 对科学的好奇心以外, 更加令人注意的是, 他的小说写作于 1834 年, 他还不可能接触到 Lobachevskii、Bolyai 或者 Gauss 的工作, 而他已经能够对当时有关几何学基础的研究有着生动的理解. 如果可以知道他如何获得以上想法, 那一定是有趣的事情. Legendre 的著作和文章不太可能是 Balzac 的想法来源, 但是 Legendre 死于 1833 年, 或许这导致许多数学学生在巴黎的咖啡馆中讨论他的工作.

习 题

14.1 证明 Poincaré 模型满足 Euclid《原本》中除了平行公理以外的所有公理.

14.2 在平面上作出 Lobachevskii 与 Bolyai 的经典投影映射.

14.3 将 Poincaré 圆盘模型绕一条直径旋转得到一个球. 球的内部称为三维非欧空间的模型, 而极限圆旋转得到的是极限球面. 三维非欧空间所具有的非欧度量诱导了极
167 限球面上的欧氏度量. 用这个图形重构 Lobachevskii 与 Bolyai 的原始论证. 有趣而又令人惊奇的是, 尽管在三维欧氏空间中不能得到一个满足非欧几何的曲面, 但是在非欧空间中却可以得到我们的世界.

14.4 证明非欧圆正是圆盘内部的欧氏圆, 但它们作为欧氏圆和作为非欧圆的中心不同, 除非该圆以圆盘中心为中心.

14.5 使用 Poincaré 模型理解伊斯兰数学家证明平行公设的不同尝试, 并找到他们证明的缺陷.

第十五章　小结

Riemann 的论文发表于 1867 年, Beltrami 的论文发表于 1868 年. 这两 168
篇论文从根本上改变了非欧几何学的研究, 可以作为非欧几何学历史的一种结束. 与 Bonola 一致, 多数历史学家关于这段历史的论述都以这两篇论文的讨论结尾. 因此, 本章可以提供截止到 Beltrami 的非欧几何学发展史的小结, 同时给出其他作者相同主题历史作品的批评与改进.

Bonola(1912 年出版, 1955 年再版) 将公元 1600 年之后的非欧几何学史划分为四个阶段: 先驱者阶段, Gauss、Schweikart、Taurinus 的阶段, Bolyai 与 Lobachevskii 的阶段, 以及后续发展阶段. Coolidge 的论述与之类似, 将直到 Bolyai 和 Lobachevskii 的时期与 Riemann 和 Beltrami 之后的时期区分开来, 并称后一时期为该问题的现代研究. Kline《古今数学思想》第 36 章探讨 1840—1850 年之间的非欧几何学工作; 第 38 章在射影几何学、度量几何学、模型与一致性以及现实问题的不同背景下, 给出非欧几何学的深入讨论. 第 37 章致力于探讨 Gauss 与 Riemann 的微分几何学工作. 关于前人的这些历史研究, 我同意的部分远远多于不同意的部分, 方便起见, 不妨称这些历史研究提供的是“标准描述”. 在很多方面上, 标准描述对该历史主题的处理都是非常精彩的. 其历史阶段不仅按照年代划分, 而且不同阶段对应于不同的数学方法: 18 世纪, Saccheri 和 Lambert 使用的是经典几何学; 19 世纪, Bolyai 与 Lobachevskii 使用的是分析学; 在 19 世纪中叶, Riemann 与 Beltrami 转向了微分几何学的技巧. 大致上, 1800 年之前, 数学家们希望证明欧氏几何是空间唯一可能的几何; 之后, 他们试图建立可能存在的不同的几何学.

但是, 标准描述中存在着以下问题:

(1) 从 Saccheri 的 *Euclides Vindicatus* 到 Beltrami 的 *Saggio* 过了 100 多年的时间, 标准描述并没有解释为什么非欧几何学的这段发展花费了这么长的时间.

(2) 标准描述重点关注了数学结论的发现, 但是没有充分讨论历史上不

169 同时间段所使用的不同数学方法. 例如, Bonola 的专著中, 在讨论 Gauss、Schweikart、Taurinus 的时候突然出现了分析学方法. 对数学方法讨论的不足, 导致不能充分理解历史上数学家们的思路.

(3) Bolyai 与 Lobachevskii 工作的本质并未被充分讨论. 因为, 一旦承认他们并未给出确定性的结论, 那么就必须思考为什么他们的工作如此令人信服. 正是这个问题导致我们很难认定, 是谁发明或者发现了非欧几何学.

(4) 最后, 标准描述并未解释: 这段时期早已熟知的球面几何并没有在一开始就解决问题, 然而在几乎所有的现代教科书中球面几何都被作为非欧几何的一个例子. 标准描述大多把非欧几何学历史上的问题当作数学基础的问题, 即与欧氏几何关于平行线的假设不同的几何是否存在的问题. 如果球面几何是钝角假设下非欧几何很好的例子, 而从 1733 年到 1854 年人们都完全认为这种几何不存在, 就成了一个历史问题, 标准描述并没有解释该问题. 有人可能会说, 球面几何违反了 ‘阿基米德公设” 所以它被排除, 这并不能回答问题, 因为当时的人并不是那样思考的.

从这些批评可以看出, 标准描述都有一个缺陷: 它们倾向于把非欧几何学史当成是回答平行公设问题 (平行公设是否是必需的?) 的长期努力. 因此, 平行公设问题基本上被当成了基础性问题, 当给出否定答案时问题就解决了. 确实, 标准描述大多以平行公设与其他公设的逻辑独立性结尾 (Bonola 第 5 章第 94 节, 以及附录 5; Coolidge 84–88 页; Kline 第 38 章第 4 节与第 42 章). 这在一定程度上是一种历史巧合. 在 20 世纪上半叶, 数学家们为不同数学分支建立公理基础付出了相当多的心血, 毫无疑问非欧几何学的发现正是数学家们做出这种努力的原因之一. 数学的很多部分都需要公理化带来的清晰性, 但是, 射影几何学 (Freudenthal 1962) 更加需要通过公理化进而从欧氏的与度量的概念中解放出来. 从 Proclus 到 Saccheri, 还有 20 世纪初的 Pasch、Hilbert, 他们对非欧几何学问题的立场, 将历史学家们的注意力从更重要的问题上转移走了. 总体上, 数学史家不愿意讨论数学问题的本质发生的改变, 而偏好于结论的线性堆砌.

我认为, 只有通过细致地考察数学方法和历史上的数学家的意图, 才能解决标准描述中存在的上述缺陷, 这正是本书提供的, 也是我下面要总结的. 170

实际上, Saccheri 与 Lambert 已经穷尽了通过经典方式研究非欧几何的可能结果, 只有引入分析学技巧才能有新的突破. 1760 年前后出现了双曲三角函数, 尽管 Lambert 在其他工作中使用了双曲三角函数, 但他错过了双曲三角函数与非欧几何学的关联. Taurinus 与 Gauss 建立了两者的关联, 进而问题被重新表达. 从此可以使用欧氏几何学以外的语言来探讨问题, 而且这种语言非常灵活有效. Taurinus 至多认识到他的公式对应于某种几何, 但不能认识到它们对应于平面几何; 他不能想象, 欧氏术语 (点、线、平面) 以外的语言也能描述平面几何学. 前面讨论过, Gauss 的观点更先进一些, 因为他关于曲面的伟大研究中蕴含了现代几何学思想, 但他从未明确地在著作中提及非欧几何学的结论.

与 Gauss 同时代的 Bolyai、Lobachevskii 独立地从三角学公式中得出核心结论: 空间的新几何是可能的. 他们远超过 Taurinus, 因为, 他们不仅得出大胆的结论, 而且使得球面三角学与双曲三角学公式之间的类比成为可以清晰理解的数学变换. 和 Lambert 考虑虚球面一样, Taurinus 也仅仅是把球面三角学公式中的实数换成虚数. Bolyai 和 Lobachevskii 的新方式给出已有公式的深刻理解, 尽管神秘的常数 K 仍需要被解释清楚.

正如通常认为的那样, Bolyai 和 Lobachevskii 的工作仍然是基于非欧的平行线假设, 他们推导出几何学公式从而建立几何学; 但他们并不能够确定非欧的平行线假设是否能够成立. 这个弱点很可能是当时的科学界没有马上接受他们工作的原因. 然而, 他们直接考察了三维的非欧空间, 相当于研究了内蕴的非欧几何学, 从而与在三维欧氏空间中寻找非欧平面的传统决裂.

下一步发展来自微分几何学. Gauss 关于曲面内蕴几何学的构想需要时间被学界消化; 最早研究负常曲率曲面的数学论文 (Minding 1839, 1840; Codazzi 1957; 见本书第十一章) 仅仅给出该曲面的内蕴三角学公式, 但是没有认识到该曲面与非欧几何学的关联. 如果不能更彻底地认识几何学的内蕴本质, 就不能搞清 Bolyai、Lobachevskii 工作的本质并从他们的公式建立几何

171 学, 而似乎他们两个人也不能够以这种方式认识自己的论证. 最早能达到这一要求的是 Riemann, Riemann 和 Beltrami 分别独立地讨论了内蕴的度量, 并获得不同几何的三角学描述, 从而使得 Bolyai 与 Lobachevskii 的论证具有确定性, 与此同时使用曲率概念解释了常数 K. 进而可以用局部的术语而不是整体的术语去重新揭示几何: 用测地线和曲率去定义 "线" 和 "面".

"平行公设问题" 的历史上, 有两个关键的转变. 一是分析学的引入: 分析学的引入将问题转变为对几何学公式的研究. 二是对内蕴几何学的认识, 特别是曲率的概念: 这使得三角学公式拥有了真正的几何学基础, 若没有内蕴几何学的认识, 三角学公式就丧失了意义. 如果没有内蕴微分几何学的构想, 这些研究还不能算是对空间的研究 (空间似乎有一个天然的几何学). 活跃于 1800 年左右的法国著名微分几何学家 Monge, 就由于缺乏内蕴的观念, 制约了法国对非欧几何学的研究.

这些问题都与球面几何学有关. 在 1854 年之前, 球面几何的正确性以及对钝角假设所对应几何的否定同时被认为是合理的, 这意味着, 该问题不仅仅是关于几何学基础的问题. 这同时是关于空间与几何学本质的问题; 例如, Saccheri 谈论过 "直线的本质". 球面几何与钝角假设之否定同时存在的原因是: 球面几何考虑的是曲面上的弯曲的线, 而非直线. 只有当 "弯曲的" 与 "直的" 两者区别被淡化之后, 对钝角假设的否定才丧失合理性, 而球面几何中直线的有限性才会被强调.

在 1868 年之后, 人们才理解几何学中全等概念与刚体运动之间的关联, 这主要基于 Helmholtz 和 Klein 的工作. 这些工作是李群现代研究的起源, 已经超出本书讨论的范围. 不过可以简要地说, 关于与刚体运动相对应的李群的研究在某种意义上也属于几何学, Lie 对于低维李群的分类证实了, 齐性几何中的二维曲面只有我们前面遇到的那些. 1868 年后数学界与科学界反响的其他方面也很有趣, 但由于版面有限不再论述. (见 Richard 1977 年、1978 年与 1988 年的工作, 以及 Toth 1967 年与 1977 年的工作; 对于 Helmholtz-Lie 空间问题的讨论, 见 Lie 1888 年的工作.) Gray (1986) 则详细讨论了这些工作的数学意义.

第三部分

第十六章　非欧力学

但有些话不得不说：如果上帝真的存在而且真的创造了世界，那么，正如我们所知，他根据欧氏几何创造了世界，用三维欧氏空间的观念创造了人的头脑. 但是，曾经和现在都有一些数学家与哲学家们，其中一些甚至是杰出的天才，他们对整个宇宙或者甚至所有存在仅由欧氏几何创造表示怀疑，他们甚至敢于想象两条平行线在无穷远处相交，而 Euclid 早就指出平行线永不相交. 亲爱的，我的结论是，如果我连这都不能理解，怎么可能期望我理解关于上帝的知识呢？

在 Dostoevsky 的小说《卡拉马佐夫兄弟》[1] 的《宗教大法官》前一章中，Ivan 对他的兄弟 Alyosha 做出长篇大论. 该小说写于 1878—1880 年.

非欧几何学的发现削弱了之前人们对数学和物理学的信心. Dostoevsky 用新几何学超出 Ivan 的理解来比喻天国超出我们的认识，这个解释显得过于守旧，因为它强调天国存在. Ivan 继续说道：

请理解，我不接受的不是上帝，而是他所创造的世界. 我不会接受上帝的世界，我拒绝接受它. 换句话说：我像孩子一样相信创伤可以愈合，伤痕也会消失，人类那令人不适而又可笑的冲突情景将如微不足道的幻象一样消散，正如人类那虚弱而又渺小的 Euclid 式的头脑得到的令人厌恶的发明…… 即使平行线相交，即使我看到它们相交——我看到并承认它们相交，但我仍然不会接受.

对于我们这些注定只拥有渺小头脑的人来说，进入非欧几何学似乎意味着与之相反的选择. 一旦可以思考新世界，我们关于旧世界的信念就动摇了. 正如新世界中有一个富饶而又显得陌生的新几何学那样，其中也同样会有丰

[1] Dostoevsky, *The Brothers Karamazov*, transl. D. Magarshack, Penguin Books, Harmondsworth, 1958.

富的新物理学. 对 19 世纪关于欧氏空间的物理学稍做修改, 就可以得到关于非欧空间的物理学.[1] 我们将在此解释为何可以这样做. Newton 成功地表
176 达了力与加速度的关系. 没有力的作用时, 物体处于静止或匀速直线运动状态. 如果桌子是光滑的, 一个物体可以在桌子上保持滑动; 但是如果桌子是粗糙的, 那么桌子给物体的摩擦力使之逐渐减速. 考察曲面上滑动的三角形, 作为二维空间的例子来类比三维空间. 如果三个角和三条边之间保持相对静止, 则称这个三角形为一个刚体; 可以想象它在曲面上滑动. 它可以是平面、球面或者伪球面上的三角形, 在上面自由滑动, 而且不会变形. 但是, 如果三角形在一个梨形曲面上滑动, 三角形中的点就会相对移动, 这样才能使三角形适应梨形曲面上变化的曲率. 这意味着梨形曲面上有一种力扭曲了三角形, 这种力在曲面上变化, 而常曲率曲面上则没有这种内在的力, 否则力会干涉匀速运动. 因此得出, 常曲率曲面上的一个物体在不受力的状态下保持静止或者匀速直线运动.

当人们公开承认新世界时, 一方面解放了人类的心智, 另一方面也消解了人们过去的共识. 虽然 Riemann 仍然认为空间是三维的, 但是只有放弃三维空间的观念, 新思想才能得到充分发展. 在本书的第三部分, 我打算在狭义和广义相对论的背景中, 给出关于空间的新几何学后续发展的一些介绍. 不论在历史层面还是数学层面, 这样的论述必然是有选择性的, 而我也意识到了其中的风险. 尤其是, 我不应声称非欧几何学对物理学的研究有决定性的影响. 尽管后来 Einstein 对 Riemann 的工作致以很高的敬意, 他称, Riemann 这位 “孤独而又难以理解的” 天才, 为广义相对论提供了详细的数学形式体系, 但是, Riemann 的工作更多给出的是相对论的语言而非思想. 例如, 尽管 Poincaré 从非欧几何学中抽象出对复变函数论具有重大意义的思想, 但他从未充分沿着相对论的方向重新阐述物理学. 所以, 非欧几何学对相对论的影响是间接的. 即使在数学内部, 也不能够称非欧几何学本身就塑造了数学学科的未来. 例如, Riemann 本人的几何学思想就具有远比新几何学更广阔的

[1] 我所知道的最早证明是 Lipschitz 在 *Journal für Mathematik* (特别是 Vol.72 (1870) 与 Vol.74 (1872)) 上的论文. 对于非欧力学的详细论述, 见 Ziegler (1985).

应用前景. 只要我们承认 Bolyai 与 Lobachevskii 的工作激发了两个领域的发展——数学基础与几何学——而这两个领域也有其他的发展方式和发展动因, 那么我们就不会错得太远.[1] 保持着这种谨慎, 让我们继续下面的故事.

---

[1] 几何学中的基础问题历史悠久. 19 世纪的例子有 Bolzano 1804 年的 *Elementargeometrie*. 这一潮流与分析严格化的趋势汇合, 塑造了整个世纪的数学并导致了数理逻辑的学科的产生. 几何学, 尤其是射影几何学, 本来是被独立地研究的, 研究者包括 Poncelet, Chasles, Steiner, von Staudt 以及 Cayley.

第十七章 绝对空间问题

17.1 Newton 空间

数学中的欧氏空间在物理学中对应于 Newton 空间. 可以把 Newton 空间想象为一个巨大的舞台, 宇宙中的事件都在这个舞台中上演, 包括: 恒久的星星、短暂的粒子以及我们人类. 宇宙中每个事物都有它的位置、轨迹与时间, 而科学家们的任务是对这一切进行合乎理性的描述. 现代科学的崛起与这种观点有关, 即科学家应当致力于研究可以观测的事物——例如位置、轨迹、时间——而不是内在属性、趋势与本质. 过去, 匀速圆周运动不需要理由解释; 人们认为恒星与行星在圆周上运动以及球形物体旋转都是很自然的事情. 当匀速圆周运动与观测结果不一致时, 天文学家通过圆的叠加模型进行解释, 直到 Kepler 时代人们才使用 '非圆形' 的轨道描述火星的运动. 这里 '非圆形' 指的是不用圆的叠加描述的轨道, 从而导致以下问题: 什么导致了行星运动? 第一个好的回答是由 Newton 在他的引力理论中提出的. 两个物体通过引力相互吸引, 力的大小依赖于两者的质量以及它们的距离, 用公式表示为:

$$F \propto M_1 M_2 / r^2,$$

引力约束了它们相互远离的趋势. 但是, 引力的本质并未被探讨. Newton 非常希望可以解释清楚引力的本质, 并希望通过解释它来证实宇宙服从上帝的意志. 在《自然哲学的数学原理》(*Mathematical principles of natural philosophy*) 的《一般注释》(*General Scholium*) 的 1712—1713 年初稿中, 他写道:

我既没有揭示出产生引力的原因, 也没有开始着手解释它, 因为我无法通过现象来理解它.

Newton 也没有能够解释空间与时间的本质, 他称它们为 "上帝的感官",

然而他也没有能排除证明力与运动的其他终极原因来证明上帝支配论. Newton 认为上帝是引力的起因, 但由于他不能够证明这个命题, 所以在《自然哲学的数学原理》中将其略去 (见 Hall 1962, p. 213; 以及 Holton 1973, p. 52).

178 解释 "为什么物体遵照某种规律" 从科学的主题中隐退, 科学家们更关注如何描述它们所遵照的规律. 科学家们通过数学公式刻画这些规律, 并把事物的本质归于从可观测现象提取的 '定律'. 在纪念 Newton 逝世 200 周年时, Einstein 向 Newton 表达深沉的敬意: '相比于那些追随着他思想的一代又一代学问精深的科学家们, Newton 更清楚地意识到自己理论大厦的内在弱点'; 并在其他场合说道, 尽管 Newton 没有充分理解空间与时间的概念, 但是他勇敢地向前走去, 并描述了加速度定律.

Newton 空间与欧氏空间有直接关联, Newton 在他《原理》一书的序言部分如是说道:

"几何学是在力学实践中发现的, 它仅仅是一般力学的一部分, 用以描述和证明测量的技巧."

由于上帝的感官是唯一的, 或者说他只有一个实践自己思想的舞台, 所以空间是唯一的, 于是合乎逻辑地赋予空间欧氏几何学中的性质. 在此意义上, Kant 认为, 两条直线不能围出一块面积的性质是空间的性质, 而非直线的性质. 人们通过可观测的现象获取空间的本质, 例如: 通过两束光线的路径获取关于两条直线的性质. 但是, 我们必须将空间的两种属性区别开来, 分别称为抽象的属性与可操作的属性. 空间的抽象属性包括: (1) 同质性, 即任意两点具有相同的性质; (2) 各向同性, 即任意方向的性质相同. 显然, 物理空间不满足它们中的任意一个, 因为物理空间中有物体. 不过, 作为背景的舞台是空的. (而非欧几何也是空的.)

可操作的属性包括通过数值方法与数量方法描述运动. 这里 Newton 自认为是一个相对论者. 上帝可以洞察事物的本质, 但我们只能通过可观测的现象来理解它们.

Newton 在《原理》的第一节中总结道:

‘‘但我将在这本书中详尽解释, 如何从因果原理和表面的差异来理解运动, 以及相反的方向. 因为, 这正是我写作本书的目标.”

| 17.2 相对运动

考虑两个观察者: Jean 和 Jo. 她们站在不同的位置, 面向不同的方向, 做相对运动. 于是, 她们对同一个事件会给出不同的描述, 但只需一个变换就可以知道两种描述具有本质上的等价性. (我想起自己在街道散步时, 曾遇上一个人不停地说: 太阳在山后面落下, 山出现在太阳前面……)

这里的等价性指的是事件描述中的物理性质. 位置与物理性质无关, 因为根据前面的性质 (1), 物理定律在任何地方都是一样的. 相对位置会有影响, 179
但即使她们使用不同的坐标系, Jean 和 Jo 也会对两个物体的相对位置达成一致. 性质 (2) 指出, 定向也不重要, 所以即使 Jean 和 Jo 面向不同的方向也没关系.

Jean 和 Jo 的运动会对事件描述产生影响吗? 如 Newton 所说, 物理学定律处理的对象是动量与速度的改变, 即加速度和作用力. 定律与常速度无关, 因为静止或匀速直线运动的物体在不受力时保持运动状态不变. 这意味着, 当 Jean 和 Jo 相对地做匀速直线运动时, 她们描述的事件本质上是一致的. 不过, 如果她们以相对的常速度运动, 她们的定性描述应当是一致的, 但其数值描述却在不涉及物理学解释的情况下有简单的不同. Jean 所观察到的力, Jo 也能观察到; 从 Jo 的观察数据到 Jean 的数据只需做简单的变换, 而不涉及力的作用.

两位观察者被称为惯性观察者, Newton 力学关于惯性观察者保持完全的相对性, 其观察都是一致的. 针对具体问题可能需要选取某种特定的观察者, 但这也只是出于简化, 得到的结论是一样的. 为了描述火车上发生的事件, 你可能选取火车作为参照系, 而不选择火车站.

由 Newton 开始并由 Lagrange 和 Laplace 等人扩展的工作, 研究对象是物质的引力属性, 即质量和力. 他们取得了胜利, 尤其在天体力学方面. 实际上, 18 世纪末, 一种历史上反复出现的悲观情绪再次呈现; 人们认为所有好的问题都已经被解决了, 所有伟大的定理也都已得到了证明. 即使到 1842 年, F. Arago 在他的《拉普拉斯赞美词》(*Eloge de Laplace*) 中写道:

> 五位几何学家——Clairaut, Euler, A'Alembert, Lagrange 和 Laplace——共同分享了 Newton 展露的世界. 他们沿着全部的方向探索, 深入到一些曾经被认为不可能进入的领域, 在这些领域中指出无数连观测都不能触及的现象, 最终这里是他们不朽的荣耀——他们将那微妙而又神秘的天体运动纳入只有一个单一原理、一个唯一定律的领域. 他们使用几何学大胆地研究未来; 当未来的世纪展现开来, 他们将审慎地证实科学的判断. (引自 Struik 1967, p. 137.)[1]

我们需要知道, 几何学在那一时期通常是数学的同义词, 这使得 Arago 的悲观显得更加引人注目.

17.3 磁与电

180 19 世纪, 人们开始了磁力与电力的研究. Faraday 通过磁力线描述磁的作用, Maxwell 也给出了电磁场中的运动定律. 根据 Maxwell 方程, 电磁波的传播速度是一个常数, 而且等于真空中的光速, 记为 c, 这是信号传播的最大速度. 信息最快以光速传播 (例如, 音速就小得多), 所以遥远之处发生的事件到达我们需要花费时间. 如果有人问: 上帝什么时候得到信息, 那么 Newton 式的答案是上帝立刻就知道所有的事件. Jean 与 Jo 应当关于事件的地点和时间顺序达成一致. (是吗?)

但是, 与 Maxwell 方程相应的理论并不符合前述的 Newton 相对性原理. (a) 导体关于静止的磁铁运动, (b) 磁铁关于静止的导体运动, 为了分别从两种情况得到相同的结果, 需要选取 Maxwell 方程组中不同的方程. 但是怎样区分 (a) 和 (b); 难道这里有绝对运动? 如果我们说 (a) 中是导体真的在运动, (b) 中磁铁真的在运动, 那样的话, 关于上帝的运动又是怎样的? Hertz 通过

[1] 这些评论也反映了同一时期法国数学家对非欧几何学的一些态度.

实际运动的物体是什么来证明选取特定方程的正确性; Einstein 在 1905 年指出, 电磁学理论具有不对称性, 而现象中则不具有这种不对称性.[1)]

Einstein 通过重构事件同时性的概念, 解决了这个悖论, 他的火车实验闻名于世. Jean 站在一列快速行进的火车中间, 火车头和尾部分别有 A 和 B 两个光源. Jo 站在车轨旁. 在 Jean 经过 Jo 的一瞬间, 她们收到来自点 A 和点 B 的一道闪光. 她们如何描述点 A 和点 B 分别发出光信号的时间?

先考虑 Jean. 由于她相对于点 A 和点 B 都静止, 而且与两点距离相等, 所以她会说点 A 和点 B 同时发出光信号. 现在考虑 Jo. 光经过有限时间到达 Jo 的位置, 并离开. 在光到达 Jo 之前, 点 A 与 Jo 的距离总是比点 B 与 Jo 的距离短, 所以她会说 B 先发出光信号.

尽管我们也可以认为 Jo 相对于静止列车运动 (光到达她之前, 她仍然距离点 A 更近), 但对该运动精确的描述展示出同时性概念关于观测者的相对
性. Jean 与 Jo 不仅关于位置没有达成共识, 而且她们关于时刻也无法达成一 181
致, 但只要她们之间的相对运动是常速度的, 我们仍然可以找到一个简单的变换来联结两人的描述. Einstein 提供了这样的变换, 并消除了理论中的不对称性. 结果是, 以相对常速度运动的两个观察者关于事件的同时性会有不同意见. 一个人看到两个事件有某种时间顺序, 而另一人则看到不同的结果, 尽管时间的相对性也是有限制的, 后面将会讲到.

"相对的同时性" 是由光速有限导致的. 19 世纪末, 人们对光的传播本身也进行了仔细推敲. 人们认为, 光在空间中传播的介质是以太. 除了传播光以外, 以太的性质是不可感知的; 以太是某种充满绝对空间的物质, 而且理想情况下, 物体穿过以太但对它不产生任何影响. 因此, 以太中的速度是绝对的, 或者说相对于上帝的速度, 但遗憾的是, 实验结果却与此不一致. George B. Airy 已经注意到, 即使望远镜中含有空气或水, 在地球上用望远镜观测一颗恒星的光行差角也没有差别 (这里借鉴了 Holton (1973, p. 264) 的讨论). 但是, 假如光在以太中传播, 光行差与人们的预期将会有差别. 因此, Fresnel 提

[1)] 参见 Einstein 狭义相对论的论文开头: *On the electrodynamics of moving bodies.* Zur Elektrodynamik bewegter Körper. *Ann. Phys.* 17, 1905.

出水以某种方式拖曳以太; 其理论的计算结果可以解释 Airy 的实验观测——也可以解释 Arago 考虑折射现象的相关结果——而且被 Fizeau 不同的实验成功证实了. 实验意味着, 运动的空气不影响以太, 所以地球绕太阳的运动没有影响. H. A. Lorentz 在该假设基础上建立一个重要的理论, 并且在世纪之交获得了广泛的认可.

17.4 以太漂流

Michelson 是一位致力于寻找以太漂流 (地球相对以太运动) 直接证据的物理学家. 如果你把光当成是一种波, 而且知道两个不同相位的波叠加可以得到新的波型, 那么你基本上就知道了一种非常精密的设备的原理: 干涉仪. Michelson 设计并发明了干涉仪, 用来比较光速在两个相互垂直方向上的区别, 这是一项伟大的成就. 但是, 1881 年的实验结果却为他带来了苦恼.

如果地球相对于以太运动, 那么, 光从光源以不同路径进入干涉臂, 并由平面镜反射回到光源, 光的相位会呈现不同. 但是在实验误差的范围内, 没有观察到任何不同. 所以, 结论不支持以太漂流, 而支持以太拖曳. Michelson 宣称该结果是一个失败, 他于 1887 年与 Morley 合作重新实验, 但得到了同样
184 的无效结果, 他被迫放弃这个项目. 1897 年, 他再次进行尝试, 希望以太漂流与海拔有关, 但仍然没有任何发现. 到 1927 年, Michelson、Lorentz 等人参加了一个关于 Michelson–Morley 实验的会议, 最后不得不承认, 运动的干涉仪的详尽理论非常复杂, 即使 Michelson 也会犯错误. 直到 20 世纪 20 年代, 该结果仍然是一个需要 "通过解释消除" 的问题, 如 Oliver Lodge 在 1893 年所说. (Holton, 1973, p. 266, 对这些观点进行了详细论述.)

人们曾倾向于认为, Einstein 1905 年论文开始提到的狭义相对论, 起因是试图解释 Michelson–Morley 实验的结果, 而该尝试很快就成功了. 但是, 正如 Holton 考证的那样, 这样的推测是错误的. Einstein 并没有直接研究过 Michelson 的工作. 相反, 如 1905 年的论文和他之后的评论所述, 对他有关键影响的是导体在磁场中的运动、Fizeau 与光行差实验以及 Lorentz 1895 年的论文. Einstein 关心的是, 当时迫切需要的绝对运动的理论解释, 而他认为,

182

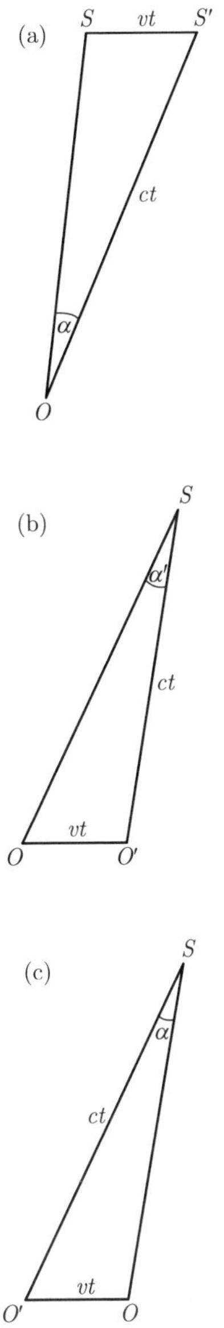

图 17.1　(a) 光源 S 射出的光线到达点 O 时, 光源到达了点 S'. 角度差 $\angle S'OS=\alpha$ 代表了观测到的光源位置与真实的光源位置之间的差别. (b) 但是, 如欧拉 1739 年注意到的, 如果观测到的光速依赖于观测者 OO' 的速度, 那么短边 $O'S=ct$ 而且 $\alpha\neq\alpha'$. (c) 如果假设光速是恒定的, 那么问题就消失了.

183

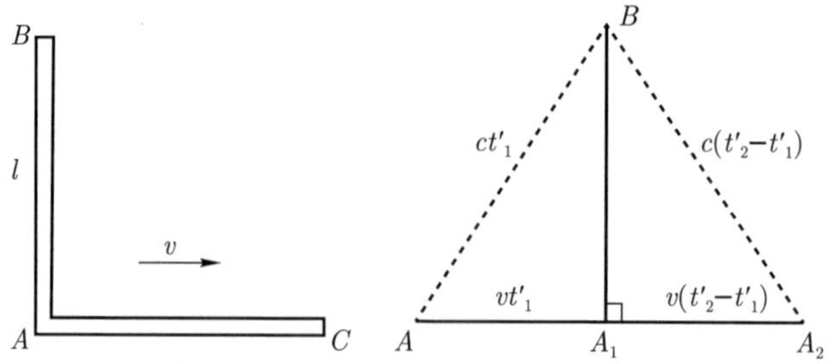

图 17.2 Michelson – Morley 实验. 干涉仪的两个管型干涉臂 AB 和 AC 长度相等, 向两条干涉臂射出光线. 为简化问题, 假设仪器沿 AC 方向以速度 v 运动. 考察干涉臂 AB 内光的运动. 在 $t=0$ 时刻射出的光, 在 t_1' 时刻到达点 B, 此时点 A 到达点 A_1; 光在 t_2' 时刻回到点 A, 而且 $A_1A_2 = v(t_1' - t_2')$. 根据 Pythagoras 定理, 光在 A 到 B 的途中有

$$(ct_1')^2 - (vt_1')^2 = l^2,$$

即

$$\left(c^2 - v^2\right) t_1'^2 = l^2.$$

同理, 光从 B 返回 A 的途中有

$$(c^2 - v^2)(t_2' - t_1')^2 = l^2,$$

消去 t_1', 得到

$$t_2' = 2l(c^2 - v^2)^{-\frac{1}{2}} \simeq \frac{2l}{c}\left(1 + \frac{v^2}{2c}\right).$$

考察干涉臂 AC, 在 0 时刻发射的光线在 t_1 时刻到达点 C, 随后在 t_2 时刻返回点 A. 出发的路程中, $l = (c-v)t_1$; 返回的路程中, $l = (c+v)(t_2 - t_1)$. 消去 t_1 得到

$$t_2 = \frac{2l}{c}(1 - \frac{v^2}{c^2})^{-1},$$

将式子进行关于 v/c 的二阶级数展开, 得到

$$\begin{aligned} t_2' - t_2 &\simeq \frac{2l}{c}\left(1 + \frac{v^2}{2c^2} - 1 - \frac{v^2}{c^2}\right) \\ &= \frac{lv^2}{c^3}. \end{aligned}$$

如果 v 是地球运动的速度, 那么 v^2/c^2 的数量级大约是 10^{-8}.

无论是在观念上还是在哲学上, 都只能接受相对运动. Lorentz 1895 年的论文确实提到了 Michelson – Morley 的结果, 并以一种特别的方式 (假设运动中的物体在运行的直线上收缩) 解释该实验, 但 Lorentz 仅仅提到 Michelson – Morley 众多实验中的一个. Lorentz 1904 年的论文更为著名, 但是 Einstein 没有读过这篇论文, 而到下一年 Einstein 就发表了自己那篇著名的文章.

17.5 绝对空间

所谓的 Lorentz 收缩是为了严格地解释光在以太中沿着不同路径传播的效应, 而这种收缩在物理上也并非不可能. 为什么运动不会压缩物体呢? Fitzgerald 曾独立地提出运动的物体收缩. 但是, Lorentz 注意到, 尽管为了挽回理论他提出了一系列的辅助假设, 但是他 1904 年的论文没能达成预测实验结果的任务. 尽管该理论符合 Michelson-Morley 实验, 但是即使对于较小的速度也不满足 Maxwell 方程组. 而且, Lorentz 的论文与 Einstein 的论文关于光学的多普勒效应以及恒星光行差方面的预测结果也不同. 两者的理论在可观测的范围内是不等价的.

但是, 长期传承下来的绝对空间的理念仍然在很长一段时间内占据物理学界的统治地位. Poincaré 在数学中拥有辉煌业绩之后转向物理学, 但他一直都没有接受 Einstein 的思想, 直到 1912 年去世, 他仍然坚信经典理论可以被修正. Poincaré 1905 年的论文与 Lorentz 1904 年的论文通常被认为是修正经典理论方面最优秀的尝试. Poincaré 的立场意味着经典理论与新物理学之间的一个有趣的折中. 他拒绝使用绝对空间与绝对时间的概念, 仅仅考 185
虑相对运动, 并试图以相对论的方式来表达物理定律, 明确地寻找在观测者变换的前提下保持不变的定律. 但是, Poincaré 仍然力图解释绝对定律, 并力图维护以太的权威位置.[1)] Lorentz 也不认同新理论; Michelson 也没有, 他曾这

[1)]Poincaré: 'sur la dynamique de l'électron', *Rend Circ. Mat. Palermo*, 21, 129 – 176 ((1905), 1906 年出版), *Oeuvres*, 第 9 卷, 第 494 – 551 页. Holton (1973, p. 187) 还论证了 Poincaré 有趣的著作 *La Science et L'Hypothèse* (1902) 对 Einstein 的影响.

样评论 Einstein 的工作: 他为自己的工作可能导致了这个 '怪物" 而感到遗憾.[1] 这些权威人物都反对新理论, 所以新理论的接受过程非常缓慢.

大部分人接受新理论的障碍是他们需要完全放弃绝对空间的概念. 外在世界独立于观测者存在, 以至于人们坚信空间中物体的绝对属性. 它们的运动与位置不依赖于我们的好恶. 但是, Einstein 证明, 我们的描述依赖于我们的运动与位置. 他的论证方式如此精妙, 以至于超出了很多人接受的范围. 该理论最终被接受, 至少最初缘起于一种哲学偏好. 与英国或者法国同仁相比, 德国自然科学的学者们更富有哲理性; 他们非常关注预设, 并倾向于强调他们的科学是如何由一般的、抽象的考察发展而来 (比较 Duhem(1954) 关于 '丰富的" 与 '深刻的" 头脑的区分). 关于空间、时间的本质以及科学方法的本质的认识论和本体论思考, 激发了包括 Helmholtz 和 Mach 在内的重要学者, 并为 Einstein 的革命性思想铺平了道路. 相比之下, 英国和美国学界的常识经验主义使得学者们倾向于反对 Einstein 的工作, 因为它带来了不同的审美观. 在实验结果富有争议的情况下, 如果你接受 Einstein 的理论, 那么你的原因是该理论优雅美丽; 如果你反对该理论, 你的原因是它显得牵强与令人不安. 理论美的一个方面在于它的数学. Minkowski 1905 年的报告为新理论提供了决定性的数学基础, 后来其内容多次出版 (例如, 在 1923 年出版并于 1952 年再版的 *The principle of relativity*). Minkowski 在报告中高兴地宣称:

"三维几何学已经成为四维物理学翻过去的一章 …… 空间和时间淡出舞台, 本质上只有一个世界存在 (p. 890). "

186 Minkowski 指的世界是时空, 因为他也说过:

'没有人可以脱离时间观察空间, 也没有人可以脱离空间观察时间 (p. 76)."

尽管这听起来无可争辩, 但它否定了把空间作为上帝感官而时间在空间中流逝的观点.

在应用方面, Minkowski 的四维世界足够简单, 可以相对容易地使用; 理论上, 它非常新颖, 足以把我们从长期传承的绝对论的束缚中解放出来. 我们

[1]R. S. Shankland, *Conversations with Albert Einstein*, 第 52 页, 引用了 Holton 的话 (1973, p. 317).

将在下一章详细介绍它的内容. 这里先介绍另一个重要的实验.

17.6 Kennedy-Thorndike 实验

即使从现代观点解读 Michelson-Morley 实验, 也只能确认光的传播具有各向同性, 即对于任意惯性观测者在任意方向上都相同. 但不能得到更强的结果, 即光速相对于任意惯性观测者都等于相等的数值. 我们现在用以确认该结果的实验是 1932 年的 Kennedy-Thorndike 实验. 所使用干涉仪的两条干涉臂长度不相等, 其设计需要格外注意, 以使得仪器的大小不发生显著变化; 干涉仪被放在石英上, 石英是一种特别稳定的固体, 而且置于保持 $\pm 0.001°\mathrm{C}$ 稳定温度的真空中. 选取两个惯性系, 第一个是在地球运行轨道上某一点放置仪器的位置, 第二个是六个月后地球相对于给定恒星以相反的速度运动时仪器的位置. 干涉仪持续发出并返回连续的单色光, 用 (返回光线叠加的) 波形度量光通过较长的干涉臂相比较短的干涉臂需要花费的时间差 (严格地说, 两条距离都通过了来回两次, 所以时间差是 $2(l_1 - l_2)/c$). 由于长达六个月的不间断实验无法实现, 所以在一个月的时间内持续运行干涉仪, 进而估算地球速度反转的效应. 最终得出, 在实验误差范围之内结果无效. (在 Taylor 与 Wheeler 1963 第 78 页有关于该实验的精彩论述与历史注记, 这里的论述也基于他们的论述.) 但是, 该实验并不必然导致相对论的解释. 如 Taylor 与 Wheeler (1963, p. 80) 评论的, 有三种可能的理论: (i) 在绝对空间中, 发生了 Lorentz-Fitzgerald 收缩; 或者 (ii) 不仅绝对地发生了 Lorentz-Fitzgerald 收缩, 而且时钟也绝对地变慢了; 或 (iii) 狭义相对论成立.

理论 (i) 预测干涉图中有足够大的可观测到的差异, 观测结果足以让我们拒绝该理论, 不过理论 (ii) 与狭义相对论一样, 预测不存在可观测的差别.
或许, 运动导致时钟以某种程度减慢. 因此, Michelson-Morley 与 Kennedy- 187
Thorndike 实验都允许长度与时间绝对地变化. 相对论则认为, 任意惯性观测者具有等价性, 这也与实验结果相符合.

Lorentz 必须假设的是物体沿飞行路线的绝对收缩. 该理论的第二个修改

是时间的绝对膨胀. Einstein 则提出两个假设: 由两个不受力的观测者 (惯性观测者) 所描述的所有物理系统的等价性, 以及对所有这些观测者来说光速的恒定性. 这两个假设构成了应用时的相对性原理, 等价性是纯粹的 '相对性原理". 它们与临时修改的不同之处在于假设这些变化是相对的, 而不是绝对的.

17.7 关于科学研究

现在, 我们几乎可以叙述 Einstein 关于空间与时间几何属性的描述了. 该理论现在称为狭义相对论, 狭义是指它不考虑引力与其他力的作用. 广义的理论放在后面介绍.

不过, 我希望简短地论述关于科学研究本质的有趣的问题. 有很多关于科学方法的理论, 它们在一定程度上相互冲突, 例如 Kuhn, Lakatos, Putnam, Feyerabend, 以及 Holton(见参考文献) 的理论. 他们的评论中呈现出一种观点, 该观点已经被当代的科学家认可, 即科学家首先忠于自己的理论而不是他观测到的事实. 一旦实验与理论冲突, 任何科学家的反应都会是检查实验和检查他的计算. 即使全面检查不能消除异常, 科学家也不认为理论被推翻了. 通常来说, 这个实验被认为是失败的, 正如 Michelson 1887 年遇见的情形. Lorentz 在给 Rayleigh(1892 年 8 月 18 日) 的信中写道:

> Fresnel 的假设……若不是 Michelson 先生的有趣实验的话, 可以为解释所有观测到的现象提供极好的帮助. 你也知道, 自从我发表对该实验的原始形式的评论以来, 该实验已经重复了很多次, 而且似乎确实与 Fresnel 的观点冲突. 对于消除该矛盾, 我困惑不解, 而我相信如果放弃 Fresnel 的理论, 我们将彻底失去了适当的理论……在关于 Michelson 先生实验的理论中, 是否有哪些东西被我们忽略了. (转引自 Schaffner (1972), 这里略去了一些部分.)

这里我们必须区分两种实验工作. 目前最为常见的一类是, 将某个理论作为给定的, 在该理论基础上计算一些量: 某个质量、电荷、寿命、相移等. 此
188 时, 原则上没有试图否定该理论的尝试; 异常结果会被归因于仪器, 因为仪器可能非常复杂从而导致错误, 例如干涉仪. 第二类实验是为了证明某个理论,

但倘若结果带来争议, 该理论并不必然被推翻. 可以通过额外假设支撑该理论; 前面关于以太漂流的实验就是一个这样的例子. 而且, **第二类实验 (决定性实验) 仅在有一些相互竞争的理论相互矛盾而且它们的预测结果也不同的时才进行**. 通过进行这类实验, 选择胜利的理论或者为失败的理论添加额外假设使之免于淘汰, 人们有不同的偏好. 但是, 科学家在意的永远都是理论, 而不仅仅是实验结果; 所以, 不可以在没有理论的情况下构思或者进行一个实验. 实验者的理论塑造了他的世界, 决定了在他的理解中可以做什么实验, 以及他做的实验意味着什么. 像 Michelson-Morley 一类的实验, 可以被认为是以太的怪异性质, 也可以被认为是 Einstein 相对论中光的合理性质, 但是不能仅仅被解读为 "事实".

同样需要指出的是, 设计一个实验, 你需要忠实于除了要检验的目标理论以外的很多理论, 典型的例如光学、电子学以及一些诸如超低温物理学的较新学科, 你需要假设设备按照这些理论运行. 你按照理论容许的范围来 "看待" 实验事实, 于是涉及很多备选理论的潜在角逐开始了, 也可能会出现一些 "特殊情况".

所以, 理论是最终留下来的, 这不足为奇; 每个人都会使用理论. 一个决定性实验呼唤一个新的理论到来使之变得真正地可理解, 旧的理论仅仅能够解释它但不能真正地理解它. 该构架下的反常结果, 意味着我们不能充分理解我们的理论与概念, 或许理论和概念需要改变. 以该角度来看, 也难怪决定性实验实际上非常罕见了; 我们在该实验与整个思维系统之间权衡, 需要一个新的思维系统将平衡导向决定性实验那一端 —— 正如关于相对论的哲学偏好所见证的那样. 事实上, 一个科学家的理论集合塑造了他的全部经验, 包括非常一般的经验以及一些具体经验. 一些模糊的经验仅仅是对于观察结果 "似乎是什么" 的接受. 我们都有这种经验, 这种经验是潜意识水平的, 极少可以被称作是理论. 更高的一个水平是, 对于观察结果的精深的感知, 感知到 "它真正是什么". 进而有对事物固有性质的共识: 进入与离开隧道的是同一列火车. 这或许是初级的抽象, 可以被表达为哲学理论, 但此时科学家尚未以科 189
学的方式工作. 因为, 他的理论基于普通语言, 所考虑的只能是 "纯粹的事实".

当他通过科学训练塑造某部分具体经验时，他就在以科学家的方式工作，因为其研究主题和研究方法都是具体的.

在相对论的例子中，我们需要认识到，人们寻求和接受相对论并不仅仅因为它能解释已知的'事实'，也因为它能够有新的预测. 它大部分的新颖结果，都可以通过对旧理论的不同的修正来解释，尽管足以解释全部结果的 Lorentz 型的理论将会显得非常粗糙. 直到 20 世纪 30 年代，相对论才获得普遍的接受，这似乎与任何科学发展的简单理论都不相符. 我们也需要考虑主观因素，例如优雅与自然. 正如非欧几何学的充分发展需要将其解释为曲面上的几何，Einstein 的理论也需要关于长度和时间的几何术语的操作性定义. 物理学界需要时间重新调整，之后相对论才开始被认为是正确的.

第十八章　空间、时间与时空

18.1　时空的描述

如果可以, 请想象一颗卫星围绕母行星做圆周运动. 以固定的时间间隔 190
对行星和卫星进行拍摄, 获得类似于图 18.1(a) 的照片. 如果将所有照片叠加在一起, 那么我们将同时看到所有的位置, 从而获得卫星位置的记录 (如图 18.1(b)). 但此时失去了关于时间和速度的信息. 因此, 我们要寻求一种方式, 既记录卫星的位置, 也记录与位置相应的时刻. 方法是, 把照片按时间顺序堆叠在一起, 观察它们的全部. 将照片沿着有 1 h, 2 h 等刻度的坐标轴排列, 并把行星置于坐标轴上, 获得类似于 18.1(c) 的记录. 进而可以合理地推断卫星位置随时间的变化, 当我们隐去照片的框架重新描绘这些信息时, 便获得了如图 18.1(d) 的轨迹. 照片中隐含的距离尺度, 可以用坐标轴表示, x 轴穿过照
片, y 轴与之垂直. 这意味着, 行星的坐标一直是 (0,0). 照片的堆放导致了一 191
条时间轴, 所以我们有三条轴来完整地刻画轨道, x, y 以及沿着页面的 t 轴.

这条轨迹称为卫星的时空图. 本例子是一个三维图像, 因为轨道本身位于 (x, y) 平面. 一般地, 一个物体在三维空间中运动, 所以需要四维的时空图: x, y, z 以及 t. 这种图像很难绘制, 我们通常压缩空间的一条轴从而获得简化的图像. 可以通过想象补充缺失的维度, 但是, 这类图像某一方面的特征却可能不易把握. 行星一直处于静止, 但由于行星在每张图片中都会出现, 所以在时空图中行星以直线的形式出现. 以下特征是必然的: 静止的物体在图中留下一条路径, 其中 x, y 坐标 (以及 z 坐标) 不变而 t 坐标变动. 如果对给定的 x, y 和 t 的坐标值画出某一时刻的行星, 则对应的仅仅是在该时刻存在的一点, 在其他时刻并不存在. 与 t 轴平行的一条直线代表着一个随时间静止的物体. 一个点对应于唯一的 x, y, (z) 及 t 坐标, 它被称为一个事件, 以强调其

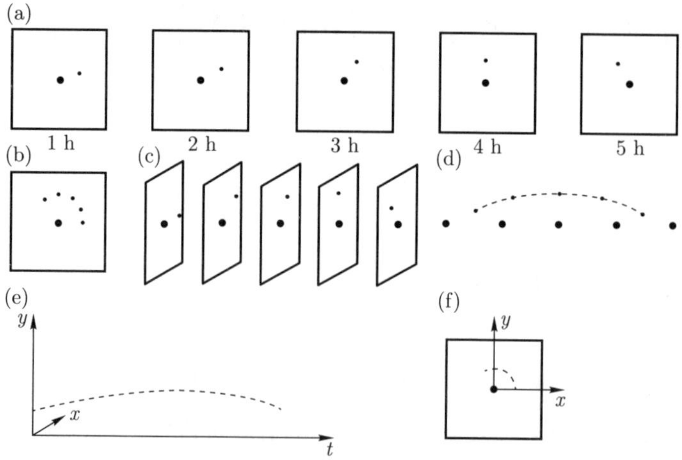

图 18.1　(a) 以小时为间隔, 卫星围绕母行星运转的记录. (b) 照片的叠加. (c) 以时间顺序排列的照片. (d) 轨迹的完整记录. (e) 轨迹的图像. (f) 压缩 t 轴的端视.

瞬时性.

自然地, 这些图与通常的将位置作为时间函数的图像有很多相同之处. 如果你考虑 $(y,\ t)$ 平面, 以及路径在该平面上的水平投影, 则投影的斜率度量了相应物体的速度. 但是, 时空图也有一些不为人熟知的性质.

考察原点释放的光信号, 观察光如何在宇宙中传播. 我们知道, 光的波动面从光源以恒定速度传播开来, 如同池塘中的波纹, 它的任何一部分沿直线向外传播. 以两个维度代表空间, x 和 y 轴位于水平平面, t 轴垂直向上. 将空间的图片画成一系列同心圆, 将图片按照恰当的时间高度堆叠在一起, 从而获
192 得时空图. 空间图片中的波纹被转换成时空图景中的圆锥截线. 前进中的光的时空图是一个圆锥, 被称为光锥, 在物理学中具有重要意义.

设想光在某一时刻到达空间中 A 处的某个人, 这个人具有恒定的位置坐标 $(x,\ y)$. 在 $(x,\ y,\ t)$ 的时空图中, 光于时刻 t 到达他, 这意味着某人的路径 (竖直的而且平行于时间轴, 因为他是静止的) 第一次与光锥相遇. 因此, 我们以光锥作为分界, 把时空分成两个区域, 光锥对应于光到达点 A 处的时间. 光锥之外的区域, 包括 A 的路径位于光锥下方的部分, 对应于时空中无法接收光的部分. 光锥内部, 则是可以接收到光的那些点. 现在, 如果我们将光看

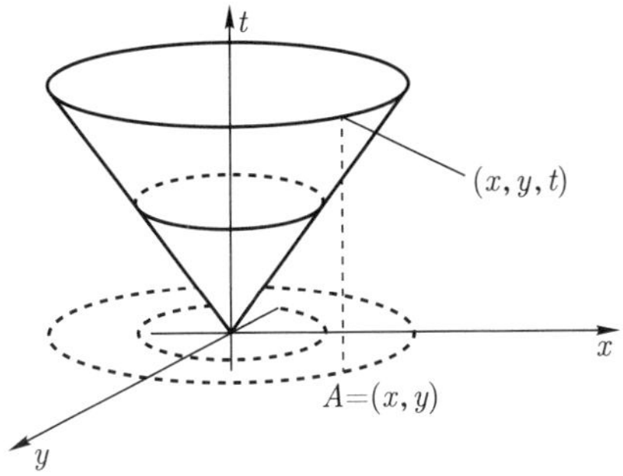

图 18.2

成信息, 那么来自事件 O 的信息则无法到达光锥外部的区域. 这并不意味着, 某些空间区域无法看到光; 当然可以看到, 但只能在某个具体的时刻而不能在之前 (也不能在之后, 如果是光信号的话). 随着光的波阵面向外传播, 空间的所有区域最终都会接收到光信号, 但是时刻不同. 假设当接收到光信号时, A 会发射自己的信号. 如果 A 发射信号早于光信号到达 A, 我们就不能说 O 处的光信号导致了点 A 处的光信号. 但是, 如果 A 先看到光信号然后发射了自己的信号, 那么我们可以说点 O 处的信号导致了点 A 处的信号. A 处的光信号用时空的术语表示为 (x, y, t). 如果该事件位于 O 为顶点的圆锥外部, 则它不是由 O 处的光信号导致的; 如果 (x, y, t) 位于圆锥内部, 则可能是由它导致的. 因此, 光锥外部的区域由不受 O 处任何影响的事件组成.

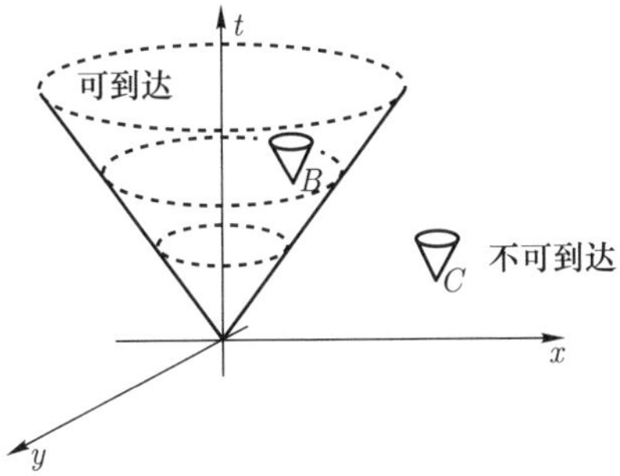

图 18.3

作为对比, 光锥内部区域由可以看到 O 的事件组成, 这些事件可能被来自 O 的光信号以及一些更慢的信号触发. 因此, 光锥将时空分成因果上不依 193

赖于 O 处任何事情的事件 (光锥外部), 以及因果上可能依赖于 O 的事件. 进一步, 如果我们同意原因一定先于结果, 那么可以将全体事件分为两类, 时间顺序不确定的 (光锥外部), 以及时间顺序确定的 (光锥内部的事件, 代表着信号的未来).

正如 O 事件可以导致时空其他位置的后续事件, O 事件本身也可作为一些更早特定事件的可能结果. 同样地, 我们不考虑全体事件, 只考虑 O 处可以看到的那些. 因此, 如果太阳突然熄灭, 我们将在几分钟后才能知道并采取反应, 因为光信号需要数分钟才能到达我们. 实际上, 太阳如此庞大, 以至于我们最后看到的太阳是一个黑色的斑点, 并在随后约 2.5 秒内被吞噬.

可能影响到 O 的事件, 或者说 O 可以看到的事件, 与我们之前画的光锥恰好完全对称, 这些事件组成了反向光锥的内部. 光锥是在特定时刻恰好到达 O 的光, 光运动的距离越远, 所花费的时间越长. 光锥外面是 O 看不到的所有事件, 于是不能影响到 O. (请记住, O 作为时空图的一个点, 代表着瞬时事件而非位置.)

时空中的每一个点, 即每个事件, 向前和向后分别有一个光锥, 也就是它的未来与过去.

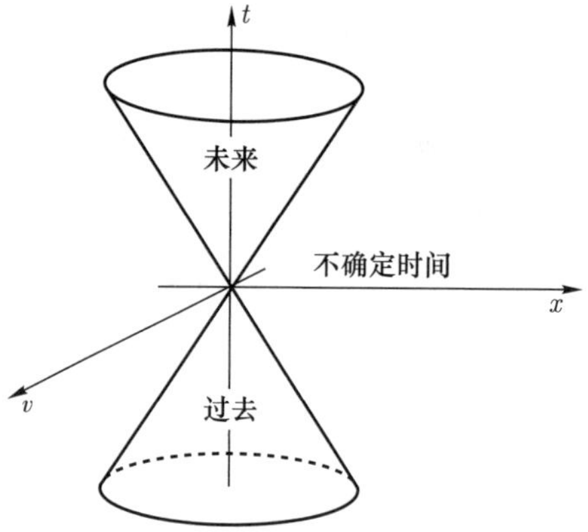

图 18.4　O 处向前与向后的光锥将时空分成三个区域: 未来、过去与不确定时间顺序的区域.

18.2 钟表与测量

接下来, 考虑如何在现实中建立这样的时空描述, 即如何对一块时空区域进行测量. 我们是位于某个曲面上的一些生物. 由于我们无法迈步到所生活的时空之外, 所以我们对时空的任意测量都必须是内蕴的. 让我们使用一个约定: 我们的米尺在任意位置都是相同的长度 (后面会检查该约定). 于是, 我们用米为刻度的三维网格覆盖空间. 在每个格点上放置一个钟表, 用以记录事件的时间坐标, 于是我们必须考察什么是钟表, 以及如何使得网格上所有的钟表同步计时. 我们借鉴 Taylor 与 Wheeler(1963) 给出的描述.[1] 194

光以恒定速度运动, 不依赖于光源以及观测者的速度.[2] 该实验结果允许我们设计一种非常简单的钟表, 进而可以将这些钟表自然地置入理论阐述和时空图中. 因此, 首先考察称为 '标准钟表' 的钟表设计. 将标准钟表记作 AB, 点 A 的光源释放的光信号, 沿着管道 AB 运动了 0.5 m 的长度, 在点 B 反射回点 A, 光在点 A 再次被反射, 反射次数被统计出来. 光在一次来回间运动的距离是 1 m, 我们称其间流逝的时间为一个时间单位, 或称为 1 m 光时. 以这种方式, 时间的测量归结为长度的测量, 而相同的单位——米, 既用来测量距离, 也用来测量时间. 我们再次诉诸前述关于米尺的约定.

接着, 在每个格点上放置一个钟表记录时空中每个事件的时间坐标. 需要让所有钟表同步. 为此, 我们选定任一个钟表 C_0 作为格点的原点, 然后设置附近所有钟表的时间: 先让所有钟表处于静止, 与 C_0 距离为 1 m 的钟表的时间调整为比 C_0 快 1 m 光时, 与 C_0 距离为 2 m 的钟表的时间调整为比 C_0 快 2 m 光时, 以此类推. 发动钟表 C_0, 同时发射光信号, 信号每到达一个钟表就会将其发动. 于是, 我们建立了一个同步运行的钟表网络系统, 它们代表着时空的坐标. 时空中的事件记录在距离它最近的钟表上, 进而获得天文工作对精度要求的最高标准. 就其他工作而言, 可以使用更小的尺度和更精细的

[1] 但是, 可以给出一个很好的理由, 时间在逻辑上优先于空间, 而且通过原子钟可以更容易地进行测量.

[2] Kennedy 与 Thorndike 的实验结果很好地说明了该陈述的浓厚理论色彩. 严格地说, 实验过程中, 只有观测者在运动, 但其表述隐含了一种天然的相对主义.

钟表.

这里要评论我们测量单位的一个便于应用的特点. 在任意参照系下, 光的速度是 1 m 每米光时. 因此, 在一个时空图中, 光的路径为平分坐标轴夹角
195 的一条直线. 直是因为光速恒定, 平分坐标轴夹角的原因仅仅是我们选取米光时为单位, 而非某种神奇的原因.

18.3 距离的不变性——纯空间的例子

这里, 我们当然习惯于米尺长度不变的约定, 它似乎是不可避免的. 在该约定下虽然会有一些表面的分歧, 但是可以简单地化解它们. Jo 与 Jean 在测量时赋予每个测量对象一对数字, 即它的 x 与 y 坐标. 如果她们比较测量结果, 在两人的测量中每个对象的坐标都可能不同. 两人很快可以达成关于测量原点的共识, 但即便如此, 物体的坐标仍然会不同. 接下来需要对测量单位达成共识, 目标是使得 Jean 认为与原点距离为一个单位的点, 对 Jo 来说也是如此. 现在, 长度与坐标之间有一个惊人的关联. 即便两人都同意 OA 的长度是同一个单位, 她们关于点 A 的坐标仍然可能会持有不同意见. O 在两人的测量中的坐标都是 (0,0). 如果 Jean 测量得到的坐标写成 $(\,,\,)_{\mathrm{e}}$, Jo 测量得到的坐标写成 $(\,,\,)_{\mathrm{o}}$, 那么有可能点 A 相对于 Jean 的坐标为 $(4/5, 3/5)_{\mathrm{e}}$, 对于 Jo 的坐标为 $(5/13, 12/13)_{\mathrm{o}}$. 在两个坐标系下, 由 Pythagoras 定理都有 $(4/5)^2+(3/5)^2=1=(5/13)^2+(12/13)^2$. 一般地, 如果两人都同意 OB 的长度是 l 单位, 那么她们关于单位的选择也会达成共识, 记点 B 在两组坐标系下的坐标分别为 $(x, y)_{\mathrm{e}}$ 和 $(x', y')_{\mathrm{o}}$, 我们有 $x^2+y^2=l^2=x'^2+y'^2$. 两人都会同意, 两点之间的间隔的平方不仅等于坐标系中两点距离的平方 l^2, 而且在每组坐标系下都等于 B 点两坐标的平方和. 这里, Pythagoras 定理被解读为一条物理学原理, 被称为距离不变性, 只要两人关于单位长度的选择达成共识.

已经可以解释两个坐标系中坐标的差异. 如果点 A 相对于 Jean 的坐标是 $(4/5, 3/5)_{\mathrm{e}}$, 坐标轴如图 18.5 所示. 我们看到, 只需旋转坐标轴即可得到 $x_{\mathrm{e}}=x_{\mathrm{o}}, y_{\mathrm{e}}=y_{\mathrm{o}}$. 但是, 该旋转不会改变双方关于一些点到原点距离为单位长

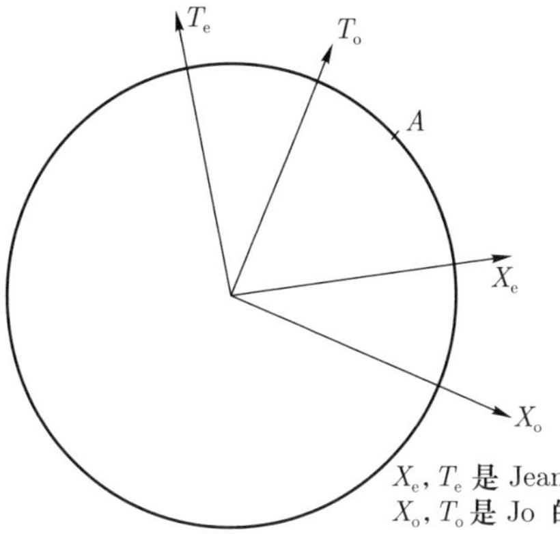

图 18.5

度的共识, 因为这些点位于以 O 为中心的一个圆上. 我们需要记住这种达成一致的方法, 后面处理测量空间与时间的更困难问题时还会用到.

18.4 其他的坐标轴

我们看到, 两个人在测量空间时由于选取不同的原点、测量尺度、坐标轴方向, 她们选取的坐标轴会有不同. 在时空的测量中, 原点的选取是任意的, 很快可以达成一致. 但是, 两人关于时空坐标轴选取的差异, 相对于在纯粹空 196
间的情形分析起来稍微困难一些. 幸运的是, 考虑仅有空间轴与时间轴组成的简化情形就已经足够了.

假设 Jean 用通常的方式作出坐标轴, X_e 轴与 T_e 轴垂直 (如图 18.6(a) 所示). Jo 的时间轴 T_o 如果不与 Jean 的时间轴重合, 则一定与之倾斜. Jo 的时间轴由 Jo 的钟表表示, 它在原点处保持静止并记录时间. 通过让两者的原点重合, 使得两者的 0 时刻的事件一致, 但由于同时的相对性, 两人关于其他事件的时间测量却不同: 在 Jo 看来, 静止的物体位于她的时间轴上, x_o 是常数而 t_o 变动; 但在 Jean 的观察下, 该物体对应于一系列事件, 其 x_e 和 t_e 的值都在变动. 对 Jean 来说, Jo 的时间轴上的事件是某物体运动对应的事件集合——实际上是 Jo 的运动. 于是, 两组坐标轴的偏差对应于物理上的匀速运动. 但是, 不论在哪组坐标轴下她们都会同意光速是 1, 所以坐标轴 x_o

在 Jean 的坐标系中的位置如图 18.6(b) 所示. 两组坐标轴的相对位置不是旋转, 而是以某个角度的挤压, 该角度度量两人的相对速度. Jean 与 Jo 的相对关系完全对称; 如果从 Jo 的角度观察 Jean, 那么我们可以看到 Jean 的运动, Jean 的坐标轴方向如图 18.6(c) 所示.

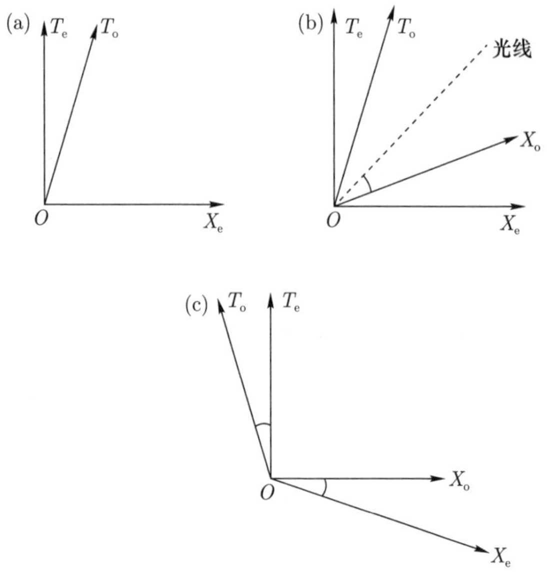

图 18.6

仍然存在关于两人可能选择的测量尺度的问题. 在纯粹空间的情形中, 不同的尺度选择导致与原点距离为单位 1 的点集成为不同的圆; 对 Jean 来
197 说以单位 1 为半径的圆, Jo 关于半径却有不同的判断, 除非两人有共同的长度标准. 在时空的情形, 起到类似作用的是什么呢? 设 Jo 以速度 v 相对于 Jean 运动, 她携带着一个长度为 0.5 m 的标准钟表——严格地说, 其长度为 0.5 $\mathrm{m_o}$, 因为这是相对于 Jo 的长度. 在 Jean 看来, 钟表的长度收缩为 λ. 以 Jean 的视角, 在时空图中观察 Jo, 并连续地记录 Jo 和她钟表的位置变化, 从而得知她在时空中移动. 同时, 记录下来 Jo 的钟表中光的路径. 对 Jo 来说, 钟表第一次敲响对应于事件 B, 我们感兴趣的是 Jean 对事件 B 的测量, 以及 B 在两组坐标系中的坐标.

在 Jean 的坐标系中, 点 A 的坐标为 $(\lambda, 0)_e$, 原因是运动导致钟表长度收缩. 当光线到达钟表的另一端时, Jean 把该事件记录为 $(\lambda/(1-v), \lambda/(1-v))_\mathrm{e}$, 她把 B 事件记录为 $(2v\lambda/(1-v^2), 2\lambda/(1-v^2))_\mathrm{e}$. (计算见于图 18.7 所附的说明.)

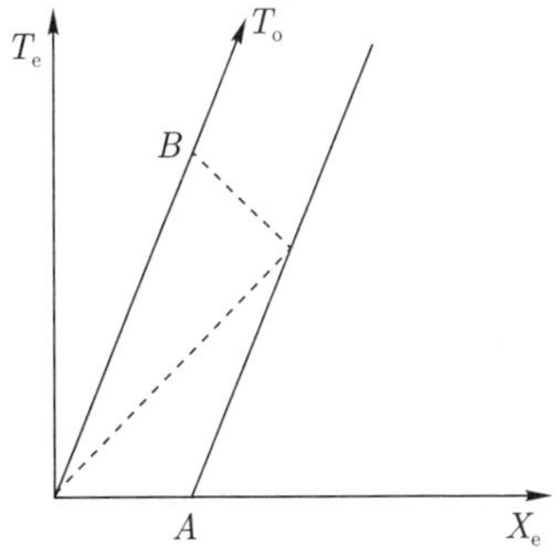

图 18.7　相对于 Jean, 点 O 的路径是 $x = vt$, 点 A 的路径是 $x = vt + \lambda$. 点 O 发射的光线路径为 $x = t$, 其返回路径为 $x + t = b$, 其中常数 b 依赖于光线反射点的坐标: $(\lambda/(1-v), \lambda/(1-v))_\mathrm{e}$. 所以, 光线返回路径为 $x + t = 2\lambda/(1-v)$, 进而得到点 B 的坐标为 $(2v\lambda/(1-v^2), 2\lambda/(1-v^2))_\mathrm{e}$.

当然, Jo 把事件 B 看成光线第一次回到钟表左端, 或者称为她的钟表第一次敲响. 所以, B 在 Jo 的坐标系中的坐标为 $(0,1)_\mathrm{o}$. 事件 B 的 x_o 坐标是 0, 因为光回到了发射点, 即钟表的左端, 钟表左端相对于 Jo 静止, 而且当 $t_\mathrm{e} = 0 = t_\mathrm{o}$ 时该点是两人共同的坐标原点.

在这两个坐标系中, 不论空间坐标还是时间坐标都不一致. 特别地, Jean 将 B 的时间坐标记为 $2\lambda/(1-v^2)$, 比 1 要大, 这意味着在 Jean 看来 Jo 的钟表慢了. 这就是所谓的时间膨胀现象, 指的是运动物体的时间变慢. Jo 的钟表敲响一次的时刻, 比 Jean 预期的时刻要晚. 其中保持不变的是, 从纯粹空间中的距离类比过来的量, 在两个坐标系中事件 B 的坐标都有 $t^2 - x^2 = 1$. $t_\mathrm{o} = 1$ 和 $x_\mathrm{o} = 0$ 显然满足这个式子; 由 $t_\mathrm{e} = 2\lambda/(1-v^2)$ 与 $x_\mathrm{e} = 2v\lambda/(1-v^2)$ 得到 198

$$t_\mathrm{e}^2 - x_\mathrm{e}^2 = \frac{4\lambda^2(1-v^2)}{(1-v^2)^2} = \frac{4\lambda^2}{1-v^2}.$$

我们知道[1]，如果尺子长度在 Jo 的坐标系中为 $\frac{1}{2}$，那么在 Jean 的坐标系中它会收缩为 $\frac{1}{2}(1-v^2)^{1/2}=\lambda$，所以有

$$4\lambda^2 = 1 - v^2$$

而且

$$t_e^2 - x_e^2 = 1.$$

引人注意的是，满足 $t_o^2 - x_o^2 = 1$ 的点，同时也满足 $t_e^2 - x_e^2 = 1$. 从几何上看，这些点位于一个等轴双曲线上，这同时也具有重要的物理学含义. 我们把量 $(t^2-x^2)^{1/2}$ 称为一个事件与原点的**间隔**，类比于纯粹空间情形中的距离. 一般而言，时空中的两个事件 E 和 F 之间的间隔，不依赖于坐标系的选取. 因此，如果 E 的坐标为 (x,t)，F 的坐标为 (x',t')，则 $((t-t')^2-(x-x')^2)^{1/2}$
199 是常数，不受观测者和坐标系选取的影响. 前面关于间隔的简单表达式，相当于令 F 为原点，于是 $x'=0=t'$.

等轴抛物线的渐近线代表着，在 Jean 的观察中，与越来越快的 Jo 相应的 B 的极限位置. 不论 Jo 跑多快，B 都位于同一个双曲线上；Jo 跑得越快，B 越接近于渐近线. 这恰是应有的情形，因为渐近线是光锥上的事件，也就是从点 O 发射的光的路径. 时空中的双曲线与渐近线，是纯粹空间情形的圆的几何类比.

18.5 小结

我们用表 18.1 比较时空的测量与空间的测量.

另外，时空的两个测量者还会发现，在相对运动的过程中，他们相对收缩而且时间延迟. 我们可以得到以下三者的等价性:

---

[1] Michelson-Morley 实验中的等时性意味着 $t_2=\frac{2AC}{c}(1-\frac{v^2}{c^2})^{-1}=t_2'=\frac{2AB}{c}(1-\frac{v^2}{c^2})^{-1/2}$，所以 $AC=AB(1-\frac{v^2}{c^2})^{1/2}$. 参见练习题 18.2.

表 18.1　比较时空的测量与空间的测量

	空间	时空
测量工具	尺子	尺子与钟表
测量的差异	方向	速度
测量单位可能有差异的方面	长度	长度 (与时间)——一旦时钟被标准化, 长度与时间单位都成为 1 m
测量中的不变量	点与点之间的距离 $(x^2+y^2)^{1/2}$	事件之间的间隔 $(t^2-x^2)^{1/2}$
如果测量者关于以下测量单位达成一致	长度	长度 (与时间)
那么他们还将在这些方面达成一致	以原点为中心的单位圆	以光锥为渐近线的等轴双曲线

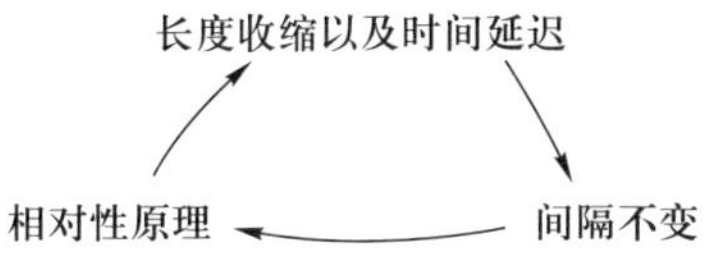

18.6　路径

假设我们需要测量空间中的一条路径. 想象该路径位于 (x, y) 平面, 我们或许同意, 只需测量一些直线段的长度就可以逼近曲线的长度. 该测量化归为测量很多直线段的长度并相加, 所以这不依赖于 x 轴与 y 轴的选取. 这是理所当然的, 因为曲线的长度是曲线本身的性质, 而不是坐标轴的性质, 坐标轴只是我们描述曲线的工具. 200

类似地, 我们可以利用间隔的不变性测量时空中的路径. 这里需要注意到一个有意思的现象: 并非时空中的每条路径都可以代表某个物体的路径.

时空图中, 物体的速度都小于光速, 所以这些路径上每一点的斜率[1]都使得路径位于该点的光锥内部. 为了测量任意路径, 我们同样使用直线段逼近路径并考虑每条线段的间隔 $(t^2 - x^2)^{1/2}$, 作为距离的替代. 以这种方式测量曲线所得的量, 称为曲线的固有时间. 对所有观察者来说, 测量结果都相等, 因为间隔具有不变性; 测量结果以时间为单位, 因为对于逼近路径的线段其 $t^2 - x^2$ 值是正数, t 比 x 要大, 这使得间隔看起来像时间一样.

正如连接空间中两点的有很多条曲线, 我们也可以想象连接时空中两个
201 事件的有很多条路径. 空间中两点之间直线段的距离最短, 但是在时空中的结论恰恰相反, 直线段对应于两个事件最长的间隔. 原因是, 时间延迟. 与竖直的线段 (代表着相对于观测者静止) 相比, 倾斜的线段 (代表着运动) 具有更短的间隔, 因为我们考虑的是 $t^2 - x^2$. 所以, 连接两点的曲线的间隔要比连接这两点的竖直线段的间隔更小. 当一个人匀速运动, 另一个人先加速运动后减速运动, 比较两者的间隔也可以得到同样的结论. 固有时间是时空中两个事件之间的最大间隔.

不过, 现在让我们离开坐标几何的话题, 回到主题. 在狭义相对论中有一些所谓的悖论, 我将在下一章中讨论它们, 我们将看到时空图有助于我们避开许多错误.

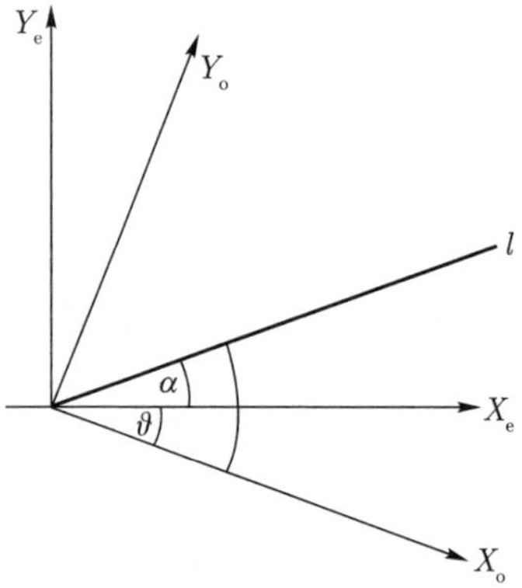

图 18.8

[1]路径的斜率测量相应物体的速度.

18.7 附录

通过引入非欧几何学中遇到的双曲函数, 可以缓解狭义相对论计算上的困难. 我们已经看到, 间隔相对于观测者的不变性是一个基本性质; 或者, 更精确地说, 对于以恒定速度相对运动的观测者, 间隔不变.

首先观察纯粹空间的情形, Jean 与 Jo 会认同 $x_o^2+y_o^2=x_e^2+y_e^2$, 但 Jo 的坐标轴与 Jean 的坐标轴相差一个角度为 θ 的旋转, 也就是说 x_o, y_o, x_e, y_e 之间满足以下关系:

$$x_o = x_e\cos\theta - y_e\sin\theta,$$
$$y_o = x_e\sin\theta + y_e\cos\theta,$$

其中 x^2+y^2 不变, 这是因为

$$\begin{aligned}x_o^2+y_o^2 &= (x_e\cos\theta - y_e\sin\theta)^2 + (x_e\sin\theta + y_e\cos\theta)^2\\ &= x_e^2(\cos^2\theta+\sin^2\theta) + y_e^2(\cos^2\theta+\sin^2\theta)\\ &= x_e^2+y_e^2.\end{aligned}$$

Jean 的坐标系中一条与 x 轴的倾斜角为 α 的直线 l, 与 Jo 的 x 轴的倾斜角为 $\alpha+\theta$, 所以我们说, 倾斜角的变换满足可加性. 当然, 斜率不满足可加性. 直线 l 对 Jean 的斜率 $\tan\alpha = y_e/x_e$, 对 Jo 的斜率 $y_o/x_o = \tan(\theta+\alpha)$. 两者的关系是:

$$\tan(\theta+\alpha) = \frac{\tan\theta+\tan\alpha}{1-\tan\theta\tan\alpha},$$

它不具有可加性, 也就是说以下公式不成立

$$\tan(\theta+\alpha) = \tan\theta+\tan\alpha.$$

这对我们的时空计算有什么帮助呢?

考察两个观测者, 她们在某一瞬间都位于点 O, Jean 处于静止, Jo 匀速运动. 事件 E 被 Jean 记录为 $(x_e, t_e)_e$, 被 Jo 记录为 $(x_o, t_o)_o$. 她们有共同的 202

原点 O, 而且关于从 O 到事件 E 的间隔有相同的计算结果: $t_{\mathrm{e}}^2-x_{\mathrm{e}}^2=t_{\mathrm{o}}^2-x_{\mathrm{o}}^2$, 尽管 $x_{\mathrm{e}}\neq x_{\mathrm{o}}, t_{\mathrm{e}}\neq t_{\mathrm{o}}$. 于是坐标之间有以下关系:

$$
\begin{aligned}
x_{\mathrm{o}} &= x_{\mathrm{e}}\cosh\theta + t_{\mathrm{e}}\sinh\theta,\\
t_{\mathrm{o}} &= x_{\mathrm{e}}\sinh\theta + t_{\mathrm{e}}\cosh\theta.
\end{aligned}
$$

该变换保持间隔不变, 原因是

$$
\begin{aligned}
t_{\mathrm{o}}^2 - x_{\mathrm{o}}^2 &= (x_{\mathrm{e}}\sinh\theta + t_{\mathrm{e}}\cosh\theta)^2 - (x_{\mathrm{e}}\cosh\theta + t_{\mathrm{e}}\sinh\theta)^2\\
&= t_{\mathrm{e}}^2(\cosh^2\theta - \sinh^2\theta) - x_{\mathrm{e}}^2(\cosh^2\theta - \sinh^2\theta)\\
&= t_{\mathrm{e}}^2 - x_{\mathrm{e}}^2,
\end{aligned}
$$

这里 $\cosh^2\theta-\sinh^2\theta=1$, θ 具有物理解释. Jean 将 T_{o} 轴看作 Jo 运动的路径, Jo 的速度是 $\tan\theta$, 其中 $\tan\theta<1$, 1 代表着真空中的光速, 于是 $\theta<\pi/4$. 但是以 $\tan\theta$ 度量速度并不是一个方便使用的方式, 因为, 我们已经看到它不具有可加性; 使用角度 θ 度量速度也不方便, 因为 $\theta<\pi/4$. 让我们看一个例子, 如果 Jo 以四分之三光速接近 Jean, 同时 Jo 向前发射一个相对于她的速度为四分之三光速的火箭, 那么 Jean 看来火箭接近她的速度并非 $\frac{3}{4}+\frac{3}{4}=1\frac{1}{2}$ 倍的光速, 而是 0.96 倍的光速. 事实上, 如果 Jo 相对于 Jean 的速度为 v_{o}, 火箭相对于 Jo 的速度为 v_{r}, 则火箭相对于 Jean 的速度为 $\frac{v_{\mathrm{o}}+v_{\mathrm{r}}}{1+v_{\mathrm{o}}v_{\mathrm{r}}}$.

在我们的例子中, $v_{\mathrm{o}}=v_{\mathrm{r}}=\frac{3}{4}$, 所以

$$
\frac{v_{\mathrm{o}}+v_{\mathrm{r}}}{1+v_{\mathrm{o}}v_{\mathrm{r}}}=\frac{\frac{3}{4}+\frac{3}{4}}{1+\frac{3}{4}\times\frac{3}{4}}=\frac{24}{25}=0.96.
$$

因此, 我们寻求一个依赖于速度的速度参数, 并使之具有可加性. 该参数
203 ϕ 类比于 $v=\tan\theta=\sin\theta/\cos\theta$, 满足 $v=\tanh\phi=\sinh\phi/\cosh\phi$. 如果 $v_{\mathrm{o}}=\tanh\phi_{\mathrm{o}}$ 而且 $v_{\mathrm{r}}=\tanh\phi_{\mathrm{r}}$, 我们将会发现,

$$
\frac{v_{\mathrm{o}}+v_{\mathrm{r}}}{1+v_{\mathrm{o}}v_{\mathrm{r}}}=\frac{\tanh\phi_{\mathrm{o}}+\tanh\phi_{\mathrm{r}}}{1+\tanh\phi_{\mathrm{o}}\tanh\phi_{\mathrm{r}}}=\tanh(\phi_{\mathrm{o}}+\phi_{\mathrm{r}}).
$$

因此, 由 $v=\tanh\phi$ 定义的速度参数具有可加性.

注意: ϕ 并非火箭的路径与 T 轴的夹角, 在时空图中没有 ϕ 的直观形式.

但是, 使用 ϕ 也有一些好处. 函数 tanh 具有以下性质: 由于 $\cosh\phi$ 恒大于 $\sinh\phi$, 所以 $\tanh\phi = \sinh\phi/\cosh\phi$ 恒小于单位 1. 另外, $\cosh^2\phi - \sinh^2\phi = 1$, 所以当 ϕ 趋近于 ∞ 时, $\cosh\phi$ 与 $\sinh\phi$ 增加, 而且 $\tanh\phi \to 1$.

因此, 当速度参数无限增加 $(\phi \to \infty)$ 时, 速度趋近于单位 $1(v \to 1)$. 速度参数不仅具有可加性, 而且没有上界, 这显得非常合理.

进一步, 如果 ϕ 很小, 比如小于 1/1000, 则 $\tanh\phi$ 近似于 ϕ, 即 $v = \tanh\phi \simeq \phi$, 速度参数与速度的数值近似. 所以, 在速度较小而且精度要求较低时——例如速度小于 1/1000 时——速度是可加的. 该速度约为 186 英里/秒, 也就是约 750000 英里/时. 不过, 我们通常遇到的速度一般都在这个范围内, 所以是可加的.

sinh, cosh 以及 tanh: 与双曲几何学的类比开始显现出来, 后面我们将更深入地挖掘.

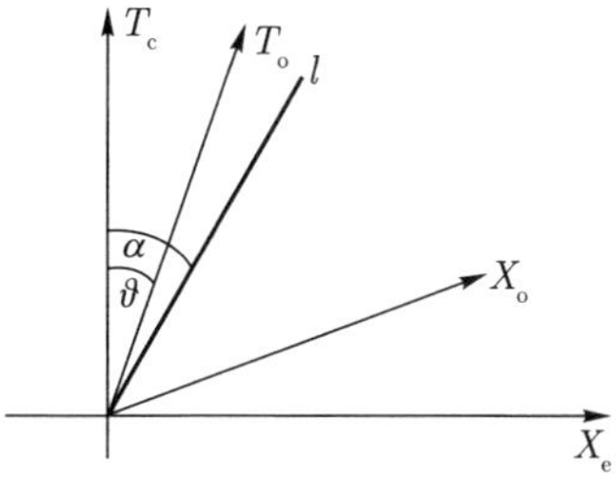

图 18.9

(数学方面的) 习题

18.1 前面, 从物理学方面给出过仅仅考虑 Jean 与 Jo 之间的线性变换的原因. 现在让我们尝试给出一个数学证明: 满足 $x^2 - y^2 = x_1^2 - y_1^2$ 的解析变换 $f(x, y) = (x_1, y_1)$ 只能具有 $x_1 = ax + by, y_1 = cx + dy$ 的形式, 其中 a, b, c, d 是某些常数.

18.2 Jean 通过发射并返回一个光脉冲来探测事件 E, 发射光的路径为 $t_e - x_e = T_e$, 返回路径为 $t_e + x_e = T'_e$. E 是一个瞬时事件, Jo 用相同的光脉冲来探测, 但是她的方程分别为 $t_o - x_o = T_o$ 和 $t_o + x_o = T'_o$. 请使用相对性原理, 或者相似三角形, 证明: $T_o = kT_e$ 和 $kT'_o = T'_e$, 其中常数 k 依赖于两人的相对速度. 试推导 $t_o^2 - x_o^2 = t_e^2 - x_e^2$, 从而证明间隔的不变性.

第十九章　狭义相对论的悖论

悖论

铁轨悖论　设想你位于两段铁轨相接处附近. 为了容许温度升高时铁轨 204
的膨胀, 两段铁轨之间有一个较小的间隙. 一列超级火车行驶过来, 其速度接近光速. 你有如下论点:

(i) 在列车司机的视角下, 铁轨上的间隙以接近光速的速度向他靠近. 因此间隙的长度极大地收缩, 列车司机将拥有一段几乎没有颠簸的行驶.

(ii) 你看到列车行驶的速度非常之快, 以至于其长度极大地收缩. 列车的长度小于间隙, 所以它将完全掉入间隙.

显然, 两件事不可能同时发生. 究竟是哪一件事发生呢?

双胞胎悖论　Peter 和 Paul 是完全相同的双胞胎. Peter 一直待在家里, 而 Paul 坐上宇宙飞船驶向遥远的星球然后返回. Paul 的速度几乎一直接近光速, 所以在 Peter 看来 Paul 的时间极大地延迟了. 实际上, 当 Paul 返回时 Peter 年老了 70 岁, 而 Paul 只增长了 4 岁. 真的如此吗? 为什么双胞胎兄弟的年龄会有差别? 从 Paul 的视角如何看待 Peter? 在 Paul 看来, Peter 也是高速离开并高速返回, 所以 Paul 预期自己的兄弟尽管年龄稍有增长但比自己更年轻, 在空间站欢迎自己的归来. 到底谁是正确的呢?

剪刀悖论

(i) 一个探照灯以恒定的角速度旋转, 其光束以某个速度经过某个目标物体, 目标物体与探照灯的距离越远, 则光束经过的速度越大. 如果目标物体足够远的话, 光束经过物体的速度甚至将会超过光速. 但是, 我们说过没有什么物体的速度可以超过光速.

(ii) 用一根棍子替代光束, 则棍子的顶端运动速度将会超过光速.

(iii) 考虑一个闸刀或者剪刀, 它倾斜地落向横梁上. 尽管闸刀落得很慢, 但是刀锋与横梁的接触点运动的速度正比于闸刀降落的角速度. 所以该速度可以快于光速.

205 (iv) 在刀锋与横梁之间放置一个滚珠, 它将会受挤压力滚动. 它滚动的速度无疑比光速还要快?

解决其中任何一个悖论, 最好都从前面论述过的 Einstein 用于阐释同时性本质的悖论开始. 三个人 A, O' 以及 B 坐在一列速度接近光速的超级列车上: A 坐在火车前部, O' 在正中间, B 在火车尾部. A、B 发出的光信号同时到达 O', 而且同时到达该时刻在铁轨旁面对 O' 的第四个人 O. 问题是: 谁先发射的光信号?

在 O' 看来, A 和 B 相对于他处于静止而且与他距离相等. 他们三人都坐在火车上, 他随时检查都会发现如此. 因此在 O' 看来, A 和 B 与他的距离相等, 他们必然同时发射光信号.

在 O 看来问题有所不同. A 和 B 发射的光信号必然在到达 O 之前发射出来, 而且在 O' 到达 O 之前, OA 的距离都会小于 OB. 所以必然是 B 先发射光信号.

从该例子中我们得到的结论是, 同时性与先后性都是相对的, 而且依赖于观察者. 让我们将 O 与 O' 的观测都至于时空图中来考察. O 利用 X,T 轴记录了火车上三人 B, O' 和 A 的路径, 这三条路径是三条倾斜而且相互平行的直线. 该时空图中, 在 O' 看来, O' 的路径代表着随时间静止的一系列位置, 即 O' 的时间轴. 于是可以确定 O' 的空间轴, 使得光速相对于 O 和 O' 都是相等的. 对 O' 而言, 与其空间轴平行的直线代表着同时发生的一些事件.

最后, 画出 A 和 B 发出并在 O 与 O' 重合时到达 O 的两束光线的轨迹. 从而可以确定 "A 发射光线" 以及 "B 发射光线" 两个事件. 对 O 而言 (以 X, T 为轴), B 先发出光线, 因为 O 空间轴上同时发生的事件是水平的, 而事件 "B 发射光线" 位于事件 "A 发射光线" 的下方. 对 O' 而言, 其空间轴是倾斜的, A 和 B 同时发射光线.

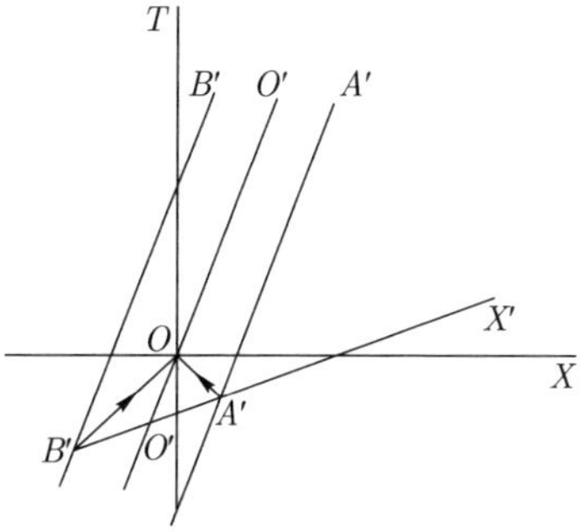

图 19.1　事件 "发射光线" 的同时性

相反地, 也可以对观测者 O 和 O' 进行适当安排, 使得在 O 看来 A 和 B 206
同时发出光线. 但是, 两位观测者对 A, B 的认识仍然会有不同, 因为 A, B 相对于其中一人静止, 却相对于另一人运动.

在这个例子的指导下, 让我们查看其他悖论.

铁轨悖论　将铁轨间隙记为 AB, 你的位置记为 O, 列车司机记为 O'. 设司机位于火车前端, 并记火车尾部为 R. 和前面的例子一样, 将你看到的各点的运动表示在图 19.2 的时空图中. 确实, 在你的时刻 O' 位于间隙内部, 而且在 t 时刻整个火车 $O'R$ 都进入了间隙, 但其时间非常短暂. 现在, 让我们画出 O' 的空间轴 $O'X'$. O' 的同时性轴是倾斜的, 于是在司机看来, ③ O' 离开间隙发生在 ② R 进入间隙之前.

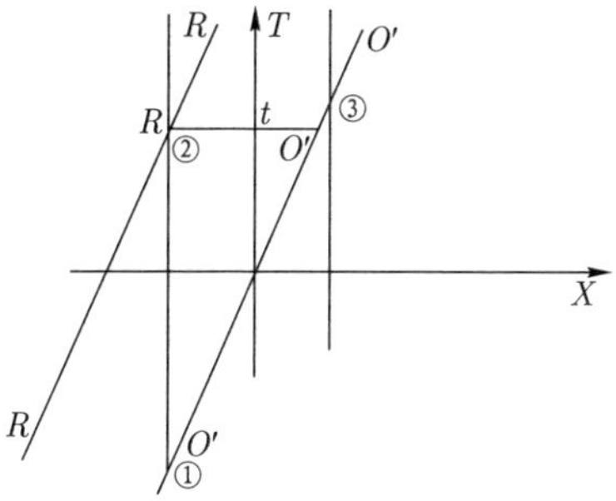

图 19.2　火车的时空图: ① O' 进入间隙; ② R 进入间隙; ③ O' 离开间隙; ④ R 离开间隙 (在图中没有显示).

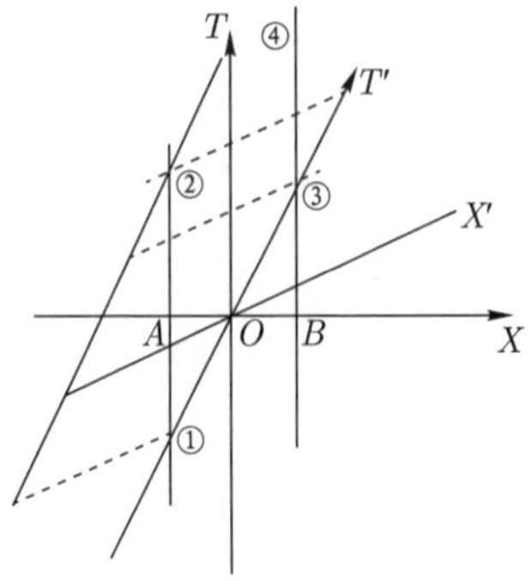

图 19.3　O' 的视角以及 X' 和 T' 下, 四个时间的顺序变成 ①, ③, ②, ④, 如图中虚线所示, 所以火车位于间隙上方.

如果我们换一种描述方式, 火车行驶进入一个房间, 那么我们不会遇上困难, 可以将我们与 O' 视角的区别归因于同时的相对性. 但是, 火车与间隙意味着: 火车将会掉入间隙. 在我们的视角下, 会发生可怕的碰撞; 司机的视角则是没有颠簸的行驶. 到底是哪种情形发生呢?

由于引力的作用, 火车确实会落入间隙, 但是掉入的深度依赖于火车在间隙上行驶的时间. (请记住垂直距离没有发生收缩.) 因此更为仔细的分析将为我们和司机带来共识. 火车确实掉进了间隙, 但是其掉落深度远远不会导致事故. 由于火车高速行驶, 所以火车仅仅竖直下降一点点.

207 **双胞胎悖论**　我们只需画出时空图, 悖论就可以获得解决. 画出 Peter 的时空图.

Paul 确实比 Peter 变老得更慢, 返回时比 Peter 年轻了许多, 正如 Peter 看到的那样. 如果从 Paul 的视角来看, 又是怎样的呢? 记住 Paul 有加速度, 所以他的路径是弯曲的. 在每一时刻给 Paul 一个倾斜的坐标系, 但是不同时刻对应于不同的坐标系. 因此, 我们前面简单的论证方式就不再适用了. 为了看清究竟发生了什么, 考察一种简单而不可能的情形. Paul 以常速度出发, 在某一点 P 处他瞬间改变方向并以常速度返回.

在点 P 处, 他的坐标系从 (1) 变成 (2). 在路途的每一个部分, Peter 与 Paul 都认为对方变老得更慢. 但是, Peter 的生命中没有什么能够对应于 Paul 的坐标轴转变, 当我们看时空图时, Peter 的生命中只有从 O 到 B 以及

从 C 到 D 与 Paul 经历有所对应. 然而, 需要加上从 B 到 C 的时间段, 这段时间对应于 Paul 的坐标系的变换[1]. 这一时间差使得 Peter 再次遇到 Paul 时, 年长了许多. 在平滑加速的情形, 所有时间段都有相应的时间差. 因此, 该 208
情形下我们仍然可以解释 Peter 比 Paul 变老更快的原因.

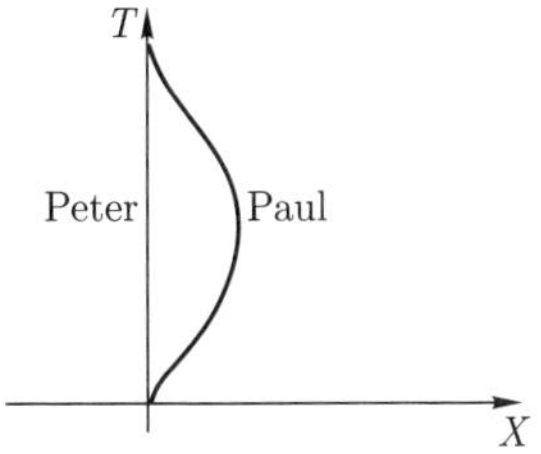

图 19.4

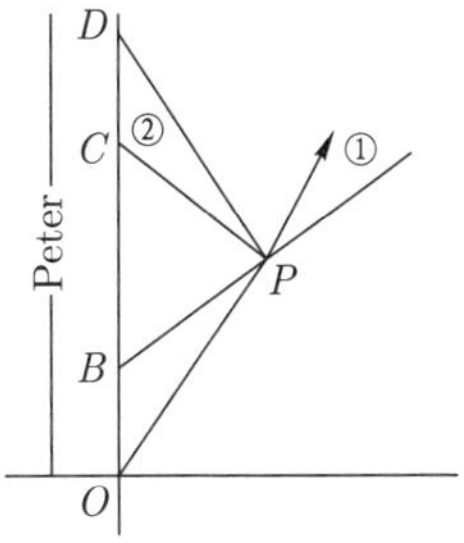

图 19.5　Paul 最简单的旅程

该情形不是对称的. 其中一个兄弟突然改变速度, 或者他通过连续地加速使得坐标系连续变动, 可以通过时间差来解释两人年龄的差异. 其中重要 209
的是, 即使不考虑宇宙中的其他背景, 双胞胎的位置也不是对称的, 我们可以通过相对加速度而不是相对速度来区分两个兄弟.

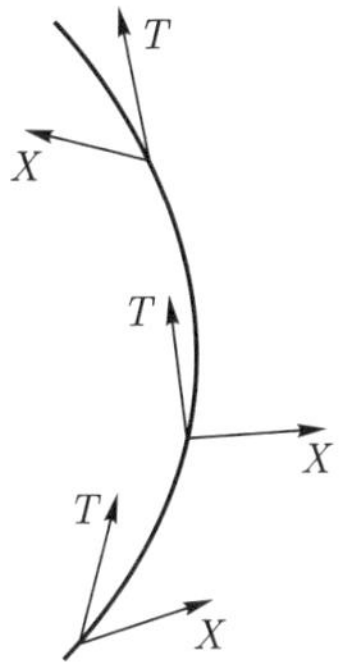

图 19.6　Paul 的坐标系变化

剪刀悖论　的确, 即使光束的角速度很慢 (例如 θ° 每秒), 光束仍然可以扫出一块快速运动的图像. 这块图像以每秒 $\theta^\circ R$ 单位的速度前进, 确实可以

[1]这种坐标变化与我们之前遇到的不同, 正是因为涉及了加速度. Paul 必须确保他的新旧坐标原点具有相同的坐标: $(0, 0)$.

快于光速. 但是, 图像并非一个 "物体", 图像也并非相同的光子. 一旦你用棍子代替光束, 棍子旋转的传递需要时间, 所以棍子会发生弯曲. 棍子越长, 弯曲就越严重, 而且棍子的运动永远不可能超过光速. (在物理上有意义的情形, 棍子的相对论质量以及棍子的加速度也应当纳入考虑.)

可以通过控制闸刀与横梁交点的运动使得刀锋达到任意速度. 但是, 不可能使得物体运动速度超过光速, 原因与以上相同. 惯性以及与加速度相应的力将会使刀锋和横梁都发生形变.

你应当说服自己, 探照灯的光束传递光信号, 但是它的顶端不是一个光信号. 设想两个人分别位于月球的南极和北极, 证明他们不能通过某束速度比光速还快的光线交流.

第二十章　引力与非欧几何

前面讨论的狭义相对论处理的对象为匀速运动的观测者, 也考察了如何 210
描述该理论的问题. 相对性原理要求, 所有惯性观测者之间具有等价性; 不同惯性观测者对世界的描述本质上都是一样的. 该理论附属于一个更伟大的理论, 后者探讨受力和具有加速度的观测者, 即非惯性观测者, 对世界的描述会有何不同.

Einstein 很早就对该问题感兴趣, 他认为该问题的研究将会推广 Newton 的力学. 他在 1919 年写道:

> 1907 年, 当我在为《无线电与电子年鉴》(*Jahrbuch für Radioktivität und Electronik*) 杂志写一篇关于狭义相对论的总结论文时, 我试图修改 Newton 的引力理论, 使之与相对论相符. 先前在该方向的努力证明这是有可能实现的, 但是它们并不让我满意, 因为它们需要满足一些缺乏物理学根据的假设. 就在此时, 以下这些我一生中最快乐的思想涌上心头:
>
> "正如电磁感应导致电场的例子一样, 引力场也是一种相对的存在. 我们可以考虑一个自由下落的观测者, 例如从屋顶掉落下来, 在他掉落的过程中, 不存在引力场 —— 至少在他附近如此." (引用于 Holton 1973, p. 364.)

注意到 Einstein 将引力表达为一个相对的现象. 该相对性是受力的观测者与具有加速度的观测者之间的相对性, 让我们更细致地分析 Einstein 的意思.

我们通常以一种简单的方式来观察引力: 我们让物体自由落下, 并对其进行观察. 但是, 在 Einstein 的设想中, 如果那位倒霉的观测者扔下一个物体的同时自己也滑倒了, 那么他将和物体一起掉落下来. 两者在掉落过程中, 相对静止. 因此, 观测者将无法观测到重力; 对他而言, 至少在他附近没有重力.

我们可以把该现象看成我们更熟知的运动相对性的一个类比. 假设一个观测者在一个箱子里面, 让他向位于宇宙深处的第二个观测者描述箱子的状态. 两人都认为箱子处于失重状态, 或许我们会说, 其原因是箱子与第一个观测者都受到了引力作用, 尽管该观测者与箱子的掉落可能会越来越让我们不安. 由于物体是否匀速运动与其受力状态有关, 我们只能通过运动状态来进行力的测量. 至少在局部, 运动状态不变意味着不受力.

211 这种等效性有多精确呢? 在 Einstein 的论述中, 对于自由降落的观测者来说, 引力 '至少在他附近" 并不存在, 这是什么意思呢? 如果观测者密切观察两个随他一起降落的物体, 例如两个球 B_1 与 B_2, 他将会注意到两个球之间有很小但逐渐增加的相对运动. 第一个情形是两个球并排下落. 它们都落向地球中心, 并在地球中心发生碰撞, 于是, 如果有足够精密的设备, 观测者可以检测到球 B_1 和 B_2 之间的相对运动. 当然, 我们与地球中心的距离如此之远, 以至于几乎无法检测到这种水平的运动, 所以我们说物体沿着垂直方向下落. 如果物体下落的起点距离足够远, 那么该说法就没有错误.

第二个情形, 球 B_1 稍微在球 B_2 下方一些. 由于球 B_1 更接近于地球中心, 所以它受到更大的引力, 它的加速度比球 B_2 稍微大一点. 我们的观测者将会看到, 对应于地球引力场的变化, 球 B_1 逐渐远离球 B_2. 然而, 这种相对运动仍然非常微小, 如果我们同意忽略这个微小的相对运动, 那就意味着承认球 B_1 和 B_2 保持等距. 这相当于使用了一个实用的物理学假设, 即地球半径与地球质量都是无限大的, 该假设对于初等力学来说已经很充分了. Einstein 所说的等价性, 针对的是一个匀加速的系统与一个完全均匀分布受力的系统.

但是, 如果我们可以检测到两个球的相对运动, 也就是说引力场并非均匀分布, 那么我们就可以在局部检测到引力场. 引力场被认为是可以检测到的, 因为有 '潮汐效应", 即月球对地球不同部分的引力不同, 导致海洋中的水的不同部分相对运动, 于是产生潮汐. 如果我们想象球 B_1 与 B_2 的位置相对水平, 而且两个球之间有一个细棍连接, 那么引力场的局部效应将会使得两个球越来越近并压弯细棍. 如果球 B_1 与 B_2 的位置相对竖直, 那么细棍将会被拉伸. 一个起初是正方形结构的 $ABCD$, 其上下两边将会被压弯, 而其竖直的两边将会被拉伸.

狭义相对论的效应只有在高速运动时才能被检测到, 这也是它显得奇怪的原因之一. 与之类似, 我们将描述的引力理论只针对强力场. 由于引力很弱而且测量设备也很落后, 我们习惯于认为下落的棍子保持长度. 但是, 一个强劲而且变化的力场将会使得棍子变形, 正如月球使得海洋变形并产生潮汐.

接下来我们考虑如何将引力场引入狭义相对论的时空.

| 20.1 测量中约定的元素

让我们设想一些智慧生物居住于一个二维曲面世界. 自然地, 他们希望对所处的世界进行测量, 他们当然只能在曲面上运动和进行测量, 正如我们测量地球表面一样. 接下来, 让我们观察他们如何尝试测量以及如何将测量记录在他们的地图上. 212

测量时选取的原点记作 O. 在由一束光线路径确定的方向上, 取一条直线. 如果我们愿意, 可以把它解读为一条测地线. 从点 O 出发选取第二条路径, 它也是直的, 而且和第一条直线在点 O 的夹角为直角. 关于这些, 我们的描述和他们的描述呈现出两个图景, 他们的描述很可能像图 20.1 那样. 我们将这两条线称为坐标轴, 也就是他们作出的对他们而言看起来笔直的线. 为了进行测量, 他们首先以 km 为单位在轴上标出刻度, 即不断地在每个轴上整 km 处标上刻度. 接着, 用如下步骤对点 O 附近的区域进行测量. 在第一个轴上每个标有 km 刻度的点处, 作一条垂直于第一个轴的直线. 这些线标上 km 刻度, 测量每个 km 刻度与其右侧 km 刻度的距离. 我们完全可以想象, 他们希望这些距离都是 1 km, 因为那样的话他们的世界是平的. 但是, 结果却可能不是这样. 如我们所见, 测量的距离可能会逐渐减小, 或者有任意大小关系. 现在假设随着远离点 O, 这些距离稳定而规律地减小, 如图 20.2 所示.

图 20.1

他们能从地图中领会到什么道理呢? 第二条轴旁边的这些直线逐渐聚拢.

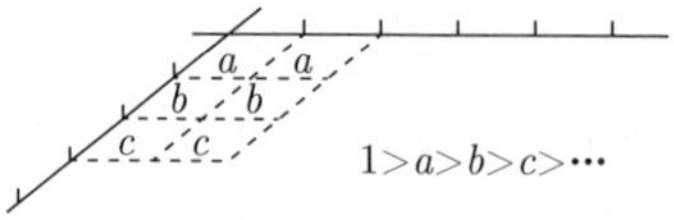

图 20.2

如果他们决定放弃将地图画成平的，他们便可以用一种更具有视觉直观的方式重新绘制这些路径. 当然，在他们新的世界图景中，这些路径的弯曲形式仍
213
然是测地线. 我们可以在三维世界中的弯曲球面上直观地看到这些，他们也可以仿照. 他们可以认为自己的世界如图 20.3 所示.

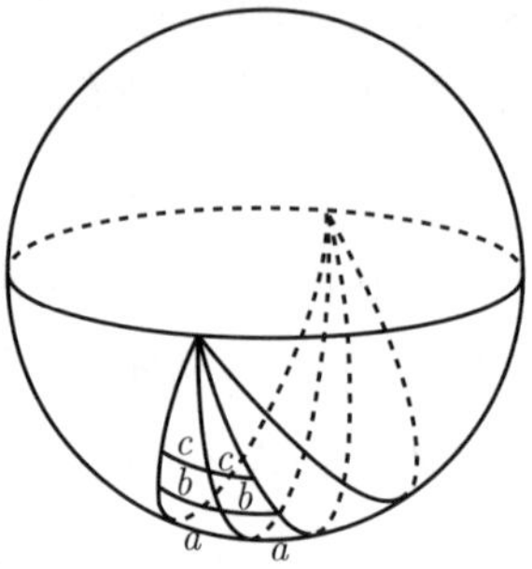

图 20.3

如果他们愿意使用平直的地图，就像我们那样，那么他们仍然可以将测地线画成直线，但那会使得距离显得不太直观. 于是，距离尺度发生了连续的变化，里程标志的位置、地图上的路径的形状与间隔也发生了变化. 通过在地图上将它们间隔开来，得到一张测地线都是直线的地图，但是测地线显得比实际情形更分散，因为球面上的测地线被画在了平面上.

因此可以想象，他们对所居住的世界可能有三种不同的解读. 分别是：弯曲的，平直但是垂直于坐标轴的直线相互聚拢，以及平直但距离是扭曲的. 他们无法排除其中任何一种情况，因为这三种解读是等价的. 他们怎样为第二种或第三种情形提供辩护呢? 这两种可能更让他们满意，因为这两者不需要使用三维空间的概念. 在第二种情形中，在 OX 处读取的 1 km 放到 YW 处，测得 YW 小于 1 km. 等价的描述是，点 O 处任意 1 km 长的物体，例如尺子，在运动到点 Y 的过程中发生了伸展. 一些奇特的力使之在运动时伸展，所

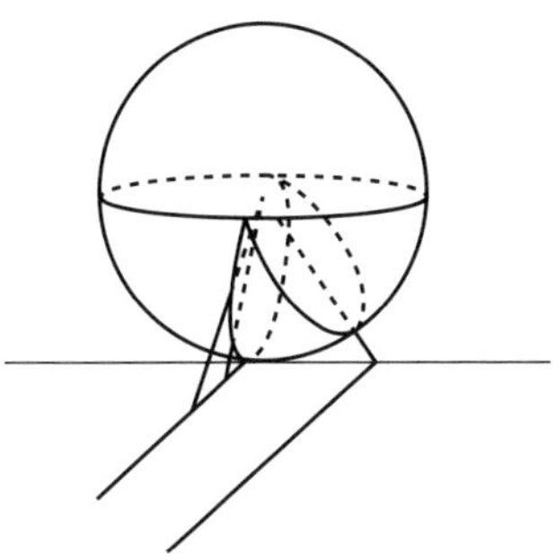

图 20.4

以尺子到点 Y 时长度超过 YW, 所以 YW 显得小于 1 km. 例如, 考虑一条 1 km 的紧绷的绳子, 点 O 处它恰好在 O 和 W 之间, 但是在点 Y 处的长度却超过了 YW.

也可以用同样的方式重新解读测地地图, 在该世界中普遍存在一种力, 使得物体运动时都会被这个力拉伸. 在该地图上, 用绳子作出一条与第二个轴等距的曲线, 则会得到相反的图形.

对我们来说, 这种普遍存在的力有点令人讨厌, 它不受阻碍地作用于所有物体上, 而且这种力似乎没有原因. 这很**特别**; 它唯一的用途在于保持世界是平直的. 但是, 如果曲面上的生物愿意相信这个观点, 我们确实无法反驳. 214
Reichenbach (1958, p. 11) 给出了一个可爱的例子, 有助于强调这一点.

一个世界位于另一个世界上方; 上面的世界是透明的, 其影子竖直地映在下方的世界上. 下方世界的生物接受上面世界生物所做的坐标标记以及测量, 但他们给出了不同的解读. 在远离隆起的地方, 他们的解释都一致; 在大地隆起的地方, 上面世界的生物和我们一样感知隆起, 于是他们的测量如图 20.6 所示. 然而下面世界的生物对世界的认识如图 20.7 所示. 当进入或者离开隆起对应的下方区域时, km 标志的位置似乎出现了紊乱 (对我们而言). 对他们来说, 当长度为 1 km 的物体经过 AB 时, 发生了扭曲. 如果从右向左经过 215
AB, 其长度首先显著地变长, 然后变短一些, 在经过点 A 前变长, 然后又恢复初始长度. 对他们而言, 区域 AB 似乎可以拉长经过它的物体.

图 20.5

图 20.6

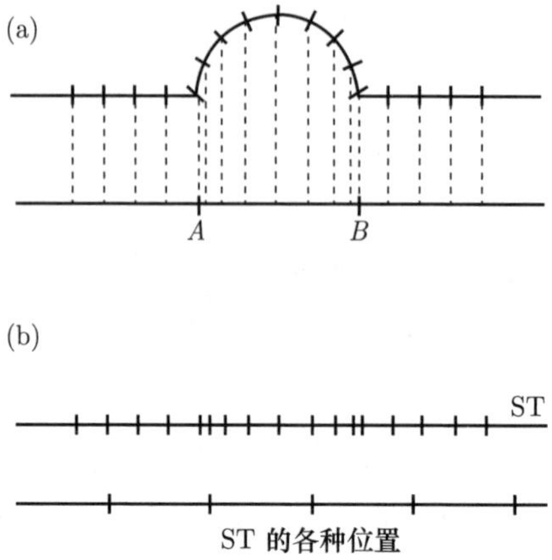

图 20.7

我们只能得出, 任何测量的行动都有任意的或者约定的成分. 我们无法确定用以测量的尺子随着位置的变化是否改变长度, 我们只能做出假设. 我们可以假设将尺子长度保持不变, 或者假设尺子长度在某种特别的力的作用下发生改变, 我们的选择或者出于自然的考量, 或者出于计算的方便. 如果出于自然的考量, 那么我们选取第一种假设, 出于计算简便则选取第二种假设.

关于球面宇宙, 有一种你可能知道的有趣的解读.[1)] 假设你有一个盘子式的二维世界, 它受到不均匀的加热, 从中心到周围温度稳定地增加. 你希望在忽略盘子受热的情况下测量它, 为此你使用一个相对很小的金属尺子在平板上进行测量. 当尺子移动到平板盘子边缘时, 尺子发生了膨胀, 而盘子上任一点处的温度关于该点与中心的距离具有函数关系, 于是下述情形发生了. 随着接近盘子边缘, 坐标网格之间的间隙增大, 精确地与球面南半球的一个区域

[1)] 我不知道谁最早想到这种解读. 可以在 R. P. Feynman, *Lectures in physics*, Vol. III, §42.1 (1966) 中找到它.

的测地地图一致. 所以, 热盘宇宙的内蕴结构恰好是球面宇宙. 216

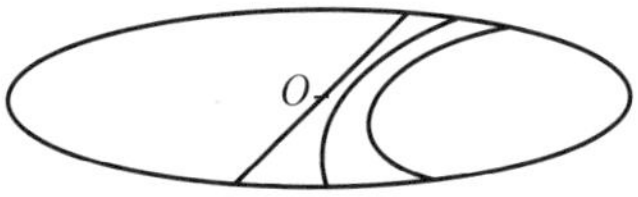

图 20.8　热盘宇宙: 三条等距曲线

盘子一点处温度与这一点到盘子中心的距离 (外蕴距离) 之间的函数关系是 $T = 1 + K^2r^2$, 其中 K 是某个常数. 如果令 $T = 1 - K^2r^2$, 则我们得到冷盘宇宙模型. 此时, 随着远离盘子中心, 温度下降, 金属尺收缩. 用金属尺测量得到的相等间隔, 在我们看来随着接近盘子边缘越来越拥挤. 这个宇宙看起来是什么样子呢?

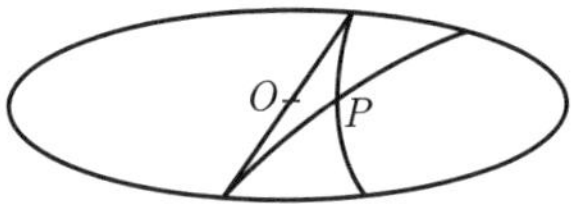

图 20.9　冷盘宇宙: 两组渐近线

关键的图像是与坐标轴渐近的线. 图中点 O 是坐标轴上的一点, 点 P 是盘子上另一点. 在所有穿过点 P 的直线中, 其中一些与坐标轴相交, 而另一些不相交. 然而, 有一条直线随着越来越靠近盘子边缘, 而越来越接近坐标轴, 但 ‘距离收缩” 平衡了这两个效果. 该直线将会在盘子边缘与坐标轴相交, 但可惜的是, 盘子边缘温度是 0, 尺子的长度也成为 0. 于是, 无法到达边缘; 该直线与坐标轴渐近. 冷盘宇宙正是非欧平面, 正如你猜测的那样.

与盘子式的宇宙和球面式的宇宙不同, Reinchenbach 的隆起宇宙是不均匀的. 类似地, 变化的引力场使得测量的尺子发生弯曲, 也会影响钟表, 进而使得时空中的坐标网格发生弯曲. 如果将一个标准的正方形放入引力场, 外在地看, 力的作用将会导致正方形变形; 内蕴地看, 导致一个弯曲的网格. 与潮汐效应相应的引力场的作用导致网格弯曲变形. 引力呈现为一个弯曲的时空. [1)]

---

1) 狭义相对论空间仍然是欧氏的.

如果观测者希望在局部观测到引力场, 当他和正方形运动的时候, 他需要看到正方形 $ABCD$ 被压扁或者拉伸. 然而, 如果他选择米尺组成正方形, 并使用米尺和钟表进行测量, 那么米尺也会发生扭曲. 正如盘子宇宙中的测量者一样, 我们的测量者也无法内蕴地测量出来这些扭曲, 尽管可以测出来内蕴的曲率. 只有外在的观察者才能看出他的米尺发生了变形或者拉伸, 可以看到一个平直的宇宙, 并把引力解释为一种力; 内蕴地看, 引力蕴含在宇宙空间的度量结构本身. 引力正是宇宙的形状, 由其中物质的质量决定.

20.2 例子

217 在一个拉紧的弹力板上放置一个重物. 板子在重力作用下向下凹陷, 如果在板上滚动弹珠, 则它的路线不是直的, 而是稍微落向物体凹陷的方向. 我们可以称, 滚珠受到重物引力的拉扯. 现在, 将弹力板形状固定, 并将重物拿走. 滚珠还是那样滚动, 所以我们可以称, 曲面的弯曲表达了物体对滚珠在运动轨迹每一点处的拉力. [1]

因此, 引力的作用对于光的路径也会有影响, 光的路径反映了曲面上测地线的弯曲本质. 由引力作用得到的几何, 被内蕴地决定下来. 喇叭形的曲面具有负的曲率——内蕴曲率——请您尝试在喇叭形曲面上画出一个正方形.

习 题

20.1 Helmholtz 建议将空间的坐标描述替换为它在内凹或者外凸的球面镜中所成的像, 你或许对此感到介意. 球面镜中的世界在某种意义上类似于非欧几何. 哪个镜子对应于哪种非欧几何呢? 详细内容见 Helmholtz 有趣的文章 *On the origins and significance of geometrical axioms*, 可以在 *The world of mathematics* (1960, Vol. 1, pp 647–68. Allen and Unwin) 中找到. 同一卷中还包含 Clifford 同样重要且有趣的论文.

[1]实际上, 这个模型的计算只对了一半, 缺少对狭义相对论效应的考虑.

Helmholtz 还指出, 如果透过一个负焦半径的透镜看我们的世界, 则看到的是非欧的. 可以考虑相反的情形, 假设现实世界是非欧的, 但我们的眼睛作为透镜将世界看成是欧氏的, 因此你可以说服自己现实空间是非欧几何的可能性.

第二十一章　思索

到目前为止, 我们大胆地假设时空是二维的, 把它当成一个曲面, 而且同 218
样地服从于我们描述过的微分几何学定理. 当然, 由于时空其实是四维的, 我们必须考虑我们的描述是否会失效. 实际情形不太让我们失望. 正如我们在平面上演算欧氏几何学, 并通过类比研究三维图形的性质 (例如将其看成是由平面薄片组成的), 所以时空的几何学很大程度上也可以由它的二维属性刻画. 确切地说, 由于我们对时空仅仅拥有内蕴的认知, 于是直观的好处很可能会超过类比所带来的误解. 不过, 对于四维的情形, '四维流形' 不能被曲率简单地刻画. 首先, 曲率不再是随着位置变化而变化的一个数, 而是很多数 (幸运的是, 我们不需要考虑这些技术细节), 我们无法简单地通过曲率来描述曲面. 但是, 一旦我们不再考虑这些细节, 就可以接着叙述下去. 三维的情形更加容易, 由于引力的作用质量对橡胶曲面的压缩, 可以用来类比地理解三维情形. 橡胶板变形产生的曲率恰当地描述了, 中心处的质量如何通过 '引力' 吸引附近的质量. 从现在开始, 我们将尝试描绘三维的图景, 进而想象要考察的四维时空.

请注意, 无论何时长度收缩的效应只发生在运动的轨迹上, 可以说只影响 x 坐标, 而不影响 y 或 z 坐标.

21.1　引力

恒星质量使得周围的空间发生扭曲或弯曲, 可以通过其在光线路径的作用来检测. 光线并非奇妙地走了 '笔直的' 路径, 而是最短的路径. 这些测地线的弯曲是由空间弯曲导致的, 从而揭示出恒星的引力效应. 关于该效应有一个著名的观测, 在 1919 年日食的时候, 科学家观测了太阳背后某个恒星发出的光线. 该观测结果符合广义相对论新颖的预测, 从而推动了相对论被接受的进程, 尽管其数值拟合并不是太好 (见 Kilmister 1973, 以及 d'Abro 1927 (1950 年再版)). 操作层面上, 观测流程如下: 通过尺子和钟表确定度量, 在该度量下光的路径是最短线. 但是, 计算显示度量对应的空间是弯曲的; '引力", 219 光线的几何学, 并非是欧氏的. 的确也可以将空间描述成欧氏空间, 但是那样的话, 光的路径将是弯曲的 (非测地的), 而物理学也会丧失其简单性.[1] 至于空间是严格非欧 (齐性) 还是以不同的方式弯曲, 我们将在后面再考虑.

注意我们刚才的研究计划只是局部的, 通过引力的局部效应确定局部的度量. 将这些局部拼合在一起可以获得整体的观点, 得到包括光线路径在内的整体性质, 替代了远距离引力作用的描述. 引力不再穿过中性的空间拉扯物体, 与之相对, 物体感受到空间局部的曲率, 这才是引力. 正如简单的 Newton 式情形一样, 数学家仍会试图解决曲率是如何由空间中质量分布确定的问题. 但是, 这个问题困难很多, 因为质量能够直接改变空间的度量, 而在 Euclid-Newton 式的理论中, 空间是不变的. Einstein 导出了场方程, 从而对该问题进行数学刻画, 但没有解出该方程. 一个静态对称的球状物体 (比如一颗恒星) 的方程解答是由 Schwarzschild 获得的, 该解答预测的结果与 Newton 式的结果只有细微的差别. 但是, 可观测到的差异支持了广义相对论, 从而新的理论最终获得了认可.

令人高兴的是, 不需要详细的数学细节, 我们便能描述该理论的一些直观方面. 设想你坐在一个宇宙飞船上, 测量一颗恒星附近的空间. 为了几何测量需要, 你考察飞船轨道上不同位置的几个小灯塔发出的光线路径.

由于引力场作用使得光线向内偏转, 为了将光线组成一个正方形, 你必 220 须将光线稍微向外瞄准. 如果将引力场想象成一个变形的橡胶板, 其中恒星位于中心, 我们则需要刻画该曲面的形状, 使得曲面上的测地线恰好能描述光的路径. 直观上看, 橡胶板形成井壁的形状, 而且越接近中心井壁越陡峭, 这样才能刻画随着靠近中心引力的增长. 能够准确刻画引力的喇叭形曲面如图 21.2 所示, 该曲面由 y, z 平面的抛物线 $z^2 = 8m(y - 2m)$ 上半部分围绕 z

[1] 这些思想的来源见 H. Poincaré 的《科学与假说》(1905 年出版, 1952 年再版, Pergamon, Oxford) 中的文章 '实验与几何学".

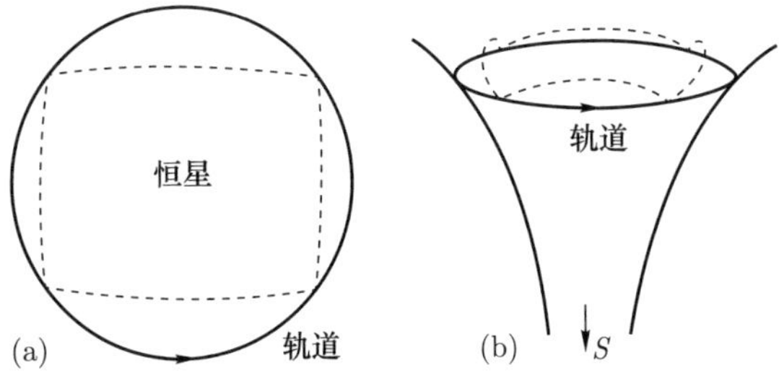

图 21.1　(a) 通过位于轨道所在平面之外的若干分段曲线刻画光的路径. (b) 虚线所示的四边形内角小于 $\pi/2$, 为什么?

轴旋转得到, 被称为 Flamm 抛物面. 该曲面的内蕴几何中, 曲率处处都是负的, 而且随着远离中心而减小. 如同滚珠一样, 滚珠向上滚动一些然后再滚落下来, 可以作出该曲面上的测地线. 曲率的变化导致了引力的局部效应或称为潮汐效应, 严格地说, 一点处的曲率反比于该点与中心距离的立方——你可以将它与负常曲率空间的伪球面模型比较.

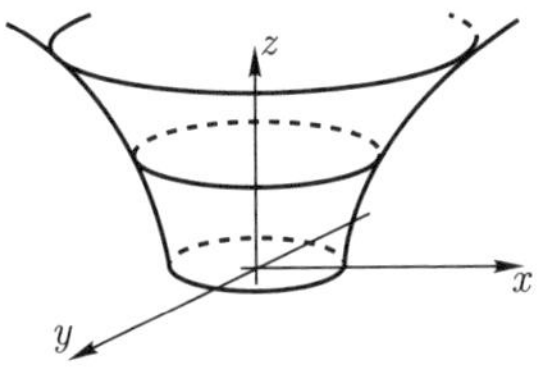

图 21.2　Flamm 抛物面

正如我们期待的那样, 曲率依赖于恒星的质量; 距离相等时, 越大的恒星施加越强的吸引力. 现在, 让我们在恒星的引力场周围运动, 并考虑狭义相对论中的时间延迟与距离收缩效应. 首先, 一个比我们与中心距离更近的钟表会呈现出什么效应呢? 从钟表射向我们的光线会发生弯曲, 而钟表在不同位置有可观测到的区别. 换句话说, 我们可以用钟表来确定时空的度量, 正如我们希望的那样. 不过, 我们需要同时考虑狭义相对论中运动的效应.

如图 21.3 所示, 引力场中的光锥会随位置发生改变. 光锥中的渐近线, 即光锥顶点处光的路径, 受到了引力场的作用. 不过, 如果我们选取一个足够小的区域 (没有潮汐效应), 那么光似乎以通常的恒定速度运动. 因此, 我们仍然

221 可以局部地确定引力场中每一点处的时间轴与空间轴. 换言之, 在时空的小区域中, 引力效应可以被忽略, 时空局部是平直的, 正如我们熟知的那样. 更精确的实验可以检测到时空的弯曲; 该弯曲可以用不同位置处光锥的定向改变来描述, 如图 21.4 所示. 注意, 每一点处仍然有完好的空间轴与时间轴. 可以想象, 当引力足够巨大时, 将会在很大程度上改变光锥的定向.

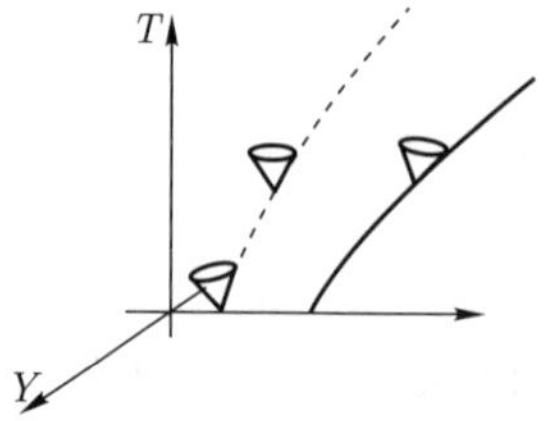

图 21.3　虚线表示光线

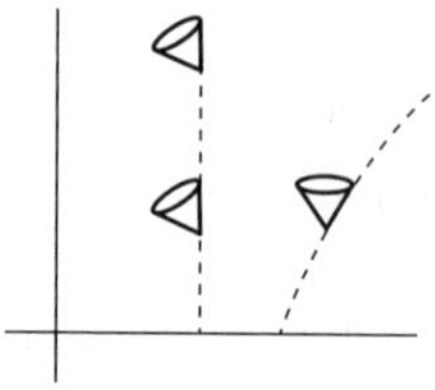

图 21.4

21.2　黑洞

设想你探测一片空间区域, 但在它的中心探测不到任何东西. 你审慎地
222 描绘出光锥, 如图 21.4 所示. 距离不可见的中心一段固定距离处, 所有的光锥都有一条竖直的渐近线. 用光线路径的术语来说, 此处, 光的路径都是竖直的, 即光与中心保持在那个距离. 不同光线的路径如图 21.5 所示. 临界距离以内的任何事件都无法传播出来, 因为光锥将会完全向内. 正因如此, 中心是不可见的, 它被称为一个黑洞.

假设你释放了一个钟表. 钟表落向黑洞, 并逐渐加速. 钟表的路径如
223 图 21.5 所示, 由于它的速度小于光速, 所以其路径是一条更缓和的曲线. 钟表敲打计时, 经过有限的时间进入临界区域. 但是, 如图 21.5 所示, 钟表释放的光信号需要花费越来越长的时间才能返回, 因为越接近临界区域, 空间的曲率越大. 实际上, 用我们的时间来看, 钟表需要经过无限长的时间才能到达临界区域 (这是一种更强的双胞胎悖论效应).

因此, 临界区域的边界不会撞到你. 你并不会注意到你进入了临界区域, 我们也不会注意到. 但是, 你一旦进去就无法逃出来. 光都无法逃离, 你的速

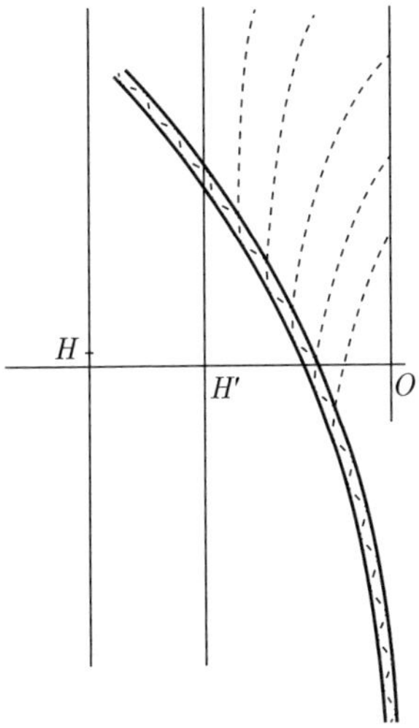

图 21.5　H 处的一个看不见的质量吸引了时钟 C, 它在重力作用下落下, 如图所示. 它在 O 处向我们辐射, 但它的脉冲似乎是膨胀的, 我们从未看到它进入临界区 HH', 尽管它是在有限的适当时间内进入的.

度又必须小于光速, 于是你陷了进去. 事实上, 临界区域内的任何物质都会向内落去, 而且受到越来越大的力, 直到原子都被撕裂. 黑洞是一个具有巨大引力的区域, 黑洞中心附近的空间区域发生弯曲, 任何物体都无法逃离.

有时有反对观点称, 如果光和任何物质都无法逃离黑洞, 那么我们怎样能知道黑洞存在呢? 想象一个可以观测到的恒星, 由于某种原因它的质量不断增大. 某个阶段, 临界区域包络了整个恒星, 质量足够巨大, 恒星就不可见了. 当然, 此时它的引力场施加给了附近的空间. 在一瞬间, 恒星熄灭并不可见了, 这可以作为一个信号, 该信号传播的速度最快为光速. 然而, 黑洞不可以传播信息, 黑洞的引力作用阻挡了光的传播.

关于黑洞的这个描述中, 除了关于极端曲率存在性的假设之外, 其他都不违反物理学理论. 观测结果证实, 黑洞的引力并不比中子星所产生的巨大引力大很多, 而且确实有一些证据证明黑洞存在. 天鹅座 X-1 是一个强劲的无线电来源, 一些科学家认为在它附近很可能存在一个黑洞.[1] 但是, 黑洞也为

[1] 黑洞的直径大约是 60 英里, 它围绕一个巨星的轨道直径大约是 18 000 000 英里!

该理论提出了一些不好的结果, 黑洞的中心是时空的一个奇点, 在该区域, 物理学定律将不再适用. 正如 Roger Penrose(1973, p. 121) [1] 所说:

> *以下推测是难以避免的, 近于无穷大的潮汐效应将会发生, 导致在时空的一个区域内, 强大的引力直接挤压物质和光子使之湮灭.*

如果存在一个这样的区域而且它还可以发出信号 (与黑洞不同), 则称之
224 为 '裸奇点", 该区域受物理学定律限制. 目前为止的物理学还不能掌握它的规律, 而且理论确实容许它在特定旋转的庞大星体中形成. 不管宇宙学家设计出怎样的观测, 他们仍永远面临困境. 正如 Penrose 指出, 通常, 一个理论中存在奇点意味着该理论的失败, 除非能够以新的形式重新建立该理论. 当面对的是关于时空的理论时, 问题更加严峻.

或许, 为了寻求出路, 我们将回到古希腊人所提出的问题. 尽管他们试图用同一种自然研究解释万事万物的理想失败了, 但是我们至今仍然同数学与物理学的相互作用斗争着. 这种相互作用部分地表现在, 关于时空的数学假设要求时空是连续且光滑的曲面, 它或许会泛起涟漪或者弯曲, 但它不会破裂或分离. 但是, 与此相反, 物质是由原子组成的, 不可以无限细分. 有人提出, 应当用我们研究空间的方式研究物质, 使用逻辑所需的概念来描述它, 例如用基本粒子替代桌子和椅子. 物质的现实状态并不成为问题, 成为问题的是物质的本质. 如果把一部分空间捏成一点, 则空间的扭曲便可能类似于引力场的作用, 在这个例子中我们看到空间空无一物, 一个弯曲的空间团块成为物质, 而它的分布成为引力. 但是, 当我们考虑曲率的变化时, 此时似乎必须考虑无穷大的曲率. 如果可以重新表达物质与空间的理论, 使得无穷大的曲率不再出现, 这当然是更好的. 请回忆二维的情形, 曲率半径减小则正的曲率增大 (负曲率的情形类似), 于是我们知道为了给出最大的曲率, 需要给出空间团块大小的下限; 而其大小正是它所代表的粒子的大小. 限制粒子大小的下限, 出于量子力学的考虑. 你可以认为, 测量如此小距离需要的能量将会过于庞大. 因此, 曲率的理论极限是非常吸引人的问题, 但是这样一来, 将空间看成

[1] 本章中的很多内容借鉴了 Penrose (1973).

曲面的思想就不复存在, 因为曲面无法无限地扭曲了. 当提问 ‘什么是空间?” 时, 难道我们听到的不是希腊人关于 ‘什么是直线?” 以及 ‘如何将直线与点的概念联系起来? ” 这些问题的回声吗? 或者是我们的幻觉?

这些宇宙学的思索, 关于极大与极小的联结, 关于 ‘事实” 与 ‘解释”, 是我们现在所能到达的最远之处. W. K. Clifford 曾在 1876 年写过一篇该主题的阐释文章, 其摘要留存了下来. 让我指出其中两点: 第 (3) 部分谈到物质与曲率的关系, 第 (4) 部分对连续性提出质疑. 很难找到比这个更激动人心的研究纲领了.

21.3 附录

论物质的空间理论 (*On the space theory of matter*, William Kingdon 225
Clifford) (摘要)

Riemann 已经证明, 正如存在不同种类的线与曲面, 也会存在不同种类的三维空间; 而我们只能通过经验来确认, 我们生活的空间究竟是哪一种空间. 特别地, 一张纸所在曲面上, 平面几何学中的公理在实验观测的范围内都成立; 但我们也知道纸张实际上有很多的纹路和褶皱 (其中全曲率不等于零), 所以这些公理并不成立. 类似地, Riemann 指出, 立体几何学的公理在实验观测的有限空间范围内都成立, 但是我们无法确定它们是否对于极小的部分也正确; 如果可以从物理现象的解释中获得任何有益的帮助的话, 我们将能断言, 它们不适用于空间的极小部分.

我在此试图给出一种研究方式, 使得这些思考可以应用于物理现象的研究中. 具体地说, 我认为:

(1) 空间的极小部分实际上类似于曲面上的小山丘, 而曲面总体上是平的; 即通常的几何学定律对其不适用.

(2) 弯曲或者扭曲的性质在空间上连续地传递着, 如同波浪.

(3) 空间的曲率变化的确发生于**物质运动**的现象中, 不论是有质量的物质还是没有质量的物质.

(4) 在物理世界中唯一发生的是曲率变化, 而它 (可能) 遵循连续性定律.

我尝试在此假设下, 以一种一般的方式解释光的双折射现象, 但是尚未得到任何值得交流的充分结果.

第二十二章　一些最后的思考

关键在于, 现在我们认识到我们的假设具有任意性. 位于相对论基础的复杂假设, 或许会让外行感到震惊, 如果他诚实地承认自己不能理解它们的话, 但是不会让数学家感到震惊. 我希望坚持的观点是, 正是由于对 Euclid 平行公设的怀疑, 以及包括 Saccheri, Lobachevskii, Bolyai, Beltrami, Riemann 和 Pasch 在内的思想家解决疑惑的努力, 才使得我们拥有了现代数学科学的抽象概念. (Coolidge 1940, 再版于 1963, p. 87.) 226

22.1　意义

人们在不同时期以不同方式尝试给出周围世界的意义, 并尝试用理性的语言描述自然界中的奇迹. 希腊人试图获得演绎式理解的勇敢尝试, 长期存在于空间的欧氏描述之中. 数学向非欧几何学的扩张似乎终结了希腊人的朴素认知, 但是将数学无可置疑地根植于逻辑学的可能性留存下来. 但这种努力再次失败了, 现在无论对数学还是对物理学, 我们似乎都无法给出确定的承诺. 不过, 在心智领域中不确定性增加的同时, 我们关于世界的描述也更加丰富和具有威力. 我们拥有的工具仍然不能回答最初的问题, 但是可以成功地回答一些其他更有价值的问题. 这看起来不着边际, 但该过程带来的理解和赋予的意义, 似乎已经成为人类创造的一部分. 在这里或其他领域, 我们创造了未来, 但是并非以我们自己选择的方式.

22.2　最后的数学附录

如果球面的直径为 R, 曲率是 $1/R^2$, 则曲面上点的外蕴坐标 (x, y, z) 满足 $x^2+y^2+z^2=R^2$. 点 P 的内蕴坐标为 (u, v), 满足

$$x=\frac{uR}{(1+u^2+v^2)^{1/2}},\quad y=\frac{vR}{(1+u^2+v^2)^{1/2}},\quad z=\frac{R}{(1+u^2+v^2)^{1/2}}.$$

坐标表示的是经度, 例如 $u=0$ 以及与 $u=0$ 垂直的大圆. 距离

$$\mathrm{d}s^2=\mathrm{d}x^2+\mathrm{d}y^2+\mathrm{d}z^2$$

227 变为

$$R^2\left\{\frac{(1+v^2)\mathrm{d}u^2-2uv\mathrm{d}u\mathrm{d}v+(1+u^2)\mathrm{d}v^2}{(1+u^2+v^2)^2}\right\}.$$

将距离写作 $\mathrm{d}s^2=\mathrm{d}x^2+\mathrm{d}y^2+\mathrm{d}z^2$ 并不意味着可以到达球的内部, 因为我们只考虑 $x^2+y^2+z^2=R^2$ 的点.

关于 $\mathrm{d}s^2$ 的那个棘手的公式具有以下意义. 如果我们考虑 $v=0$(即考虑 u 轴), 则 $\mathrm{d}v=0$, 当我们在 u 轴上运动时, 有:

$$\mathrm{d}s^2=\frac{R^2\mathrm{d}u^2}{(1+u^2)^2},\quad 即\quad \mathrm{d}s=\frac{R\mathrm{d}u}{1+u^2}.$$

u 轴位于 x 轴正上方的球面上, x 不能超过 R. u 轴上, 我们有 $x=uR/(1+u^2)^{1/2}$, 随着 x 越来越接近 R, 我们发现 $u\to\infty$. 因此, 尽管球面的 x、y 坐标总是在 $-R$ 和 R 之间, 但 u, v 坐标是没有限制的. 于是, 可以让 u 以一个固定的增量稳定地增加; 我们永远无法到达 '边界". s 代表着到北极的距离, 随着 u 的增加, $\mathrm{d}s$ 的增量逐渐减小, 因为 $\mathrm{d}s=R\mathrm{d}u/(1+u^2)$ [1)]. 因此, 每次走出恒定的脚步, 但迈出的步子越来越小. 换句话说, 当你离原点越来越远时, 测量的尺子变长, 而且正比于 $1+u^2$.

接下来, 我们追随 Beltrami 考虑曲率为 $-1/R^2$ 的曲面, 基本上可以通过用 $\mathrm{i}u$ 和 $\mathrm{i}v$ 分别替代 u 和 v 来实现. 于是,

$$\mathrm{d}s^2=R^2\left\{\frac{(1-v^2)\mathrm{d}u^2-2uv\mathrm{d}u\mathrm{d}v+(1-u^2)\mathrm{d}v^2}{(1-u^2-v^2)^2}\right\}.$$

228 (通过考虑与 $v=0$ 成角 θ 的曲线上的弧长, 还可以得到 Bolyai 与 Lobachevskii

---

1)实际上, 简单的积分就可以证明 s 的最大值为 $s=\frac{\pi R}{2}=R\int_0^\infty\frac{\mathrm{d}u}{1+u^2}$.

的三角学公式. 我们不再推导.) 如果与 18 世纪关于虚球面的直观类比相对应, 记 $x = u\mathrm{i}R/\sqrt{1-u^2-v^2}$ 等, 我们有

$$\begin{aligned} x^2+y^2+z^2 &= \left\{\frac{\mathrm{i}uR}{(1-u^2-v^2)^{1/2}}\right\}^2 + \left\{\frac{\mathrm{i}vR}{(1-u^2-v^2)^{1/2}}\right\}^2 \\ &\quad + \left\{\frac{R}{(1-u^2-v^2)^{1/2}}\right\}^2 \\ &= \frac{(u^2+v^2-1)R^2}{1-u^2-v^2} = -R^2. \end{aligned}$$

如果我们再令 $v = 0$ 则有 $\mathrm{d}v = 0$, 曲线 $v = 0$ 上的弧长公式为

$$\mathrm{d}s = \frac{R\mathrm{d}u}{1-u^2}.$$

当我们逐渐远离 $(0,0)$, $\mathrm{d}u$ 以固定的增量增加时, $\mathrm{d}s$ 增加; 反之, 给定 $\mathrm{d}s$, 当 u 增加时, $\mathrm{d}u$ 也增加. 而生活在该几何中的生物把 $\mathrm{d}s$ 看成是距离, 所以我们把该几何看成是冷盘宇宙的几何. 需要指出, 该情形中的 u 和 v 都是有界的, 满足 $u^2+v^2<1$.

通过投影映射考察这两种情形, 将有助于我们理解. 正常曲率的情形, u 和 v 都是无界的, 所以我们可以将它们放到平面上. 考虑赤道所在平面, 以及北极为中心的投影映射, 该映射将平面上一点 (u,v) 映射到北半球面上一点. 这正是我们前面讨论过的银河. 根据 Riemann 的方式, 我们将公式所给出的 $\mathrm{d}s^2$ 定义为 (u,v) 平面上的度量——于是建立了平面与半球面之间的等距映射, 也就是说两个曲面的内蕴几何是等同的.

负常曲率曲面的情形相反. 非欧空间是无界的, 但是上面的 u 和 v 坐标是有界的. 令 u 和 v 坐标取值于单位圆盘, 更严格地说是在圆盘内部 $u^2+v^2<1$, 第二个公式给出的 $\mathrm{d}s^2$ 所确定的度量, 对应于非欧平面的 Poincaré 模型, 我们可以将后者当成是我们的示意图. 自然地, 当我们有一个示意图时, 我们寻求其原本的图景, 但是这次我们无法成功, 因为 Hilbert 的一个著名的结论指出, 非欧平面无法等距地嵌入三维欧氏空间. 在某种意义上, 该示意图是我们所能拥有的最好的图景.

习 题

229 **22.1** (非常困难) 通过验证极限圆的弧长公式退化为非常简单的情形, 证明极限圆上的几何是欧氏的, 即直线. 圆盘模型的非欧度量使得极限圆的弧长是欧氏的. 提示: 极限圆可以表达为 $(u-a)^2+v^2=r^2$, 该圆与边界的切点为 $(1,0)$, 其中 $(1-a)^2=r^2$; 进而 $(u-a)\mathrm{d}u+v\mathrm{d}v=0$. 带入 $\mathrm{d}s^2$ 的表达式, 并化简. 这也说明极限球面上被诱导的几何是欧氏的. 你能用与正常曲率曲面类似的方法, 实现该等距映射吗?

以下是最后一个论题. 尽管我们从讨论非欧几何与狭义相对论的相似性开始, 最终牵涉等距嵌入问题.

Felix Klein 在 1872 年的 **Erlanger 纲领**中提出, 任意一种几何学考虑的是, 某个变换群下保持不变的几何性质. 因此, 通常的平面几何学允许的变换必须保持距离, 即 x^2+y^2. 于是, 对应的变换是平移、旋转、反射, 以及它们的复合. 如果我们不考虑反射, 因为反射会改变平面图形的定向, 剩下的仍然组成一个变换群, 其中非恒等的平移使得每个点都发生变化, 而旋转保持其中一个点不变, 即旋转中心. 任意取定一点称之为原点, 可以考虑关于原点的所有旋转组成的群. 它被称为特殊正交群, SO(2), 可以表示为所有以下形式的矩阵组成的群:

$$\begin{pmatrix}\cos\theta & -\sin\theta\\ \sin\theta & \cos\theta\end{pmatrix},$$

其中 θ 是旋转角.

三维空间中类似的群, 记作 SO(3), 由所有以下形式的矩阵组成:

$$\begin{pmatrix}\cos\theta & -\sin\theta & 0\\ \sin\theta & \cos\theta & 0\\ 0 & 0 & 1\end{pmatrix}\times\begin{pmatrix}\cos\phi & 0 & -\sin\phi\\ 0 & 1 & 0\\ \sin\phi & 0 & \cos\phi\end{pmatrix}\times\begin{pmatrix}1 & 0 & 0\\ 0 & \cos\psi & -\sin\psi\\ 0 & \sin\psi & \cos\psi\end{pmatrix},$$

其中 θ, ϕ, ψ 被称为 Euler 角. 由于 SO(3) 保持 $x^2+y^2+z^2$ 不变并保持原点, 所
230 以它只是球面的旋转; 因此它有一个旋转子群保持南极、北极, 该子群同构于 SO(2), 即以下形式的矩阵:

$$\begin{pmatrix}\cos\theta & -\sin\theta & 0\\ \sin\theta & \cos\theta & 0\\ 0 & 0 & 1\end{pmatrix}.$$

在保持原点不变的二维 Lorentz 变换下, 保持不变的量是 x^2-t^2, 我们称所有这样的变换为 SO(1,1). 它是更大的群 SO(2,1) 的子群, 后者由保持原点不变并保

持 $x^2+y^2-t^2$ 的变换组成. 正如 SO(2) 和 SO(3) 可以表示为旋转, SO(1,1) 和 SO(2,1) 可以被认为是双曲运动. 回想一下, 两个变量的 Lorentz 变换将双曲线上的一点变为同一双曲线上的另一点. 在三维的情形中, 不失一般性, 我们可以考虑 $x^2+y^2-t^2=-1$ 的图形, 即所有与原点的时间间隔为 1 个单位的事件. 这些事件组成了一个双叶双曲面, 即两个对称的碗状曲面, 一个在未来光锥内部, 另一个在过去光锥内部. 在你脑海里, 考虑其中固定的一个, 例如未来光锥中的碗状曲面. 考察 SO(2,1) 中保持 (0,0,1) 不变的子群; 不难看出它与 SO(2) 同构, 可以被看成是碗状曲面关于 t 轴的旋转.

总之, 第一个情形中, SO(3) 作用在球面上, SO(2) 是它保持某个点不动的一个子群; 第二个情形中, SO(2,1) 作用在碗状曲面上, SO(2) 仍是保持某个点不动的一个子群. 现在给出 (x,y,t) 空间的一个度量, 即 $\mathrm{d}s^2=\mathrm{d}x^2+\mathrm{d}y^2-\mathrm{d}t^2$. 我们断言, 该度量在碗状曲面上的诱导度量使之成为非欧空间的一个模型, 这里不给出证明. 事实上, 在碗状曲面上取坐标 (u,v), 其中 $x=\sinh u\sin v$, $y=\sinh u\cos v$, $z=\cosh u$, 于是 $\mathrm{d}s^2=\mathrm{d}u^2+\sinh^2 u\mathrm{d}v^2$. 因此我们获得非欧平面的等距嵌入, 没有嵌入三维欧氏空间, 而是嵌入到三维相对论空间. 这最终解释了非欧几何学的坐标变换与狭义相对论之间的紧密联系.

我们甚至可以重新获得 Poincaré 圆盘模型, 并证明可由前面的冷盘宇宙模型准确地描述它. 在双曲面上, 经过 (0,0,1) 的最短线是过原点的平面的那些截线. 通过观察你可以看到, 这些曲线上 v 是常数, 所以度量可以化简为 $\mathrm{d}s=\mathrm{d}u$. 由于 SO(2,1) 可以将一点映射为其他任意一点, 并等距地作用在双曲面上, 所以对于 (0,0,1) 成立的性质对于双曲面上其他的点也成立. 所以, 过原点的平面在双曲面上的截线都是最短线. 这些最短线是令人满意的, 它们无限长, 但也很难绘制出来. 为 231
了解决这个问题, 我们取圆盘 D, 使它在点 (0,0,1) 处与双曲面相切, 并且包含在光锥 $x^2+y^2-t^2=0$ 内部; 则它由满足 $x^2+y^2<1$ 的点 $(x,y,1)$ 组成. 连接原点与双曲面上的每一点, 连线一定与该圆盘相交. 更有用的是, 双曲面上任一条测地线以相同方式在圆盘上的投影都是直线. 于是我们在圆盘 D 上获得了 Beltrami 给出的非欧几何模型. 为了获得 Poincaré 模型, 我们像以前一样继续前进. 将圆盘 D 垂直地向下投影到单位球面的北半球上, 然后使用球极投影将北半球映射到赤道所在的圆盘上. 这就给出了赤道所在圆盘上的 Poincaré 模型. 此外, 我们可以看到, 双曲面上与测地线等距的曲线是由不经过原点的平行平面切割得到的. 这些曲线映射成赤道盘上的圆弧, 且圆弧与赤道不垂直相交.

在赤道圆盘上使用极坐标, 设极半径为 r, 极角为 v, 通过公式计算, 我们得到: (1) 双曲面上的点的坐标 $(\sinh u\sin v, \sinh u\cos v, \cosh u)$ 被映射为 $(\sinh u\sin v/(1+$

$\cosh u), \sinh u \cos v/(1+\cosh u))$. 通过记 $\sinh u/(1+\cosh u) = \tanh(u/2) = r$, 我们可以把坐标写成 $(r\sin v, r\cos v)$. 其中内蕴坐标 u 可以无限增大时, 而外蕴坐标 $r = \tanh u/2$ 有上界 1.

(2) 双曲面上的度量变为赤道圆盘上的以下度量:

$ds^2 = 4(dr^2 + r dv^2)/(1-r^2)^2$. 当沿着圆盘的某条半径进行测量时, 极角 v 是常数, 于是度量简化为 $ds = 2dr/(1-r^2)$, 这正是冷盘宇宙. 当 r 增加时, 分母变小, 为了让 ds 保持不变, dr 必须减小. 我们也可以推导出内蕴半径为 u 的非欧圆周的周长是 $2\pi \sinh u$, 该结论令人愉快地支持了第九章中球面与非欧几何之间的类比.

22.2 证明 $SO(2,1)$ 有一个子群由以下形式的矩阵组成:

$$\begin{pmatrix} \cosh u & 0 & \sinh u \\ 0 & 1 & 0 \\ \sinh u & 0 & \cosh u \end{pmatrix}.$$

它作用在适当的碗状薄片是什么效果? 请找出另一个与之相似的子群.

姓名列表

1717—1783 D'Alembert, Jean Baptiste le Rond

1786—1855 Arago, François

1835—1900 Beltrami, Eugenio

1802—1860 Bolyai, Janos

1775—1856 Bolyai, Wolfgang Farkàs

1781—1848 Bolzano, Bernhard

1845—1879 Clifford, William Kingdon

1824—1873 Codazzi, Delfino

1879—1955 Einstein, Albert

—C3 Euclid

1707—1783 Euler, Leonhard

1768—1830 Fourier, Jean Baptiste Joseph

C9 Al-Gauhari

1777—1855 Gauss, Carl Friedrich

965—1041 Ibn al-Haytham

1821—1894 Helmholtz, Hermann Ludwig Ferdinand von

1719—1801 Kaestner, Abraham Gotthelf

1724—1804 Kant, Immanuel

1045—1130 Khayyam, Omar

1736—1813 Lagrange, Joseph Louis

1749—1827 Laplace, Pierre Simon

1752—1833 Legendre, Adrien Marie

1832—1903 Lipschitz, Rudolf Otto Sigismund

1792—1856 Lobachevskii, Nikolai Ivanovitch

1853—1928 Lorentz, Henrik Antoon

1852—1931 Michelson, Albert Abraham

1806—1885 Minding, Ferdinand

1864—1909 Minkowski, Hermann

1746—1818 Monge, Gaspard

1860—1937 Morley, Frank

1843—1930 Pasch, Moritz

1854—1912 Poincaré, Jules Henri

1788—1867 Poncelet, Jean Victor

410—485 Proclus

1826—1866 Riemann, Georg Friedrich Bernhard

1667—1733 Saccheri, Gerolamo

1780—1859 Schweikart, Ferdinand Karl

1794—1874 Taurinus, Franz Adolph

836—901 Thabit ibn Qurra

1201—1274 Narr-Eddin al-Tusi

1633—1711 Vitale, Giordano

1616—1703 Wallis, John

参考文献

d'Abro, A. (1927 (reprinted 1950)). *The evolution of scientific thought.* Dover, New York.

Alexandrov, A. D. (1963). Non-Euclidean geometry. In *Mathematics, its content, method, and meaning*, Vol. 3, Chap. 7, pp. 97-189. MIT Press, Cambridge, Mass.

Beltrami, E. (1868). Saggio. . . .G. Mat.6, 248-312.

Berggren, J. L. (1986). *Episodes in the mathematics of medieval Islam.* Springer Verlag, New York.

Biermann, K. R. (1969) Die Briefe von Bartels an C. F. Gauss, *Naturwissenschaften Tech. Med.* 10(1), 5-22.

Biot. J.-B. (1858). *Mélanges scientifiques et littéraires*, vol. 2, Paris.

Blumenthal, L. M. (1961). *A modern view of geometry.* Freeman, San Francisco.

Bolyai, J. (1831). *Science absolute of space* (transl. G. B. Halsted); see Bonola 1912.

Bonola, R. (1912) (reprinted 1955). *Non-Euclidean geometry* (transl. H. S. Carslaw). Dover, New York.

Boyer, C. B. (1968). *A history of mathematics.* Wiley, New York.

Breitenberger, E. (1984). Gauss's geodesy and the axiom of parallels. *Arch. Hist. Exact. Sci.* Vol.31, 273-89.

Brittan, G. (1978). *Kant's philosophy of science.* Princeton University Press, Princeton, New Jersey.

Cassirer, E. (1950). *The problem of knowledge.* Yale University Press, New Haven, Conn.

Cassirer, E. (1923 (reprinted 1953)). *Substance and function, and Einstein's theory of relativity.* Dover, New York.

Codazzi, D. (1857). Intorno alle superficie. . . . *Ann. Sci. Mat. Fis.* 8, 346-55.

Coolidge, J. L. (1940) (reprinted 1963). *A history of geometrical methods.* Dover, New York.

Coxeter, H. S. M. (1961). *Introduction to geometry.* Wiley, New York.

Coxeter, M. S. (1955). *The real projective plane*, 2nd edn. C.U.P., London.

Daniels, N. (1974). *Thomas Reid's 'Inquiry – the geometry of visibles and the case for realism'.* Burt, Franklin and Co., New York.

Daniels, N. (1975). Lobatchewsky; some anticipations of later views on the relation between geometry and physics, *Isis*, 66, 75-85.

Dicks, D. R. (1970). *Early Greek astronomy to Aristotle.* Thames and Hudson, London.

Dictionary of scientific biography, 16 vols. (1970-80). Scribners, New York.

Duhem, P. (1954). *The aim and structure of physical theory* (transl. P. P. Wiener), Princeton University Press, Princeton, New Jersey.

Dunnington, G.W. (1955). *Gauss: titan of science.* Hafner, New York.

Einstein, A. (1923 (reprinted 1952)). *The principle of relativity* (*selected papers by Einstein and others, in translation*). Dover, New York.

— (1927). Newtons Mechanik und ihr Einfiüss auf die Gestaltung die theoretische Physik. *Naturwissenschaften* 15, 273-6; reprinted in*Ideas and opinions*, pp. 257, 258.

Engel, F. and Stäckel, P. (1895). *Die Theorie der Prallinien von Euklid bis auf Gauss.* Teubner, Leipzig.

Euclid (1956). *Elements* (transl. ed. T. L. Heath). Dover, New York.

Fauvel, J. and Gray, J. J. (eds) (1987). *The history of mathematics – a reader.* Macmillan, London.

Forder, H. G. (1927 (reprinted 1958)). *The foundations of Euclidean geometry.* Dover, New York.

Fowler, D. H. (1987). *The mathematics of Plato's Academy: a new reconstruction.* Clarendon Press, Oxford.

Freudenthal, H. (1962). The main trends in the foundations of geometry in the nineteenth century. In*Logic, methodology, and philosophy of science* (eds. E. Nagel, P. Suppes, and A. Tarski). Stanford University Press.

Freudenthal, H. (1975). Riemann. In *Dictionary of scientific biography*, XI, p. 447-56. Scribners.

Friedman, M. (1985). Kant's theory of geometry, *The Philosophical Review* 94.4, 455-506.

Friedrichs, K.O. (1965). *From Pythagoras to Einstein.* Random House, New York.

Gans, D. (1973). *Non-Euclidean geometry.* Academic Press, New York.

Gauss, C. F. (1880). *Werke*, IV, 2nd edition, Göttingen.

Gauss, C. F. (1900). *Werke*, VIII, 2nd edition, Göttingen.

Golos, E. B. (1968). *Foundations of Euclidean and non-Euclidean geometry.* Holt, Rinehart, and Winston. New York.

Gray, J. J. (1979). Non-Euclidean geometry, a reinterpretation.*Hist. Math.* 6, 236-58.

Gray, J. J. (1986). *Linear differential equations and group theory from Riemann to Poincaré.* Birkhäuser, Boston and Basel.

Gray, J. J. (1987). The discovery of non-Euclidean geometry. *Studies in the history of mathematics*, MAA Studies in Mathematics (ed. E. R. Phillips), vol., 26.

Greenberg, M. J. (1974). *Euclidean and non-Euclidean geometries, development and history.* Freeman, San Francisco.

Hall, A. R. and Hall, M. B. (1962). *Unpublished scientific papers of Sir Isaac Newton.* Cambridge University Press.

Heath, T. L. (1956). *Euclid's 'Elements'.* Dover, New York.

Heath, T. L. (1921). *A history of Greek mathematics.* Oxford University Press, Oxford.

Heath, T. L. (1930) (reprinted 1963). *Greek mathematics.* Dover, New York.

Heath, T. L. (1949). *Mathematics in Aristotle.* Oxford University Press, Oxford.

Helmholtz, H. (1870). On the origin and significance of the geometrical axioms. In *The world of mathematics* (ed. J. R. Newman). Vol. I, 1960; pp. 647-68.

Hilbert, D. (1898-9). *Grundlagen der Geometrie* (English transl. 1902); *Foundations of geometry*, 2nd edn. Open Court, 1971. La Salle, Ilinois.

Hilbert, D. and Cohn-Vossen, S. (1952). *Geometry and the imagination.* Chelsea, New York.

Holton, G. (1973). *Thematic origins of scientific thought, Kepler to Einstein.* Harvard University Press, Cambridge, Mass.

Jammer, M. (1969). *Concepts of space.* Harvard University Press, Cambridge, Mass.

Jaouiche, H. (1986). *La théorie des parallèles en pays d'Islam.* Vrin, Paris.

Kant, I. (1787). *Critique of pure reason* (transl. N. Kemp Smith, 1929), Macmillan, London.

Kant, I. (1972). *Briefwechsel* (ed. O. Schöndörfer). Hamburg.

Khayyam, O. (1959). Discussion on dificulties in Euclid, translated with a commentary by Amir-Moez, A. R., in *Scripta Mathematica* 24, 275-303.

Kilmister, C. W. (1973). *Special relativity, selections.* Pergamon Press, Oxford.

Kilminster (1973). *General relativity, selections* (including Riemann's Hypotheses (transl. W. K. Clifford)). Pergamon Press, Oxford.

Kitcher, P. (1975). Kant and the foundations of mathematics. *The Philosophical Review* 84.1, 23-50.

Klein, F. (1927). *Vorlesungen über nicht-Euklidische Geometrie.* Chelsea, New York.

Klein, F. (1926, 1927 (reprinted 1967)). *Vorlesungen über die Entwicklung der Mathematik im 19 Jahrhundert.* Chelsea, New York.

Klein, F. (1939). *Elementary mathematics from an advanced standpoint – geometry* (transl. E. R. Hedrick and C. A. Noble). Macmillan, London.

Kline, M. J. (1972). *Mathematical thought from ancient to modern times.* Oxford University Press, London.

Knorr, W. R. (1975). *The evolution of the Euclidean elements*, Synthese Historical Library. Reidel, Dordrecht.

Knorr, W. (1986). *The ancient tradition of geometric problems.* Birkhäuser, Boston and Basel.

Körner, S. (1971). *The philosophy of mathematics.* Hutchinson, London.

Kulczycki, S. (1961). *Non-Euclidean geometry.* Pergamon Press, New York.

Lakatos, I. (1976). *Proofs and refutations.* Cambridge University Press, Cambridge.

Lambert, J. H. (1786). *Theorie der Paralllinien.* In Engel and Stäckel (1895).

Lambert, J. H. (1948). *Opera mathematica*, II (ed. A. Speiser), Orell Fussti, Zurich. (The *'Observations Trigonometriques'* occupy pp. 245-69.)

Lanczos, C. (1970).*Space through the ages.* Academic Press, London.

Laurent, R. (1987). *La place de J-H. Lambert dans l'histoire de la perspective.* Cedic/ Nathan, Paris.

Legendre, A. M. (1794). *Eléments de géométrie*, Paris, and many subsequent editions, as for example the 12th (1823).

Lie, S. (1880). *Math. Ann.* 16, 441-528; transl. by M. Ackermann in R. Hermann (1975). *Sophus Lie's 1880 transformation group paper.* Mathematical Science Press, Brookline, Mass.

Lloyd, G. E. R. (1970). *Early Greek science; Thales to Aristotle.* Chatto and Windus, London.

Lloyd, G. E. R. (1973).*Greek science after Aristotle.* Chatto and Windus, London.

Lobachevskii, N. (1840).*Geometrical researches in the theory of parallels* (transl. G. B. Halsted); see Bonola (1912).

Lobachevskii, N. (1899). *Zwei geomelrische Abhandlungen* (1829, 1835) (transl. Scholvin;

ed. F. Engel). Teubner, Leipzig.

Lucas, J. R. (1973). *A treatise on time and space.* Methuen, London.

Maièru, I. (1982). I1 Quinto Postulato Euclideo da C. Clavio (1589) a G. Saccheri (1733). *Arch. Hist. Exact. Sci*, 27, 297-334.

May, K. O. (1972). Gauss. In *Dictionary of scientific biography*, V, 298-315. Scribners, New York.

Meschkowski, H. (1965). *Evolution of mathematical thought.* Holden-Day, New York.

Miller, A. I. On the myth of Gauss's experiment on the physical nature of space.*Isis* 63, 345-8.

Minding, H. F. (1839). Wie sich entscheiden lässt. . . *Journal für Mathematik* 370-87.

Minding, H. F. (1840). Beiträge . . . *Journal für Mathematik* 323-7.

Minkowski, H. Space and time, in Einstein (1923).

Mueller, I. (1981). *Philosophy of mathematics and deductive structure in Euclid's Elements.* MIT Press, Cambridge, Massachusetts.

Neugebauer, O. (1969). *The exact sciences in antiquity.* Dover, New York. *Oxford classical dictionary.* Oxford University Press, Oxford.

Pedoe, D. (1973). *The gentle art of mathematics.* Penguin, London.

Penrose, R. (1973). Black holes. In*Cosmology now.* BBC Publications, London.

Peters, W. S. (1961). Lamberts Konzeption einer Geometrie auf einer imaginären Kugel. Kantstudien 53, 51-67.

Poincaré, H . (1905). *Essays.* Reprinted 1952, Dover, New York.

Pont, J.-C. (1986). *L'Aventure des parallèles.* Lang, Berne.

Proclus. *A commentary on the first book of Euclid's elements* (transl. G. R. Morrow (1970)). Princeton University Press, Princeton, N.J.

Putnam, H. (1974). *Mathematics, matter and method, philosophical papers*, Vol. I. Cambridge University Press, Cambridge.

Reichardt, H. (1976). *Gauss und die nicht-Euklidische Geometrie.* Teubner, Leipzig.

Reichenbach, H. (1958). *The philosophy of space and time.* Dover, New York.

Reid, T. (1764). *The inquiry into the human mind.*

Richards, J. (1977). The evolution of empiricism, Hermann von Helmholtz and the foundations of geometry. *Br. J. Phil, Sci.* 28, 235-53.

Richards, J. (1979). The reception of a mathematical theory, non-Euclidean geometry in England 1868-1883. In *Natural order: historical studies of scientific culture* (eds B.

Barnes and S. Shapin). Sage Publications, Beverley Hills, Calif.

Richards, J. (1988). *Mathematical visions.* Academic Press, San Diego.

Rosenfeld, B. A. (1989). *A history of non-Euclidean geometry.* Springer Verlag, New York.

Russell, B. (1903). *The principles of mathematics.* Cambridge University Press.

Saccheri, G. (1920). *Euclides ab omni naevo vindicatus* (transl. as *Euclid freed of every fleck*, G. B. Halsted, 1920). Open Court, Chicago.

Sambursky, S. (1956). *The physical world of the Greeks.* Routledge and Kegan Paul, London.

Sarton, G. (1959). *A history of science.* Oxford University Press, Oxford.

Schaffner, K. (1972). *Nineteenth century aether theories.* Pergamon Press, Oxford.

Shirokov, P. (1964). *Sketch of the foundations of non-Euclidean geometry.* Noordhoff, Kasan.

Sommerille, D. M. Y. (1970). *Bibliography of non-Euclidean geometry.* Chelsea, New York.

Spivak, M. (1970). *Differential geometry*, Vol. 2. Includes Riemann *Hypotheses.* Publish or Perish, Kensington, Calif.

Stäckel, P. (1913). *Wolfgang und Johann Bolyai,* 2 vols. Teubner, Leipzig.

Struik, D. J. (1948). *A concise history of mathematics.* Dover, New York.

Struik, D. J. (1969). *A source-book in mathematics, 1200-1800.* Harvard University Press, Cambridge, Mass.

Struik, D. J. (1961).*Lectures in differential geometry.*

Szabo, A. (1978). *The beginnings of Greek mathematics* (transl. of *Die Anfänge der grieschischen Mathematik* by A. M. Ungar). Reidel, Dordrecht, Holland.

Taylor, E. F. and Wheeler, J. A. (1963). *Space-time physics.* Freeman, San Francisco.

Tilling, L. and Gray, J. J. (1978). J. H. Lambert, Mathematician and scientist. *Hist. Math.* 5.1, 13-41.

Toth, I. (1967). Das Parallelenproblem im Corpus Aristotelicum. *Arch. Hist. Exact Sci.* 3 (4, 5), 249-422.

Toth, I. (1969). Non-Euclidean geometry before Euclid. *Scientific American.*

Toth, I. (Feb. 1977). La revolution non-euclidienne. *La Recherche* 75, 143-51.

Vitale, G. (1680).*Euclides Restituto.* Rome.

van der Waerden, B. L. (1961). *Science awakening* (transl. A. Dresden). Oxford University Press, New York.

Weyl, H. (1921 (reprinted 1952)). *Space-time-matter.* Dover, New York.

Weyl, H. (1963). *Philosophy of mathematics and natural science.* Atheneum.

Wolfe, H. (1945). *Introduction to non-Euclidean geometry.* Holt, Rinehart, and Winston, New York.

Youschkevitch, A. P. (1976). *Les mathématiques Arabes* (transl. M. Cazenove and K. Jaouiche). Vrin, Paris.

Ziegler, R. (1985). *Die Geschichte der Geometrischen Mechanik im 19. Jahrhundert.* Steiner Verlag, Wiesbaden.

名词索引

索引中页码为书中页边标注的原书页码.

D

E

F

G

H

al-Haytham 44 – 7
Helmholtz, H. von 171, 185, 217
Herodotus 4
Heron 140
Hertz, H.R. 180
Hilbert, D. 151, 152, 156
Hippocrates of Chios 12n., 17
HOA 钝角假设 61, 62, 63 – 4, 71, 79 – 80, 88, 102, 103
horocycle (=L) 极限圆 90, 109, 110, 113, 118, 122, 127, 147, 166
horosphere(=F) 极限球 109, 111 – 12, 118, 121 – 2, 127, 147, 166
HRA 直角假设 61 – 2

I

interval, invariance of 间隔 198 – 9
irrationals 无理数 15

K

Kästner, A.G. 72, 83, 87
Kant, I. 84 – 5, 150
Kennedy-Thorndike experiment 186, 194n.
Kepler, J. 177
Khayyyam, O. 47 – 9
al-Khwarizmi 41, 42
Klein, C.F. 149, 155, 171, 229
Klügel, G.S. 72n.

L

Lagrange, J.L. 78, 179
Lambert, J.H. 45, 57, 71 – 6, 81, 84, 94 – 5, 102, 119, 135, 169
Laplace, P.S. 76, 78, 179
law of the lever 杠杆定律 75
Legendre, A.M. 79 – 81, 82, 103, 141, 166
Leibniz, G.W. 15n., 125, 137
length contraction 长度收缩 198, 205 – 6
Lie, S. 171
light clock 光钟 194
light cone 光锥 192 – 3
Lipschitz, R. 175n.
Lobachevskii, N.I. 36, 90, 106 – 18, 119, 123, 151, 166
Lorentz, H.A. 181, 187

M

manifold 流形 142
Maxwell, J.C. 180
Meusnier, G. 132
Michelson-Morley experiment Michelson-Morley 实验 181, 183, 188, 198n.
Minding, H.F. 137 – 9, 148, 156, 170
Minkowski, H. 185 – 6
Monge, G. 83, 130, 171
monkey saddle 猴鞍面 140
motion in geometry 几何学中的运动 43 – 4, 45, 47, 143
motion in space 空间中的运动 178 – 9

special relativity, postulates 狭义相对论, 公设 187
sphere, imaginary 球面, 虚的 75, 95, 101
spherical geometry 球面几何 40, 70, 102, 105, 145, 155, 169, 171, 226–7
squaring the circle 化圆为方 119–21
stereographic projection 球面投影 39, 157
straight line 直线 78, 83, 103, 146, 152–3, 159, 164
surface 曲面 131, 142

T

Taurinus, F.A. 71, 98–101, 117, 170
Thabit ibn Qurra 43–4, 48, 53
Thabit quadrilaterals Thabit 四边形 43, 48, 50
Thales 5–6, 14, 26
Theaetetus 15
Theodorus 12n. 15
time dilation 时间膨胀 198, 201, 205–6, 220
translation 翻译 26
trigonometry 三角学 92–6
  hyperbolic 双曲线 94, 98, 170, 202
  spherical 球形 39, 98, 125–8
truth in mathematics 数学中的真理 15, 150
al-Tusi, Nasir Eddin 49–51, 58
  work falsely attributed to 错误归因的工作 51–3
twin paradox 双胞胎悖论 204, 207–9

V

velocity parameter 速度参数 203
Vitale, G. 57, 58–60

W

Wachter, F.L. 113n
Wallis, J. 51, 57, 73, 160

Y

YBC 7289 10

《数学概览》(Panorama of Mathematics)

（主编：严加安　季理真）

9787040351675
1. Klein 数学讲座 (2013)
(F. 克莱因　著 / 陈光还、徐佩　译)

9787040351828
2. Littlewood 数学随笔集 (2014)
(J. E. 李特尔伍德　著 , B. 博罗巴斯　编 / 李培廉　译)

9787040339956
3. 直观几何 (上册)(2013)
(D. 希尔伯特 , S. 康福森　著 / 王联芳　译 , 江泽涵　校)

9787040339949
4. 直观几何 (下册)　附亚历山德罗夫的《拓扑学基本概念》(2013)
(D. 希尔伯特 , S. 康福森　著 / 王联芳、齐民友　译)

9787040367591
5. 惠更斯与巴罗 , 牛顿与胡克 :
数学分析与突变理论的起步 , 从渐伸线到准晶体 (2013)
(В. И. 阿诺尔德　著 / 李培廉　译)

9787040351750
6. 生命・艺术・几何 (2014)
(M. 吉卡　著 / 盛立人　译 , 张小萍、刘建元　校)

9787040378207
7. 关于概率的哲学随笔 (2013)
(P.-S. 拉普拉斯　著 / 龚光鲁、钱敏平　译)

9787040393606
8. 代数基本概念 (2014)
(I. R. 沙法列维奇　著 / 李福安　译)

9787040416756
9. 圆与球 (2015)
(W. 布拉施克　著 / 苏步青　译)

9787040432374
10.1. 数学的世界 I (2015)
(J. R. 纽曼　编 / 王善平、李璐　译)

9787040446401
10.2. 数学的世界 II (2016)
(J. R. 纽曼　编 / 李文林　等译)

9787040436990
10.3. 数学的世界 III (2015)
(J. R. 纽曼　编 / 王耀东、李文林、袁向东、冯绪宁　译)

9787040498011
10.4. 数学的世界 IV (2018)
(J. R. 纽曼　编 / 王作勤、陈光还　译)

9787040493641
10.5. 数学的世界 V (2018)
(J. R. 纽曼　编 / 李培廉　译)

9787040499698
10.6 数学的世界 VI (2018)
(J. R. 纽曼　编 / 涂泓　译 ; 冯承天　译校)

9787040450705
11. 对称的观念在 19 世纪的演变 : Klein 和 Lie (2016)
(I. M. 亚格洛姆　著 / 赵振江　译)

9787040454949
12. 泛函分析史 (2016)
(J. 迪厄多内　著 / 曲安京、李亚亚　等译)

9787040467468
13.Milnor 眼中的数学和数学家 (2017)
(J. 米尔诺　著 / 赵学志、熊金城　译)

9787040502367
14. 数学简史 (2018)
(D. J. 斯特洛伊克　著 / 胡滨　译)

9787040477764
15. 数学欣赏 : 论数与形 (2017)
(H. 拉德马赫 , O. 特普利茨　著 / 左平　译)

9787040488074
16. 数学杂谈 (2018)
(高木贞治　著 / 高明芝　译)

9787040499292
17. Langlands 纲领和他的数学世界 (2018)
(R. 朗兰兹　著 / 季理真　选文 / 黎景辉　等译)

9787040516067
18. 数学与逻辑 (2020)
(M. 卡茨 , S. M. 乌拉姆　著 / 王涛、阎晨光　译)

9787040534023
19.1. Gromov 的数学世界 (上册) (2020)
(M. 格罗莫夫　著 / 季理真　选文 / 梅加强、赵恩涛、马辉　译)

9787040538854
19.2. Gromov 的数学世界 (下册) (2020)
(M. 格罗莫夫　著 / 季理真　选文 / 梅加强、赵恩涛、马辉　译)

9787040541601
20. 近世数学史谈 (2020)
(高木贞治　著 / 高明芝　译)

9787040549126
21. KAM 的故事：经典 Kolmogorov–Arnold–Moser 理论的历史之旅 (2020)
(H. S. 杜马斯　著 / 程健　译)

9787040557732
人生的地图 (2021)
(志村五郎　著 / 邵一陆、王奔阳　译)

9787040584035
22. 空间的思想：欧氏几何、非欧几何与相对论 (第二版)
(Jeremy Gray 著 / 刘建新、郭婵婵　译)